Word 2007
Initiation

CHEZ LE MÊME ÉDITEUR

Dans la collection Les guides de formation Tsoft

P. MOREAU. – **Word 2007 avancé.** *Guide de formation avec exercices et cas pratiques.*
N°12215, 2007, 196 pages.

P. MORIÉ. – **Word 2003 Initiation.** *Guide de formation avec exercices et cas pratiques.*
N°11415, janvier 2004, 222 pages.

P. MORIÉ. – **Word 2003 Avancé.** *Guide de formation avec exercices et cas pratiques.*
N°11416, janvier 2004, 220 pages.

P. MORIÉ, B. BOYER. – **Excel 2003 Initiation.** *Guide de formation avec exercices et cas pratiques.*
N°11417, 2004, 206 pages.

P. MORIÉ, B. BOYER. – **Excel 2003 Avancé.**
N°11418, 2004, 204 pages.

P. MORIÉ, Y. PICOT. – **Access 2003.** *Guide de formation avec exercices et cas pratiques.*
N°11490, 2004, 400 pages.

C. MONJAUZE, P. MORIÉ. – **PowerPoint 2003.** *Guide de formation avec exercices et cas pratiques.*
N°11419, 2004, 320 pages.

P. MOREAU. – **OpenOffice.org Calc 2 Initiation.**
N°12035, 2006, 210 pages.

P. MOREAU. – **OpenOffice.org Calc 2 Avancé.**
N°12036, 2006, 186 pages.

P. MOREAU. – **OpenOffice.org Writer 2 Initiation.**
N°12033, 2007, 188 pages.

P. MOREAU. – **OpenOffice.org Writer 2 Avancé.**
N°12034, 2007, 214 pages.

S. LANGE. – **Configuration et dépannage de PC.**
N°11268, 2003, 488 pages.

P. MOREAU, P. MORIÉ. – **Windows XP Utilisateur.**
N°11524, 2004, 402 pages.

Autres ouvrages

D. POGUE. – **Windows Vista Missing Manual.**
G12094, 2007, 832 pages.

D. POGUE. – **S'initier à Windows Vista.**
G12005, 2007, 390 pages.

M. MacDonald. – **Excel 2007 Missing Manual.**
G12095, 2007, 818 pages.

M. MacDonald. – **S'initier à Excel 2007.**
G12206, 2007, 324 pages.

M. GREY, M. BERGAME. – **Mémento Excel.**
N°11756, 2006, 14 pages.

J. WALKENBACH. – **VBA pour Excel 2003.**
G11432, 2004, 979 pages + CD-Rom.

J. RUBIN. – **Analyse financière et reporting avec Excel.**
G11460, 2004, 278 pages.

S. GAUTIER, C. HARDY, F. LABBE, M. PINQUIER. – **OpenOffice.org 2.2 efficace.**
N°12166, 2007, 420 pages avec CD-Rom.

Guide de formation avec exercices et cas pratique

Word 2007
Initiation

Philippe Moreau — Patrick Morié

Tsoft
EDITEUR

EYROLLES

ÉDITIONS EYROLLES
61, bd Saint-Germain
75240 Paris Cedex 05
www.editions-eyrolles.com

TSOFT
10, rue du Colisée
75008 Paris
www.tsoft.fr

Avant-propos

Conçu par des pédagogues expérimentés, l'originalité de cet ouvrage est de vous apprendre rapidement à utiliser efficacement le logiciel Microsoft Office Word 2007.

FICHES PRATIQUES

La première partie, *Manuel Utilisateur*, présente sous forme de fiches pratiques les fonctions de base de Word 2007 et leur mode d'emploi. Ces fiches peuvent être utilisées soit dans une démarche d'apprentissage pas à pas, soit au fur et à mesure de vos besoins, lors de la réalisation de vos propres documents. Une fois les bases du logiciel maîtrisées, vous pourrez également continuer à vous y référer en tant qu'aide-mémoire. Si vous vous êtes déjà aguerri sur une version plus ancienne de Microsoft Word ou sur un autre logiciel traitement de texte, ces fiches vous aideront à vous approprier rapidement Microsoft Office Word version 2007.

EXERCICES DE PRISE EN MAIN

Dans la deuxième partie, *Exercices de prise en main*, il s'agit de réaliser des documents simples, comprenant chacun une étape guidée pas à pas pour revoir les manipulations et une étape mise en pratique. Ces exercices s'adressent en priorité aux utilisateurs débutants, mais ils seront également utiles aux utilisateurs déjà aguerris sur une précédente version de Word qui veulent passer directement à la pratique de la nouvelle interface d'Office Word 2007.

La réalisation du parcours complet permet de s'initier seul en autoformation.

Un formateur pourra aussi utiliser cette partie pour animer une formation aux manipulations de base de Microsoft Word 2007 : mis à disposition des apprenants, ces exercices permettent à chaque élève de progresser à son rythme et de poser ses questions au formateur sans ralentir la cadence des autres élèves.

CAS PRATIQUES

La troisième partie, *Cas pratiques*, consiste à réaliser des documents complets en se servant des commandes de Microsoft Office Word 2007. Cette partie vous propose onze cas pratiques, qui vous permettront de mettre en œuvre la plupart des fonctions étudiées dans les deux parties précédentes, tout en vous préparant à concevoir vos propres documents de manière autonome.

Les fichiers nécessaires à la réalisation de ces cas pratiques peuvent être téléchargés depuis le site Web *www.editions-eyrolles.com*. Il vous suffit pour cela de taper le code **G12214** dans le champ <RECHERCHE> de la page d'accueil du site puis d'appuyer sur ↵. Vous accéderez ainsi à la fiche de l'ouvrage sur laquelle se trouve un lien vers le fichier à télécharger. Une fois ce fichier téléchargé sur votre poste de travail, il vous suffit de le décompresser dans le dossier *C:\Exercices Word 2007* ou un autre dossier si vous préférez.

Les cas pratiques sont particulièrement adaptés en fin de parcours de formation, à l'issue d'un stage ou d'un cours de formation en ligne sur Internet, par exemple.

Téléchargez les fichiers des cas pratiques depuis www.editions-eyrolles.com

Conventions typographiques

Pour faciliter la compréhension visuelle par le lecteur de l'utilisation pratique du logiciel, nous avons adopté les conventions typographiques suivantes :

Gras : les onglets, les groupes, les boutons et les zones qui sont sur le Ruban.

Gras : noms des sections dans les menus ou dans les boîtes de dialogue (*).

Italique : noms des commandes dans les menus et noms des boîtes de dialogue (*).

`Police bâton :` noms de dossier, noms de fichier, texte à saisir.

[xxxxx] : boutons qui sont dans les boîtes de dialogue (*).

■ Actions : les actions à réaliser sont précédées d'une puce.

(*) Dans cet ouvrage, le terme « dialogue » désigne une « boîte de dialogue ».

Table des matières

PARTIE 2
EXERCICES DE PRISE EN MAIN

PARTIE 3
CAS PRATIQUES

PARTIE 1
GUIDE D'UTILISATION

Ergonomie
Word 2007

1

LANCER WORD

On peut lancer Word 2007 de diverses manières : à l'aide du bouton Windows 🪟 *Démarrer*, d'un raccourci posé sur le Bureau, ou en ouvrant un fichier Word enregistré dans un dossier sur disque. Les procédures suivantes supposent que votre ordinateur fonctionne sous Windows Vista. Word démarre avec un document ouvert dans la fenêtre Word : un document vierge ou le document que vous avez choisi d'ouvrir.

LANCER WORD AVEC LE MENU TOUS LES PROGRAMMES

▪ Cliquez sur le bouton 🪟 *Démarrer* à l'extrémité gauche de la barre des tâches, puis cliquez sur *Tous les programmes*, puis sur *Microsoft Office*, puis sur *Microsoft Office Word 2007*.

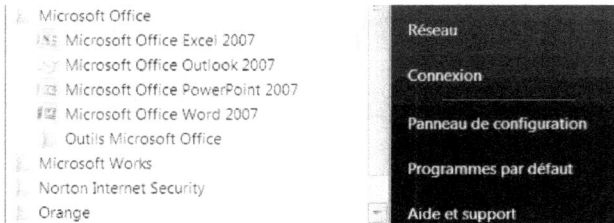

Microsoft Office	
Microsoft Office Excel 2007	Réseau
Microsoft Office Outlook 2007	Connexion
Microsoft Office PowerPoint 2007	
Microsoft Office Word 2007	Panneau de configuration
Outils Microsoft Office	
Microsoft Works	Programmes par défaut
Norton Internet Security	
Orange	Aide et support

LANCER WORD AVEC LE MENU DÉMARRER

Si le nom du programme Word 2007 a été ajouté au menu *Démarrer*, vous pouvez cliquer directement sur *Microsoft Office Word 2007* dans le menu *Démarrer*.

Pour ajouter un nom de programme dans le menu *Démarrer*, cliquez droit sur le nom du programme, puis sur *Ajouter au menu Démarrer* dans le menu contextuel.

LANCER WORD AVEC UN RACCOURCI POSÉ SUR LE BUREAU

Un raccourci est une icône représentant un lien vers une application ou un fichier. Si un raccourci vers le programme Microsoft Word 2007 existe sur votre bureau, double-cliquez simplement sur le raccourci pour lancer le programme.

Le raccourci vers Word 2007, n'existe pas par défaut. Pour ajouter ce raccourci : cliquez droit sur le nom du programme dans le menu *Démarrer*, puis sur la commande contextuelle *Bureau (créer un raccourci)*.

OUVRIR UN DOCUMENT WORD DEPUIS UN DOSSIER

▪ Ouvrez la fenêtre *Documents* en cliquant sur l'icône 🪟 *Démarrer*, puis sur *Documents*.

▪ Dans la fenêtre *Documents*, sélectionnez le dossier qui contient le fichier document Word (extension .doc ou .docx), puis double-cliquez sur le nom du fichier document Word.

La fenêtre *Documents* est l'équivalent sous Windows Vista de la fenêtre *Poste de travail* dans les versions antérieures de Windows.

OUVRIR UN DOCUMENT PAR LA LISTE DES DOCUMENTS RÉCENTS

▪ Cliquez sur l'icône 🪟 *Démarrer*, puis sur *Documents récents*, puis dans la liste proposée par Windows, sélectionnez le fichier Word (extension .doc ou .docx) parmi les fichiers récemment ouverts sous Windows.

Pour changer le nombre de document récents listés, cliquez sur le **Bouton Office**, puis sur [Options Word], cliquez sur *Options avancées* puis sous la section **Afficher** spécifiez ce nombre.

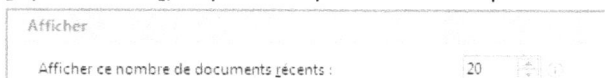

Afficher	
Afficher ce nombre de documents récents :	20

ARRÊTER WORD OU CHANGER D'APPLICATION

Arrêter Word consiste à arrêter l'application et à la retirer de la mémoire. Basculer vers une autre application consiste à quitter la fenêtre Word tout en conservant Word en mémoire pour travailler avec une autre application dans une autre fenêtre. On pourra par la suite revenir à la fenêtre Word à l'aide d'un simple clic sur le bouton associé à cette application dans la barre des tâches.

ARRÊTER WORD

- Cliquez sur le **Bouton Office** , puis au bas du menu cliquez sur le bouton [X Quitter Word].

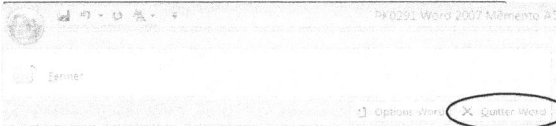

Tous les documents Word ouverts vont alors être fermés, si des modifications apportées à un document ouvert n'ont pas été enregistrées, Word affichera un message d'avertissement :

Dans ce cas, cliquez sur l'un de ces trois boutons : [Oui] pour enregistrer le document, [Non] pour ne pas enregistrer les modifications, [Annuler] pour revenir au document sans arrêter Word.

BASCULER VERS UNE AUTRE APPLICATION

Plusieurs programmes (par exemple Word et Excel) peuvent avoir été lancés, il est possible de basculer instantanément de l'un à l'autre, notamment pour copier/coller des informations. La barre des tâches contient un bouton pour chaque application.

- Dans la barre des tâches, cliquez sur le bouton associé à l'application ou au document ouvert à faire passer au premier plan.

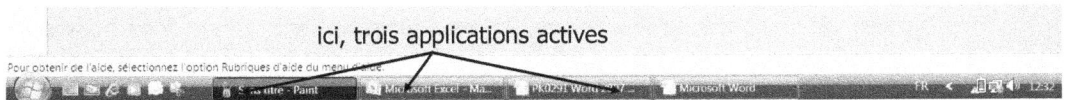

ici, trois applications actives

- Vous pouvez aussi utiliser Alt + ⇆ pour faire défiler dans une mini-fenêtre le nom des applications. Lorsque vous avez affiché l'application voulue, vous relâchez la pression.

Par la suite, pour revenir à Word :

- Dans la barre des tâches, cliquez sur le bouton associé au document ouvert sous Word ou à l'application Word ou utilisez Alt + ⇆.

À partir d'un certain nombre de documents la barre des tâches ne contient plus un bouton par document ouvert, mais un seul bouton pour Word qui affiche le nombre de documents ouverts ainsi qu'une petite flèche. Quand on clique sur ce bouton, une liste se déroule et affiche les noms des documents ouverts : il suffit alors de cliquer sur le nom de celui à faire passer au premier plan.

FERMER UN DOCUMENT

Chaque document est ouvert dans une fenêtre Word, fermer un document est équivalent à fermer la fenêtre document. Fermer le dernier document Word ouvert revient à arrêter Word.

Vous pouvez choisir de fermer une fenêtre Word sur un document sans fermer les autres : cliquez sur le **Bouton Office** , puis sur *Fermer* ou cliquez sur la case de fermeture de Word, à l'extrémité droite de sa barre de titre _ □ × ou Alt + F4.

LA FENÊTRE DE WORD

PHYSIONOMIE DE LA FENÊTRE WORD

❶ **Barre de titre** : elle affiche le nom du document en cours, si le document n'a encore jamais été enregistré il est nommé automatiquement `DocumentN` (Nième document créé), à droite les cases *Réduire, Niveau inférieur/Agrandir, Fermer* la fenêtre ⎯ ▢ ✕ .

❷ **Bouton Office** : il permet d'accéder à un menu déroulant des commandes de fichier *Nouveau, Ouvrir, Fermer, Enregistrer* et *Imprimer...*

❸ **Barre d'outils Accès rapide** : dans cette barre, vous placez les boutons des commandes (outils) que vous utilisez le plus fréquemment.

❹ **Ruban des onglets de commandes** : il affiche les commandes de Word sous forme de boutons (outils), chaque onglet contient plusieurs groupes d'outils, ainsi dans l'onglet **Accueil** on trouve les groupes **Presse-papiers**, **Police**, **Paragraphe**, **Styles** et **Modification**.

❺ **Règle horizontale** : elle sert à placer directement avec la souris les taquets de tabulation, les retraits de paragraphes et à modifier la taille des marges. Pour la rendre visible ou la masquer : Onglet **Affichage**>groupe **Afficher/Masquer**, cochez ou décochez la case <☑ Règle>.

❻ **Barre de défilement vertical** : pour faire défiler le document dans la fenêtre, ligne à ligne ou fenêtre à fenêtre, ou selon votre choix page à page, section à section, titre à titre, etc.

❼ **Barre d'état** : elle affiche le numéro de page en cours/nombre de pages, le nombre de mots, la langue de vérification, et présente dans sa partie droite les boutons permettant de changer le mode d'affichage du document et un curseur permettant d'ajuster le zoom d'affichage.

PERSONNALISER LA BARRE D'ÉTAT

■ Cliquez droit sur la barre d'état, puis dans la liste cochez ou décochez l'information que vous voulez voir figurer dans la barre d'état, terminez en cliquant dans le document.

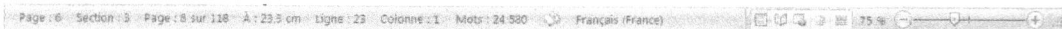

La barre d'état peut indiquer : le numéro de page mis en forme | le numéro de section | le numéro de page/nombre de pages | la position verticale (en cm) | le numéro de ligne | le numéro de colonne | le nombre de mots | la langue de vérification | les indicateurs (Mode Insérer/refrappe, Verr.maj, mode de sélection, mode enregistrement de macro) | les boutons de mode d'affichage | le curseur de zoom.

LE RUBAN, LES ONGLETS ET LES OUTILS

LE RUBAN, LES ONGLETS ET LES GROUPES D'OUTILS

Le ruban en haut de la fenêtre donne accès à des onglets (orientés tâches) qui présentent les outils disponibles rangés par groupes. Lorsque vous réduisez la largeur de la fenêtre Word, les groupes d'outils de l'onglet ouvert se réduisent horizontalement en affichant moins d'icônes. Ce sont les commandes les plus utilisées qui restent présentes.

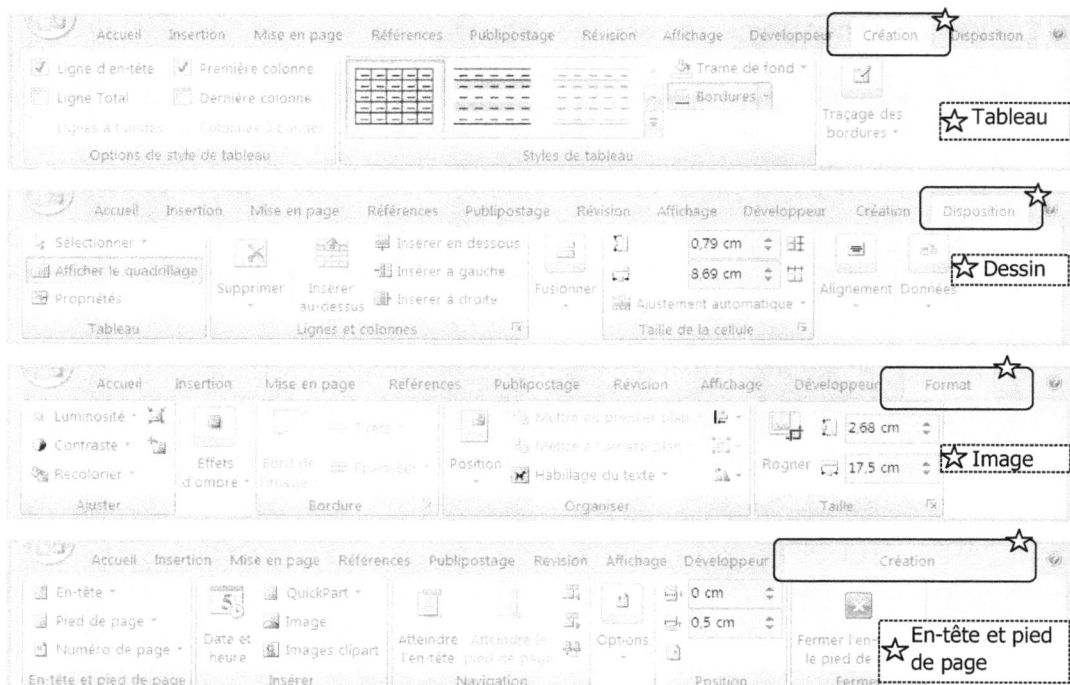

☆ Les onglets marqués d'une étoile sont contextuels

- Pour réduire le ruban : Ctrl + F1 ou double-cliquez sur l'onglet actif du Ruban. On ne voit plus alors que les noms des onglets et il faut cliquer sur un onglet pour faire apparaître le ruban le temps d'exécuter la commande, puis il disparaît à nouveau
- Pour annuler la réduction du ruban : Ctrl + F1 ou double-cliquez sur un onglet du Ruban

LA BARRE D'OUTILS ACCÈS RAPIDE

La barre d'outils *Accès rapide* est située en haut à gauche de la fenêtre à côté du **Bouton Office**. Vous y placez les outils que vous voulez avoir immédiatement sous la main.

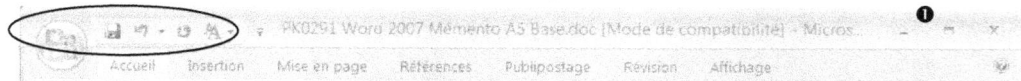

Par défaut, trois boutons standards sont affichés : *Enregistrer, Annuler* et *Rétablir* ou *Répéter*.

Les boutons autres standards doivent être activés pour être visibles : cliquez sur la flèche à droite de la barre *Accès rapide*, puis cliquez sur l'un des choix : *Nouveau, Ouvrir, Courrier électronique, Impression rapide, Aperçu avant impression, Orthographe, Par ordre croissant, Ordre décroissant.*

- Pour masquer un bouton standard : effectuez la même procédure que pour le rendre visible, ce qui a pour effet de le désactiver.
- Pour ajouter un bouton : cliquez droit sur un bouton dans un groupe d'outils sous un onglet, puis sur *Ajouter à la barre d'outils Accès rapide*.
  Vous pouvez aussi cliquer sur la flèche à droite de la barre *Accès rapide*, puis sur *Autres commandes.....* dans le dialogue : choisissez la catégorie de commande, sélectionnez l'outil, cliquez sur [Ajouter>>], spécifiez si vous voulez personnaliser pour tous les documents (par défaut) ou seulement pour le document actif, validez par [OK].
- Pour supprimer un bouton : cliquez droit sur le bouton, puis sur *Supprimer de la barre d'outils Accès rapide*.

LES BOÎTES DE DIALOGUE

Un simple clic sur un bouton sur le ruban ou sur la barre d'outils *Accès rapide* déclenche l'exécution immédiate d'une commande. Mais certaines commandes nécessitent des paramètres qui ne sont pas tous implicites dans les boutons, c'est pourquoi vous trouverez à droite de certains intitulés de groupe une icône appelée **lanceur** de dialogue qui donne accès à la boîte de dialogue pour spécifier tous les paramètres détaillés.

Voici par exemple, les dialogues pour les groupes *Police* et *Paragraphe* de l'onglet **Accueil** :

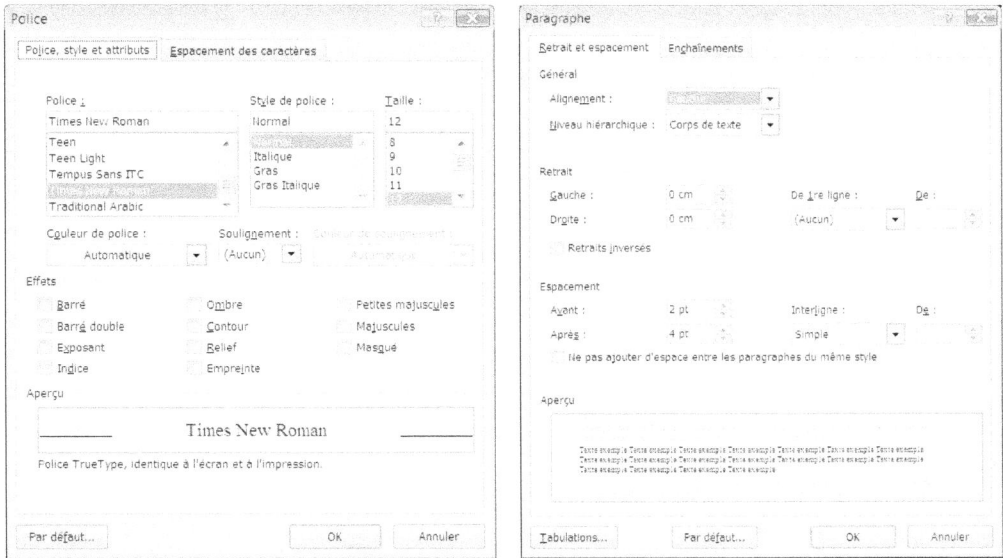

Dans d'autres cas, la boîte de dialogue s'obtient dans une liste associée à une icône, par exemple sous l'onglet **Accueil**>groupe **Paragraphe** cliquez sur la flèche du bouton ***Bordures*** , le menu contient une commande *Bordure et trame...* qui donne accès au dialogue *Bordure et trame*.

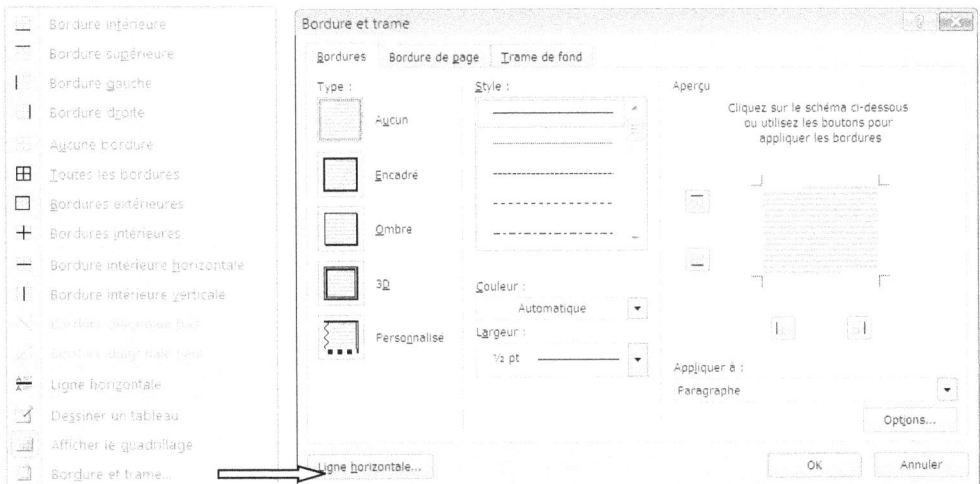

Un dialogue propose les paramètres regroupés sous des onglets : dans l'exemple les onglets **Bordures**, **Bordure de page** et **Trame de fond**. Vous sélectionnez donc d'abord l'onglet puis vous spécifiez les paramètres (case à cocher, choix dans une liste, valeur à saisir...), enfin vous cliquez sur le bouton [OK] pour valider les paramètres spécifiés.

LES COMMANDES ET LES MENUS

COMMANDES ACCESSIBLES PAR DES BOUTONS OUTILS

Cliquer sur un bouton déclenche l'exécution d'une commande, souvent une commande simple qui s'applique directement sur le texte ou l'objet sélectionné, par exemple ≡ Centrer le texte, ⓖ Mettre en gras.

Certains boutons présents sur le ruban sont dotés d'une flèche. Ils donnent accès à une galerie de choix prédéfinis et parfois à un menu de commandes en fin de liste.

Par exemple, si vous cliquez sur la flèche du bouton **Bordures** (onglet **Accueil**>groupe **Paragraphe**), une galerie de bordures prédéfinies s'affiche et en fin de liste un menu de commandes : *Ligne horizontale, Dessiner un tableau, Afficher le quadrillage*, et *Bordure et trame...* qui ouvre le dialogue *Bordure et trame*.

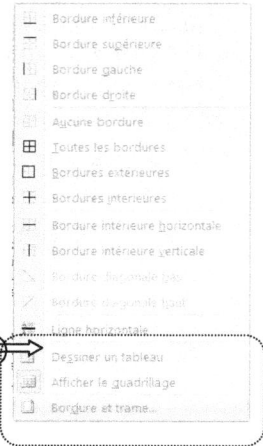

COMMANDES DANS LES MENUS CONTEXTUELS

Un menu contextuel a la particularité de n'afficher que les commandes applicables à l'élément sélectionné (un mot, un paragraphe, un tableau, une image, etc.). On invoque le menu contextuel d'un élément en cliquant avec le bouton droit de la souris sur l'élément.

Par exemple, le menu ❶ est le menu contextuel d'un paragraphe, le menu ❷ est le menu contextuel d'une sélection ce caractères.

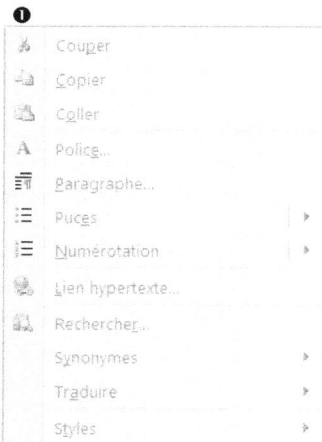

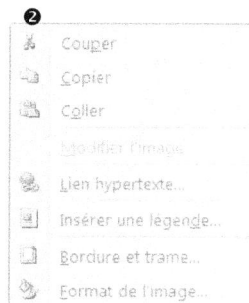

❶

✂	Couper
📋	Copier
📋	Coller
A	Police...
≣	Paragraphe...
≔	Puces ▸
≔	Numérotation ▸
🔗	Lien hypertexte...
🔍	Rechercher...
	Synonymes ▸
	Traduire ▸
	Styles ▸

❷

✂	Couper
📋	Copier
📋	Coller
	Modifier l'image
🔗	Lien hypertexte...
	Insérer une légende...
	Bordure et trame...
	Format de l'image...

ASPECT DES COMMANDES DANS LES MENUS

Bordure et trame...	Une commande suivie de trois points affichera un dialogue.
≣ Paragraphe...	Lorsqu'une commande est précédée d'une icône, cela indique qu'elle a son équivalent sous forme de bouton sous un onglet du Ruban ou que vous pouvez ajouter à la barre d'outils *Accès rapide*.
≔ Numérotation ▸	Une commande suivie d'une flèche affichera un sous-menu.
Modifier l'image	Une commande en grisé n'est pas disponible dans le contexte en cours.
✓ Section 3	Une commande précédée d'une case à cocher sert à activer ou désactiver une option.

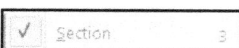

AFFICHAGE DU DOCUMENT

MODES D'AFFICHAGE : PAGE, BROUILLON, WEB, PLAN ET PLEIN ÉCRAN

Vous pouvez choisir le mode d'affichage le plus adapté à la tâche que vous voulez réaliser : saisie, mise en forme, relecture, remaniement du plan...

- Onglet **Affichage**>groupe **Affichages document**

Vous pouvez aussi changer le mode d'affichage à l'aide des boutons d'affichage qui sont sur la barre d'état, sans être obligé de revenir à l'onglet **Affichage** sur le ruban.

❶ Mode **Page** (Alt + Ctrl +P) : ce mode montre la façon dont les différents éléments sont positionnés dans les pages du document tel qu'il apparaîtra à l'impression. On visualise les marges, les images flottantes, les en-têtes/pieds de page, la numérotation des pages et les notes...

❷ Mode **Lecture plein écran** : ce mode a pour but de faciliter la lisibilité d'un document à l'écran. Le texte est grossi et il n'est pas tenu compte de la mise en page du document.

❸ Mode **Web** (Alt + Ctrl +O) : ce mode fait voir le texte comme il sera affiché dans une page Web en ligne en exportant le document vers une page Web. Le texte s'adapte automatiquement à la largeur de la fenêtre et est renvoyé à la ligne en fonction de la largeur de la fenêtre. Vous utiliserez ce mode pour préparer des pages Web.

❹ Mode **Plan** : ce mode sert à faire apparaître la structure du document, copier, déplacer, et réorganiser du texte en faisant glisser les titres.

❺ Mode **Brouillon** (Alt + Ctrl +N) : ce mode n'affiche pas les marges, ni les en-têtes/pieds de page, ni les notes de bas de page, ni le colonage, ni les objets flottants (images, dessins...), la mise en forme du texte reste visible. Vous pourrez utiliser ce mode d'affichage pour saisir rapidement du texte à la volée.

ZOOM D'AFFICHAGE

- Onglet **Affichage**>groupe **Zoom**, cliquez sur un des outils ou sur *Zoom* pour accéder à la boîte de dialogue.

Lorsque vous choisissez d'afficher plusieurs pages le zoom s'adapte en conséquence.

- Il est plus pratique de faire glisser le curseur de zoom situé à droite de la barre d'état, le facteur de réduction ou d'agrandissement étant affiché à gauche de la ligne du curseur.

Pour diminuer le facteur de zoom de 10%, cliquez sur l'icône ⊖. Pour augmenter ce facteur de zoom, cliquez sur l'icône ⊕.

RÈGLES, MINIATURES ET EXPLORATEUR

LES RÈGLES

■ Affichez/masquez les règles en cliquant sur le bouton [icon] au-dessus de la barre de défilement vertical, ou sous l'onglet **Afficher**>Groupe **Afficher/Masquer**, cochez la case <☑ Règle>.

La règle verticale ne s'affiche que si cela a été demandé dans les options de Word, pour cela :

■ Cliquez sur le **Bouton Office** [icon], cliquez sur le bouton [Options Word], cliquez sur *Options avancées*, sous **Afficher** cochez ou non la case <☑ Afficher la règle verticale en mode Page>.

La règle horizontale

La règle horizontale sert à positionner rapidement les taquets de tabulation et les retraits de paragraphes ou les marges par un simple glisser-déplacer.

❶ Choix du type de tabulation   ❸ Retrait gauche du paragraphe   ❺ Marge gauche

❷ Retrait de première ligne   ❹ Retrait à droite du paragraphe   ❻ Marge droite

La règle verticale

Cette règle est utile pour positionner ou aligner verticalement des objets flottants (images, dessins).

LES PAGES MINIATURES

Les pages miniatures ne sont visibles qu'en mode *Page*, elles sont placées dans un volet situé dans la partie gauche de la fenêtre. On peut afficher la page associée à une miniature en cliquant dessus. Elles permettent de naviguer rapidement d'une page à une autre.

■ Onglet **Affichage**>groupe **Afficher/Masquer**, cochez <☑ Miniatures>.

L'EXPLORATEUR DE DOCUMENT

L'Explorateur de document reste visible dans tous les modes d'affichage. Word repère et liste automatiquement les titres et les sous-titres du document dans un volet sur la partie de la fenêtre : il suffit de cliquer sur un titre pour visualiser le texte correspondant dans le volet droit de la fenêtre.

■ Onglet **Affichage**>groupe **Afficher/Masquer**, cochez <☑ Explorateur de documents>.

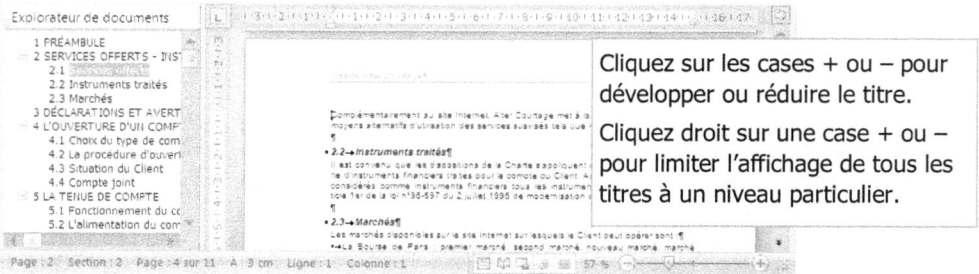

Cliquez sur les cases + ou – pour développer ou réduire le titre.

Cliquez droit sur une case + ou – pour limiter l'affichage de tous les titres à un niveau particulier.

Vous pouvez modifier la police et la taille des titres dans l'Explorateur en modifiant la police du style *Explorateur de document*.

OPTIONS SPÉCIALES D'AFFICHAGE

Le dialogue suivant vous donne la possibilité de personnaliser l'affichage en cochant les éléments devant être visibles à l'écran ou à l'impression et en décochant les autres.

■ Cliquez sur le **Bouton Office**, cliquez sur le bouton ⬜ Options Word, cliquez sur *Affichage*.

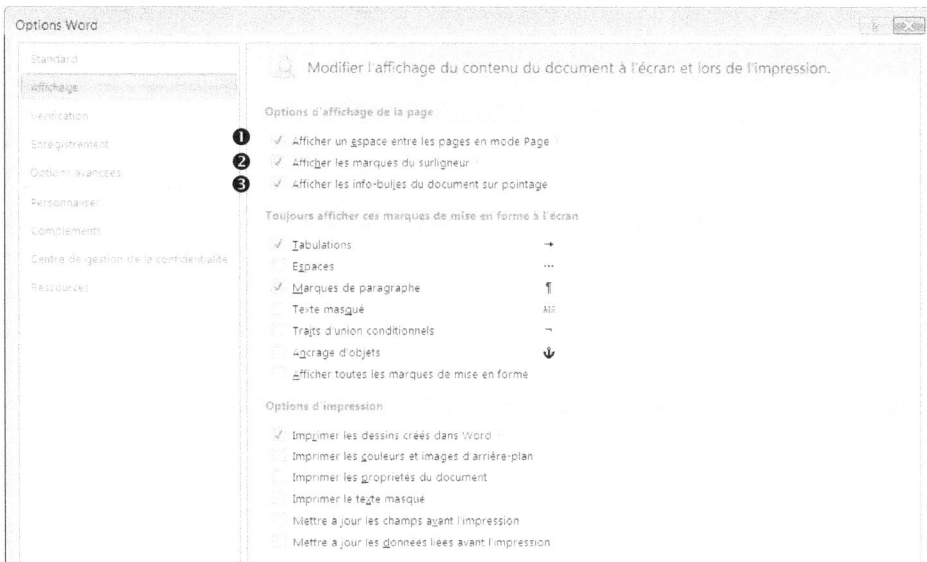

■ Cochez les options que vous souhaitez utiliser, validez par [OK].

OPTIONS D'AFFICHAGE DE LA PAGE

Ces options utiles essentiellement à l'écran sont cochées par défaut.

❶ Désactivez si vous ne voulez voir ni les marges haute/basse ni les en-têtes/pied de page.

❷ Désactivez si vous voulez masquer les surlignages à l'écran et à l'impression.

❸ Désactivez si vous ne voulez pas voir les infobulles lorsque vous placez le pointeur sur un lien hypertexte, une marque d'appel de commentaire ou un contenu similaire.

AFFICHER À L'ÉCRAN LES MARQUES SPÉCIALES DE MISE EN FORME

Vous pouvez rendre visibles à l'écran ces marques spéciales non imprimables : les tabulations, les espaces, les marques de paragraphe (et de fin de ligne qui vont avec), les traits d'union conditionnels...

L'ancrage d'objets est une ancre qui s'affiche lorsque vous sélectionnez un objet flottant, elle indique à quel paragraphe est attaché l'objet.

Le texte masqué est un texte auquel a été appliqué un effet masqué (par le dialogue *Police*).

La dernière option permet d'activer toutes les marques spéciales à la fois, ce sera plus facile de les activer ou désactiver en cliquant sur le bouton ¶ situé sous l'onglet **Accueil**>groupe **Paragraphe**, ou par le raccourci Ctrl + ⇧ +8 (sur le clavier principal).

OPTIONS D'IMPRESSION

Certains éléments n'ont pas en général à être imprimés, par exemple les textes masqué, les propriétés... mais vous pouvez forcer leur impression modifiant ces options de Word.

Une option sert à forcer la mise à jour des champs avant l'impression du document, une autre à mettre à jour les données liées avant l'impression.

UTILISER L'AIDE

- Cliquez sur l'icône 🎯 *Aide de Microsoft Office Word* à l'extrémité droite de la barre qui présente les onglets du ruban ou tapez sur la touche F1.

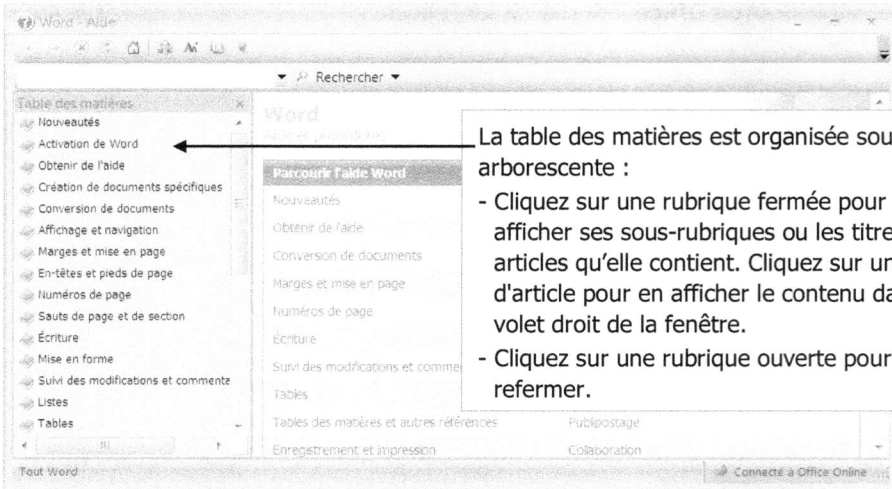

La table des matières est organisée sous forme arborescente :
- Cliquez sur une rubrique fermée pour l'ouvrir et afficher ses sous-rubriques ou les titres des articles qu'elle contient. Cliquez sur un titre d'article pour en afficher le contenu dans le volet droit de la fenêtre.
- Cliquez sur une rubrique ouverte pour la refermer.

La barre d'outils contient neuf boutons

Précédent :	article précédent.
Suivant :	article suivant.
Arrêter :	arrête la recherche en cours.
Actualiser :	actualise le résultat de la recherche.
Accueil :	affiche la page d'accueil de l'aide.
Imprimer :	imprime l'article en cours.
Modifier taille de la police :	pour choisir entre 5 tailles de police d'affichage.
Masquer la table des matières :	affiche/masque le volet *Table des matières*.
Maintenir sur le dessus :	maintient l'Aide au-dessus de la fenêtre Word active.

Pour lancer une recherche

- Saisissez les mots dans la zone <Rechercher>, puis cliquez sur le bouton *Rechercher,* le résultat de la recherche est la liste des noms d'articles trouvés. Cliquez sur un article pour l'ouvrir.

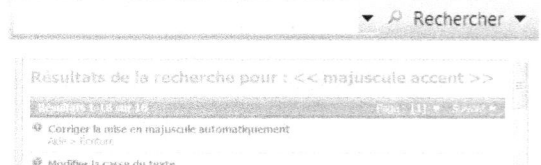

La flèche associée au bouton *Rechercher,* permet de spécifier si la recherche doit s'effectuer sur le contenu de l'aide dans *votre ordinateur* ou sur le contenu dans *Office Online*.

Si les réponses ne sont pas satisfaisantes, vous pouvez changer les mots de recherche ou bien étendre la recherche à d'autres sources grâces aux liens en bas de page.

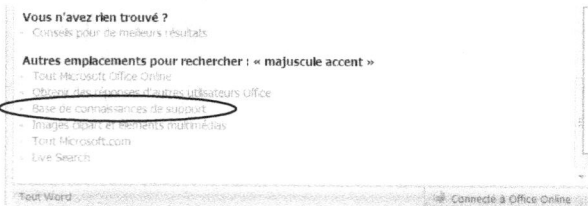

Vous pouvez étendre la recherche à la *Base de connaissances de support* Microsoft, ou obtenir des réponses d'autres utilisateurs.

UTILISER L'AIDE

INFOBULLE D'AIDE SUR UN BOUTON OUTIL

- Amenez le pointeur sur le bouton, une infobulle décrit son usage. Si le texte de message l'indique vous appuyez sur F1 pour obtenir plus d'information.

L'affichage des infobulles peut être activé ou désactivé dans les options Word : cliquez sur le **Bouton Office**, puis sur [Options Word], cliquez sur *Standard*, puis dans la zone <Style d'info-bulles> : sélectionnez l'option souhaitée.

OBTENIR DE L'AIDE SUR UN DIALOGUE

Lorsqu'un dialogue est ouvert, cliquez sur le bouton [ ] situé à droite de la barre de titre du dialogue, ou appuyez sur F1. La fenêtre d'aide affiche alors les articles relatifs aux options du dialogue.

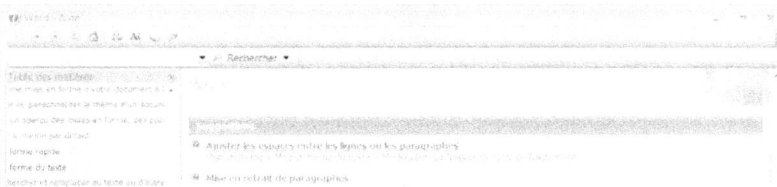

AIDE OFFICE ONLINE OU HORS CONNEXION

- Cliquez sur le bouton [État de la connexion...] situé en bas à droite de la fenêtre de l'Aide, vous pouvez choisir entre *Connecté à Office Online* ou *Hors connexion*. Ensuite, chaque fois que vous ouvrirez une fenêtre d'aide dans un des programmes Microsoft Office, la fenêtre d'aide affichera le contenu de la source choisie.

L'aide Office Online est plus à jour et peut-être plus complète que celle qui est installée sur votre ordinateur. Mais si votre connexion Internet est coupée, l'indicateur *Hors connexion* reste affiché.

MAINTENIR LA FENÊTRE D'AIDE AU PREMIER PLAN

La fenêtre d'aide est configurée par défaut pour rester en permanence au premier plan, le dernier bouton de la barre d'outils se présente dans ce cas comme une épingle vue de dessus [ ]. Vous pouvez la redimensionner et la déplacer pour ne pas gêner votre travail. En cliquant sur ce bouton, vous désactivez l'affichage au premier plan de la fenêtre d'aide, le bouton se présente alors comme une épingle vue de côté [ ].

IMPRIMER UNE RUBRIQUE D'AIDE

- Cliquez sur le bouton [ ] pour imprimer la rubrique d'aide affichée.

DEMANDER DE L'AIDE À D'AUTRES UTILISATEURS

À travers les forums de discussion vous pouvez demander de l'aide à d'autres utilisateurs.

- Cliquez sur le **Bouton Office** [ ], cliquez sur le bouton [Options Word], puis sur la commande *Ressources* dans la colonne de gauche, et enfin sur le bouton [Contactez-nous...]. Si vous êtes connecté à Internet, une fenêtre s'ouvre dans votre navigateur, sous la rubrique *Communautés en ligne*, cliquez sur le lien *Communautés techniques Microsoft*. Vous pouvez consulter les questions et les réponses déjà fournies.

Si vous voulez créer une question avec le bouton [Nouveau] ou répondre à une question avec le bouton [Répondre], vous devrez vous identifier avec un compte Live ID. En suivant les indications à l'écran vous pourrez en créer un gratuitement.

ANNULER, RESTAURER, RÉPÉTER, RÉCUPÉRER

ANNULER OU RESTAURER

En cas d'erreur de manipulation, inutile de s'alarmer : il est toujours possible de revenir en arrière en annulant la ou les dernières commandes.

Annuler la dernière commande ou action

- Cliquez sur le bouton [⤺] dans la barre d'accès rapide ou appuyez sur [Ctrl]+Z.

Annuler/restaurer les dernières commandes ou actions

Si la dernière action est une annulation, le bouton ↻ *Répéter* se transforme en ↺ *Rétablir*.

- Cliquez sur le bouton ↺ *Rétablir* l'action qui a été annulé.

Il est possible de restaurer plusieurs actions annulées à la fois à condition d'avoir ajouté le bouton ↺ ▾ *Restaurer* dans la barre d'outils *Accès rapide*. Cliquez alors sur la flèche associée au bouton ↺ ▾ pour restaurer les n dernières annulations cliquez sur la n^{ième} de la liste.

RÉPÉTER LA DERNIÈRE ACTION

La répétition peut être utile lorsque vous venez d'appliquer un ensemble de paramètre à un élément, et vous voulez appliquer la même action à d'autres éléments, cliquez ces éléments un à un et répétez l'action précédente.

- Cliquez sur le bouton ↻ *Répéter* dans la barre d'accès rapide ou appuyez sur [Ctrl]+Y.

RÉCUPÉRER LE DOCUMENT APRÈS INCIDENT

Après un arrêt intempestif de Word ou après un blocage qui vous a obligé à arrêter brutalement Word, au redémarrage Word tente de récupérer le document qui était en cours d'utilisation à condition que vous ayez activé l'option récupération automatique.

Lorsque vous redémarrez Word après qu'il se soit fermé anormalement, Word peut déterminer qu'il a récupéré toutes les modifications que vous avez apportées, il affiche cette version du fichier.

Sinon le programme affiche automatiquement le volet Office *Récupération de document* avec jusqu'à trois versions du fichier par ordre d'ancienneté, la plus récente se trouvant en haut.

Cliquez sur la version récupérée la plus récente, examinez le document et s'il semble correct, cliquez avec le bouton droit sur ce choix, puis cliquez sur *Enregistrer sous* pour enregistrer le fichier. À ce stade, votre fichier est récupéré. Sinon, essayez avec une version plus ancienne.

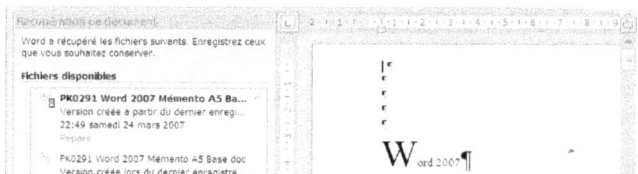

Si le fichier reste endommagé, vous pouvez essayer de l'ouvrir par :

- Cliquez sur le **Bouton Office** 🔘, puis sur *Ouvrir*, puis sélectionnez le fichier à réparer et cliquez sur la flèche associée au bouton [Ouvrir], puis cliquez sur *Ouvrir et réparer*

SI L'INSTALLATION DE WORD SEMBLE ENDOMMAGÉE

Microsoft Office sait se réparer lui-même en identifiant et en régénérant les fichiers système endommagés ou manquants. Lancez cette procédure si Word se met à avoir un comportement inhabituel et devient régulièrement instable.

- Cliquez sur le **Bouton Office** 🔘, puis sur *Tous les programmes*, puis sur le dossier *Microsoft Office*, puis sur le sous-dossier *Outils Microsoft office*, puis sur *Microsoft Office diagnostic*

Créer, modifier et enregistrer

2

Un nouveau document peut être basé sur le modèle par défaut de Word (*Normal.dotm* : document vide au format A4, en orientation portrait et des marges de 2,5 cm), sur un modèle existant (fourni avec Word ou téléchargé sur le Web ou créé par l'utilisateur), ou sur un document existant.

CRÉER UN DOCUMENT BASÉ SUR LE MODÈLE PAR DÉFAUT

Au lancement de Word, un document vierge basé sur le modèle par défaut est automatiquement affiché à l'écran. Par la suite, pour créer un nouveau document :

- Cliquez sur le **Bouton Office** puis sur *Nouveau*, puis double-cliquez sur la vignette *Document vierge* ❶, ou
- Appuyez sur Ctrl+N (raccourci clavier), ou
- Cliquez sur le bouton ⬎ *Nouveau* de la barre d'Accès rapide (si ce bouton y a été ajouté).

CRÉER UN DOCUMENT BASÉ SUR UN MODÈLE

- Cliquez sur le **Bouton Office** puis sur *Nouveau*.

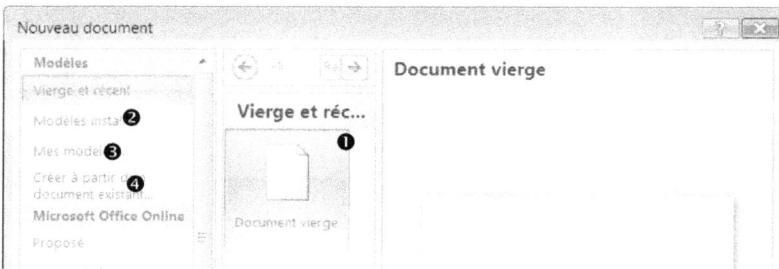

- Dans le volet gauche du dialogue, sous la section **Modèles** :
- cliquez sur *Modèles installés* ❷ pour choisir un modèle fourni avec l'installation de Word, ou
- cliquez sur *Mes modèles...* ❸ pour choisir un des modèles que vous avez créés.

- Laissez cochée l'option <⊙ Document> car vous voulez créer un document, cliquez sur [OK].

Note : vous pouvez aussi sélectionner un modèle sous la rubrique **Microsoft Office Online**, dans une liste de modèles en ligne proposés par Microsoft il sera téléchargé.

CRÉER UN DOCUMENT EN SE BASANT SUR UN DOCUMENT EXISTANT

- Cliquez sur le **Bouton Office** puis sur *Nouveau*, puis sur *Créer à partir d'un document existant...* ❹, dans le dialogue *Nouveau document* : sélectionnez le dossier puis le fichier qui va servir de modèle, puis cliquez sur le bouton [Ouvrir].

Un nouveau document de nom DocumentN (N pour N^ième document créé depuis que Word a été démarré) est créé reprenant le contenu et la mise en page du document sélectionné.

OUVRIR UN DOCUMENT

Un document Word peut être ouvert en double-cliquant sur le nom du fichier (extension `.doc` ou `.docx`) ou à l'aide de la commande *Ouvrir* du programme Word.

OUVRIR UN DOCUMENT AVEC LA COMMANDE OUVRIR

- Cliquez sur le **Bouton Office**, puis sur la commande *Ouvrir...* dans le dialogue *Ouvrir*
  ❶ Sélectionnez le dossier dans le volet de navigation, ❷ Sélectionnez le nom du fichier document dans le volet de droite, puis cliquez sur [Ouvrir].

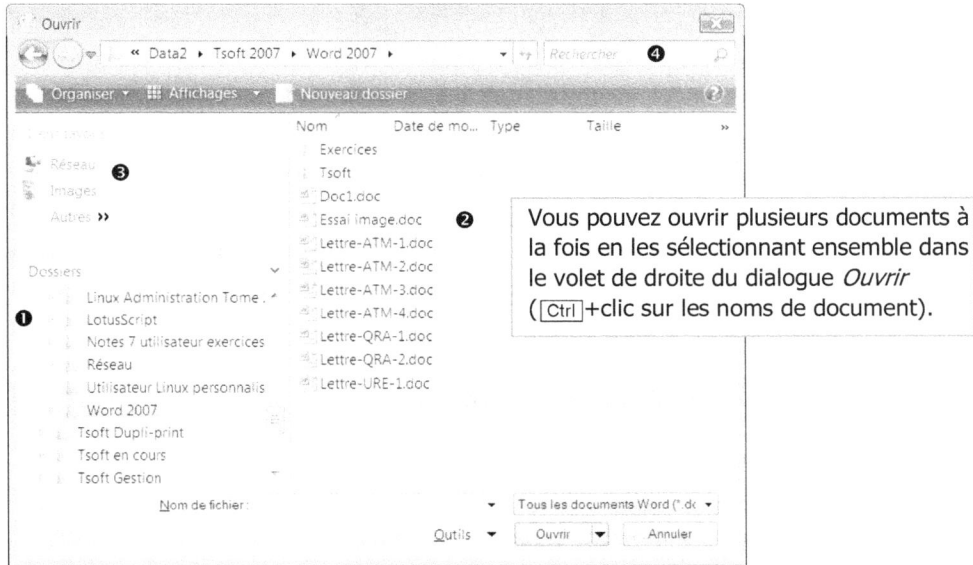

Vous pouvez ouvrir plusieurs documents à la fois en les sélectionnant ensemble dans le volet de droite du dialogue *Ouvrir* (Ctrl+clic sur les noms de document).

Conseil : créez des liens favoris vers les dossiers dans lesquels vous enregistrez souvent les documents, il suffit ensuite de cliquer sur un lien favori ❸ dans le dialogue *Ouvrir* pour accéder directement au dossier. Pour créer un lien favori avec Windows Vista : dans le dialogue *Ouvrir* ou *Enregistrer sous*, faites glisser le nom du dossier du volet *Dossiers* dans le volet *Liens favoris*.

RECHERCHER LE DOCUMENT À OUVRIR

Dans le dialogue *Ouvrir*, sélectionnez un dossier en ❶, puis dans la zone <Rechercher> ❹ tapez un mot à chercher, la recherche démarre aussitôt et renvoie tous les noms de fichiers et de dossiers qui contiennent le mot. Si vous n'avez pas trouvé, cliquez sur le message [Rechercher dans le contenu des fichiers]. Si le nom du fichier est trouvé, vous pouvez l'ouvrir dans le résultat de la recherche.

OUVRIR UN DOCUMENT WORD RÉCEMMENT UTILISÉ

- Cliquez sur le **Bouton Office**, la liste des documents récemment ouverts est affichée dans la partie droite du menu, cliquez sur le nom du document à ouvrir.

Note : le nombre de noms dans la liste des documents ouverts est défini dans les options de Word, par le **Bouton Office**, (Options Word), sélectionnez *Options avancées*, sous **Afficher** spécifiez le nombre dans la zone <Afficher ce nombre de document récents>.

OUVRIR UN DOCUMENT

SI LE DOCUMENT EST DÉJÀ OUVERT PAR UN AUTRE UTILISATEUR

Quand un document se trouve dans un dossier partagé, il est possible qu'un autre utilisateur du réseau ait déjà ouvert le document que vous cherchez à ouvrir. Word affiche alors un dialogue.

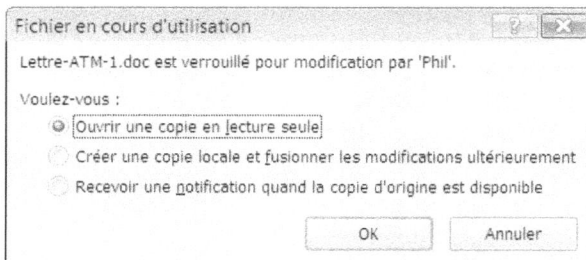

> **Fichier en cours d'utilisation**
>
> Lettre-ATM-1.doc est verrouillé pour modification par 'Phil'.
>
> Voulez-vous :
>
> ◉ Ouvrir une copie en lecture seule
> ○ Créer une copie locale et fusionner les modifications ultérieurement
> ○ Recevoir une notification quand la copie d'origine est disponible
>
> [OK]   [Annuler]

Pour seulement consulter le document sans pouvoir le modifier

- Cochez <⊙ Ouvrir une copie en lecture seule>, cliquez sur [OK].

Pour attendre et être prévenu quand le document aura été fermé par l'autre utilisateur

- Cochez <⊙ Recevoir une notification quand la copie d'origine est disponible>, cliquez sur [OK].

Quand le document sera fermé par l'autre utilisateur, vous recevrez un message. Vous cliquerez sur [Lecture-écriture] dans ce message pour ouvrir le document.

Pour travailler sur une copie locale du document

- Cochez <⊙ Créer une copie locale et fusionner les modifications ultérieurement >, cliquez sur [OK].

Par la suite, vous pourrez comparer votre copie modifiée avec le document modifié par l'autre utilisateur par la fonction *Comparaison et fusion de document*, et intégrer ses modifications.

INSÉRER UN DOCUMENT DANS UN AUTRE

Pour insérer le contenu d'un document à la position du point d'insertion :

- Placez le point d'insertion où le contenu doit être inséré, puis sous l'onglet **Insertion**>groupe **Texte**, cliquez sur le flèche déroulante du bouton *Objet*, sélectionnez *Texte d'un fichier*.
- Dans le dialogue *Insérer un fichier*, sélectionnez le dossier puis le nom du document à insérer.
- Si vous ne voulez récupérer qu'une partie du document qui a été au préalable marquée par un signet, cliquez sur le bouton [Plage], saisissez le nom du signet, cliquez sur [OK].
- Cliquez sur le bouton [Insérer].

Note : une petite flèche est associée au bouton [Insérer] qui permet de dérouler un menu, la commande *Insérer comme Lien* permet de créer un lien vers le document sélectionné, ce qui garantit que chaque modification dans le fichier original sera répercutée dans la copie insérée.

OUVRIR UN DOCUMENT ENDOMMAGÉ

Si un document est endommagé, vous recevez un message d'erreur à l'ouverture du fichier. Vous pouvez tenter de récupérer le contenu textuel du document :

- Dans le dialogue *Ouvrir*, sélectionnez le nom du document, puis cliquez sur la flèche du bouton [Ouvrir▼], puis cliquez sur la commande *Ouvrir et réparer*.

ENREGISTRER ET FERMER UN DOCUMENT

Les documents sont enregistrés dans des dossiers. Les applications Office proposent par défaut le dossier *Documents* sous Windows Vista (ou *Mes documents* dans les versions antérieures de Windows), mais en général vous définirez un autre dossier. Il est toujours possible de choisir un dossier à chaque enregistrement, sur votre disque local ou sur un autre ordinateur du réseau.

ENREGISTRER UN NOUVEAU DOCUMENT

- Cliquez sur le bouton *Enregistrer* dans la barre d'outils *Accès rapide*, ou Cliquez sur le **Bouton Office** puis sur *Enregistrer*, ou appuyez sur Ctrl+S.
- Sélectionnez le dossier dans le volet *Dossiers* ❶ ou dans le volet *Liens favoris* ❷, puis ❸ dans la zone <Nom de fichier> : saisissez le nom et validez par [Enregistrer].

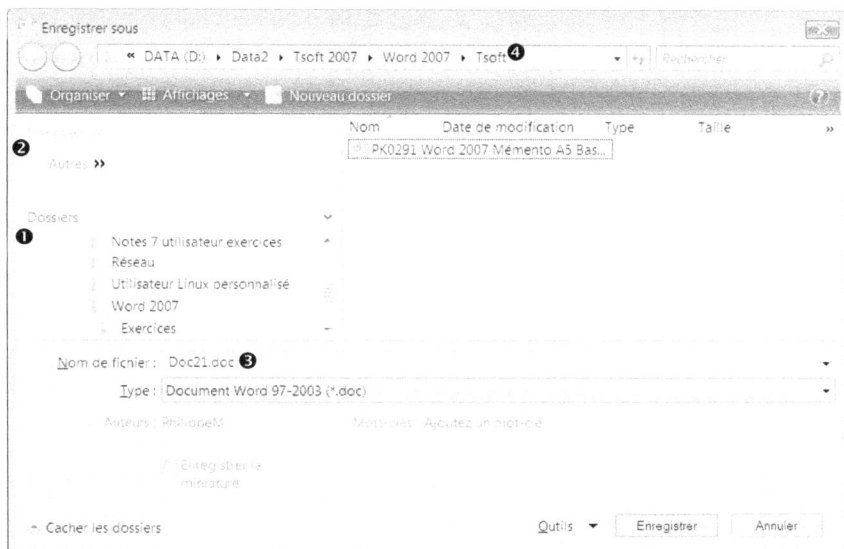

Note : le dossier proposé initialement ❹ dans le dialogue est celui dans lequel un enregistrement de fichier a été fait précédemment avec Word ou le dossier par défaut défini dans les options de Word défini par : **Bouton Office**, cliquez sur le bouton [Options Word], dans le menu sélectionnez *Enregistrement*, dans la zone <Dossier par défaut> : spécifiez le nom de dossier

ENREGISTRER UN DOCUMENT EXISTANT

Le document existe déjà sur disque soit parce que vous avez ouvert un fichier existant soit parce que vous avez créé le document et vous l'avez déjà enregistré une fois.

Enregistrer dans le même fichier (écrase la version précédente du fichier)

- Cliquez sur le bouton *Enregistrer* dans la barre d'outils *Accès rapide*, ou
- Appuyez sur Ctrl+S, ou
- Cliquez sur le **Bouton Office** puis sur *Enregistrer*.

Aucun dialogue ne s'affiche et la version en mémoire remplace et écrase la dernière version enregistrée. C'est facile et rapide, enregistrez souvent un document en cours de modification.

Enregistrer dans un autre fichier (copie du document dans un autre fichier)

- Cliquez sur le **Bouton Office**, puis sur *Enregistrer sous*, ou F12, puis dans le dialogue *Enregistrer sous,* sélectionnez un autre dossier si vous voulez enregistrer dans un autre dossier, saisissez un autre nom si vous voulez changer le nom de document, validez par [Enregistrer].

ENREGISTRER ET FERMER UN DOCUMENT

Utiliser les liens favoris

Les liens favoris permettent d'accéder directement à certains de dossiers que vous avez définis comme favoris.

- Dans le dialogue *Enregistrer sous*, dans le volet *Liens favoris* : cliquez sur le lien que vous voulez utiliser, s'il n'est pas visible, cliquez sur *Autres>>* et sélectionnez le lien.

Note : sous Windows Vista, vous pouvez créer un lien favori dans le dialogue *Ouvrir* ou le dialogue *Enregistrer sous*. Faites glisser le nom du dossier du volet *Dossiers* dans le volet *Liens favoris*.

Enregistrer dans un dossier sur le réseau

Pour enregistrer le document dans un dossier du réseau, dossier partagé par un autre ordinateur :

- Dans le dialogue *Enregistrer sous*, dans le volet dossier sélectionnez *Réseau*.

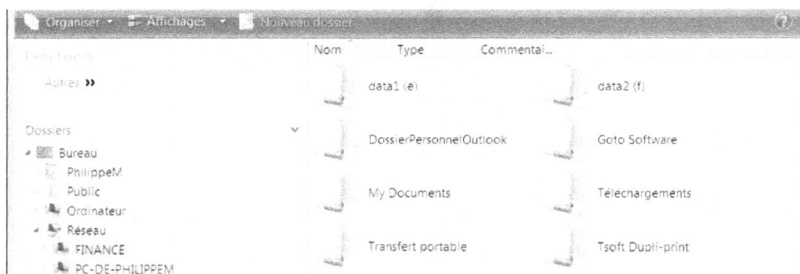

- Double-cliquez sur l'ordinateur serveur, puis double-cliquez sur le nom du dossier partagé dans le volet de droite, cliquez sur [Enregistrer] pour enregistrer le fichier dans ce dossier partagé

FERMER UN DOCUMENT

Cela consiste à retirer un document de la mémoire lorsque vous avez fini de travailler dessus. Si des modifications ont été apportées depuis le dernier enregistrement, Word vous demande si vous voulez enregistrer des dernières modifications.

- Cliquez sur le **Bouton Office** , puis cliquez sur la commande *Fermer* ou cliquez sur la case de fermeture de sa fenêtre, ou appuyez sur Ctrl +W.

Si un message demande si les modifications doivent être enregistrées :

- Cliquez sur [Oui] pour enregistrer les modifications ou [Non] pour les abandonner.

Fermer tous les documents ouverts et quitter Word

- Cliquez sur le **Bouton Office** , cliquez sur le bouton [X Quitter Word].
  Si des messages demandent s'il faut enregistrer les modifications document par document, cliquez sur [Oui] ou [Non] selon que vous voulez enregistrer ou non.

Annuler toutes les modifications depuis le dernier enregistrement

Pour cela, vous devez fermer le document en cours sans enregistrer les modifications.

- Cliquez sur le **Bouton Office** , puis cliquez sur la commande *Fermer* ou cliquez sur la case de fermeture de sa fenêtre, ou appuyez sur Ctrl +W.
- Cliquez sur [Non] pour ne pas enregistrer les modifications.

ENREGISTRER ET FERMER UN DOCUMENT

OPTIONS D'ENREGISTREMENT DES DOCUMENTS

■ Cliquez sur le **Bouton Office** , puis sur [Options Word], sélectionnez *Enregistrement*.

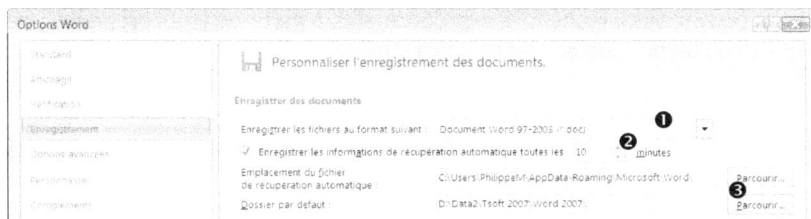

❶ Définissez le format par défaut, si vous voulez des documents qui puissent être relu sur les précédentes versions de Word, choisissez *Document Word 97-2003 (*.doc)*.

❷ Cochez cette case si vous voulez que des informations de récupération automatique soient enregistrées toutes les N minutes, spécifiez N : le nombre de minutes.

❸ Définissez le dossier par défaut : cliquez sur le bouton [Parcourir], puis sélectionnez le dossier. Le dossier par défaut est le dossier proposé initialement lorsque vous ouvrez un document ou enregistrez un nouveau document la première fois depuis le lancement de Word.

■ Cliquez sur le **Bouton Office** , puis sur [Options Word], sélectionnez *Options avancées.*

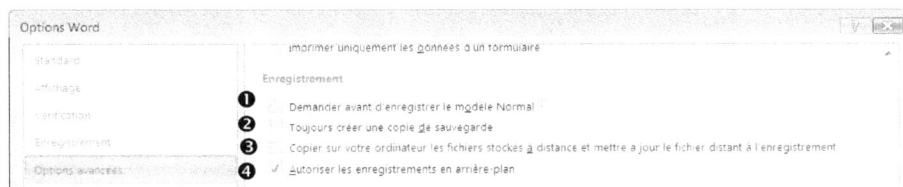

❶ À la fermeture de Word, un message demande si vous souhaitez enregistrer les modifications apportées au modèle par défaut au cas où il a été modifié.

❷ Une copie de sauvegarde est faite à chaque enregistrement du document nommée `Sauvegarde de nomfichier.wbk`. Chaque copie remplace la copie précédente.

❸ Pour stocker temporairement une copie locale d'un fichier enregistré sur un lecteur réseau ou amovible. Lorsque vous enregistrez, Word reporte vos modifications dans la copie d'origine.

❹ Pour pouvoir travailler sur le document pendant l'enregistrement. Une jauge de progression apparaît dans la barre d'état pendant l'enregistrement en arrière-plan.

PROTÉGER UN DOCUMENT PAR UN MOT DE PASSE

Dans le dialogue *Enregistrer Sous*, cliquez sur le bouton [Outils], puis *Options générales...*

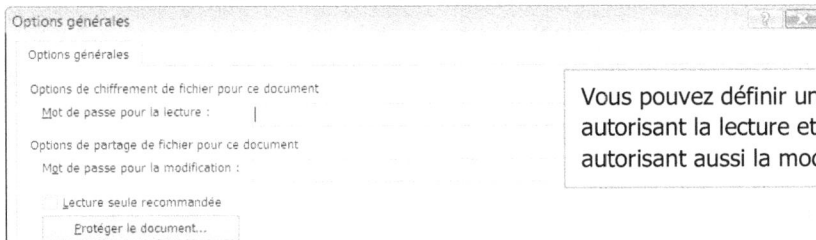

> Vous pouvez définir un mot de passe autorisant la lecture et un mot de passe autorisant aussi la modification.

Le bouton [Protéger le document] permet de restreindre la mise en forme au changement de certains styles seulement, ou d'interdire les modifications (Lecture seule) ou de les restreindre aux Commentaires/Marques de révision/Remplissage de formulaire.

PROPRIÉTÉS, STATISTIQUES ET SYNTHÈSE

Les propriétés de document décrivent le document, elles comprennent des informations comme le titre, le nom de l'auteur, l'objet et des mots-clés…Word y renseigne aussi diverses statistiques. En remplissant les propriétés de manière pertinente, vous facilitez le classement et l'identification de vos documents. Vous pouvez aussi rechercher vos documents à partir de leurs propriétés, par exemple selon la date de création, de dernière mise à jour, un mot-clé…

AFFICHER ET MODIFIER LES PROPRIÉTÉS D'UN DOCUMENT

- Cliquez sur le **Bouton Office** , amenez le pointeur sur *Préparer*, cliquez sur **Propriétés**.

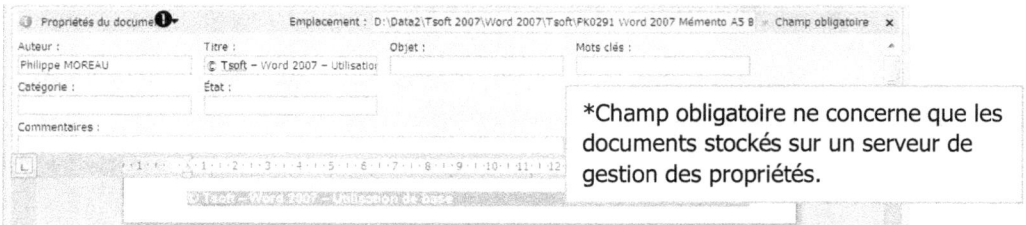

*Champ obligatoire ne concerne que les documents stockés sur un serveur de gestion des propriétés.

Le panneau d'information du document s'affiche avec les principales propriétés : <Auteur>, <Titre>, <Objet>, <Mots-clés>, <Catégorie>, <État> et <Commentaires>. Pour afficher le dialogue entier des propriétés, cliquez sur la flèche après ❶, en haut à gauche du panneau d'information, puis sur *Propriétés avancées…*

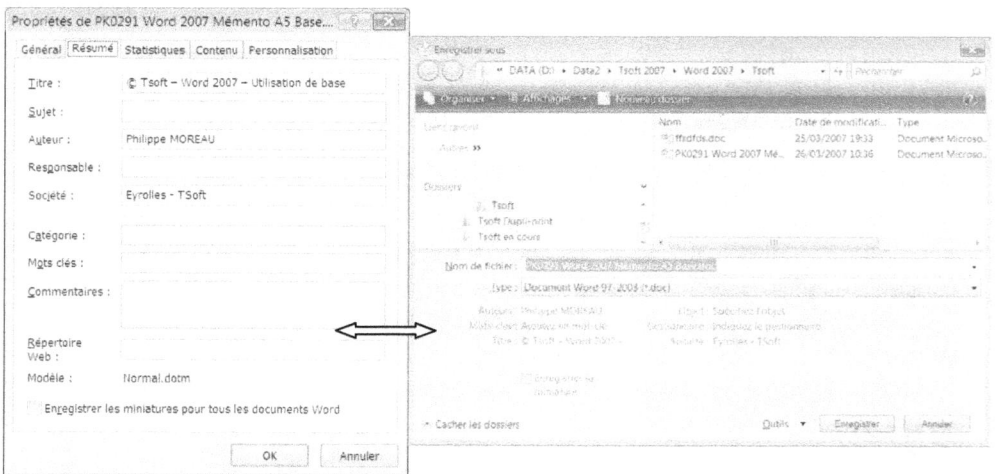

Le dialogue *Enregistrer sous* affiche aussi les propriétés et permet leur saisie et leur modification au moment d'enregistrer le document.

AFFICHER LES STATISTIQUES SUR UN DOCUMENT

L'onglet *Statistiques* du dialogue *Propriétés* affiche diverses informations sur le document en cours.

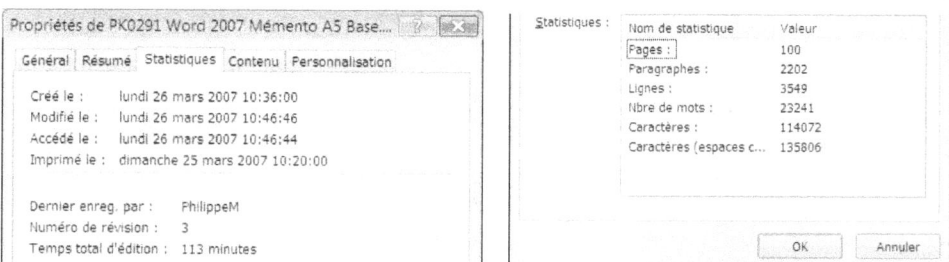

Nom de statistique	Valeur
Pages :	100
Paragraphes :	2202
Lignes :	3549
Nbre de mots :	23241
Caractères :	114072
Caractères (espaces c...	135806

Imprimer

3

APERÇU AVANT IMPRESSION

Cette fonction permet de visualiser le document tel qu'il sera imprimé, il est recommandé de l'utiliser avant de lancer l'impression sur l'imprimante.

■ Cliquez sur le **Bouton Office** , amenez le pointeur sur la commande *Imprimer*, puis dans la partie droite du menu déroulant : cliquez sur *Aperçu avant impression* ou Ctrl + F2.

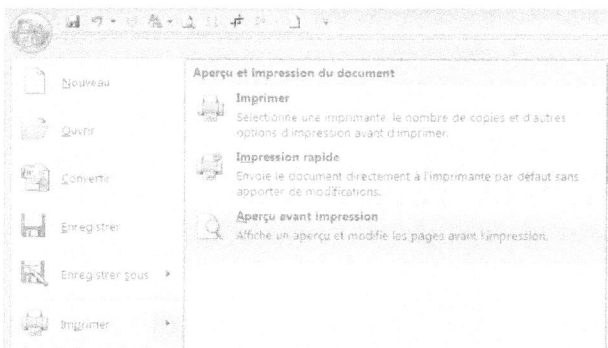

Il est pratique de mettre l'outil *Aperçu avant Impression* dans la barre d'outils *Accès rapide*

L'affichage passe en mode *Aperçu avant impression*, les pages sont affichées comme elles seront imprimées, l'onglet *Aperçu avant impression* occupe tout l'espace du ruban.

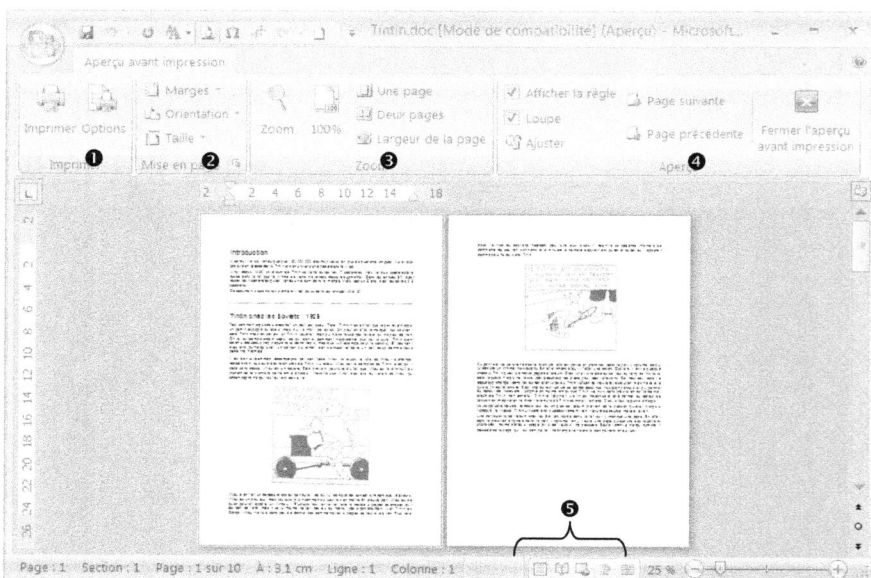

❶ Groupe **Imprimer** : le bouton **Imprimer** ouvre le dialogue *Imprimer* ou Ctrl+P, le bouton **Options** donne accès directement aux options *Affichage* de Word.

❷ Groupe **Mise en page** : **Marges** : affiche des choix de marges, **Orientation** : paysage ou portrait, **Taille** : la taille du papier. Mise en page ouvre le dialogue *Mise en page*.

❸ Groupe **Zoom** : **Une page**, **Deux pages** à la fois, **Largeur**, **Zoom** ouvre le dialogue *Zoom*.

❹ Groupe **Aperçu** : <☑ Afficher la règle> sur laquelle vous pouvez faire glisser les marques de marge gauche ou droite, les retraits et les taquets de tabulation. <☑ Loupe> pour que le pointeur se transforme en loupe permettant d'agrandir à 100 % par un simple clic. Le bouton *Ajuster* : essaye de réduire le document d'une page en jouant sur la taille et l'espacement du texte. *Page précédente* et *Page suivante* : pour feuilleter les pages.

■ Terminez l'aperçu avant impression en cliquant sur le bouton ou sur l'un des affichages ❺.

IMPRIMER UN DOCUMENT

- Cliquez sur le **Bouton Office** puis cliquez sur la commande *Imprimer*, ou Ctrl+P (Si vous cliquez sur le bouton *Impression rapide* de la barre d'outils *Accès rapide*, l'impression est lancée sans passer par le dialogue).

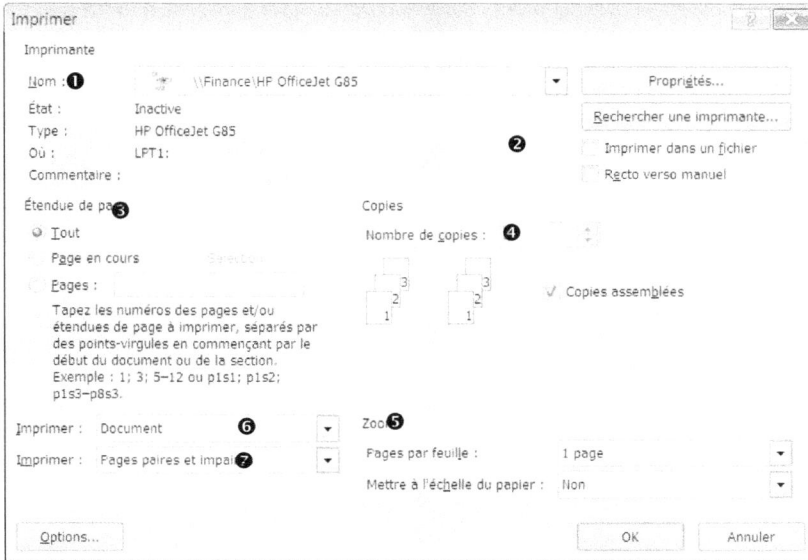

- ❶ **<Nom>** : sélectionnez l'imprimante à utiliser. [Propriétés] sert à configurer l'imprimante pour cette impression. [Rechercher une imprimante] sert à chercher une imprimante sur le réseau.
- ❷ **<☑ Imprimer dans un fichier>** : enregistre la sortie imprimée pour l'envoyer sur l'imprimante ultérieurement. **<☑ Recto verso manuel>** : pour imprimer en recto verso, Word proposant de replacer les feuilles dans l'autre sens après avoir imprimé les rectos.
- ❸ **Étendue de page** : spécifiez **<⊙ Tout>** pour toutes les pages ou **<⊙ Page en cours>**, ou **<⊙ Pages>** puis spécifiez les pages à imprimer, par exemple 1 pour page 1, 5-12 pour pages 5 à 12, p1s2 pour page 1 de la section 1, p1s3-p8s3 pour pages 1 à 8 de la section 3.
- ❹ **<Nombre de copies>** : nombre d'exemplaires à imprimer, **<☑ Copies assemblées>** indique que les pages d'un même exemplaire doivent être rassemblées.
- ❺ **Zoom** : une réduction à l'impression sera faite si vous choisissez d'imprimer plusieurs pages par feuille ou pour mettre à l'échelle d'un format de papier différent que vous spécifiez.
- ❻ **Imprimer** : spécifiez ce qui doit être imprimé, par défaut le document, mais vous pouvez aussi choisir d'imprimer les propriétés, la liste des styles utilisés, etc.
- ❼ **Imprimer** : vous pouvez choisir les *Pages paires ou impaires* (par défaut), ou bien les *Pages paires* seulement ou les *Pages impaires* seulement ce qui laisse la possibilité de retourner l'ensemble des pages dans le bac de l'imprimante pour obtenir un recto verso.
- Faites vos choix et cliquez sur [OK].

Options d'impression

- Le bouton [Options...] donne accès directement aux options d'affichage Word que vous pouvez modifier, sous la section **Options d'impression**.

Options d'impression

- ✓ Imprimer les dessins créés dans Word
- Imprimer les couleurs et images d'arrière-plan
- Imprimer les propriétés du document
- Imprimer le texte masqué
- Mettre à jour les champs avant l'impression
- Mettre à jour les données liées avant l'impression

Saisir et mettre en forme

4

SAISIE DE TEXTE

La saisie du texte s'effectue sans se préoccuper du retour à la ligne qui se fait automatiquement quand le point d'insertion atteint la marge droite.

FIN DE LIGNE, FIN DE PARAGRAPHE ET SAUT DE PAGE

- ⏎   insère une fin de paragraphe.
- ⏎ x fois   insère des lignes vierges (paragraphes vierges).
- ⇧+⏎   insère une fin de ligne au sein d'un paragraphe.
- Ctrl+⏎   insère un saut de page.

Les marques de fin de paragraphe, fin de ligne, des espaces et des tabulations, peuvent être affichées ou masquées : onglet **Accueil**>groupe **Paragraphe**, cliquez sur l'outil ¶ ou tapez le raccourci Ctrl+⇧+8 (sur la rangée supérieure du clavier des lettres).

Un saut de page est matérialisé par : | ·····················Saut de page·····················¶ |.

EFFACER DU TEXTE

- ← ou Suppr   efface le caractère à gauche ou à droite du point d'insertion.
- Ctrl+← ou Ctrl+Suppr efface le mot précédant ou suivant la position du point d'insertion.
- Sélectionnez le bloc de texte à effacer et appuyez sur Suppr.

MODE INSERTION/MODE REFRAPPE

Insérer : les caractères sont insérés au point d'insertion, le texte à droite est repoussé.

Refrappe : les caractères tapés recouvrent le texte qui se trouve à la droite du point d'insertion.

La barre d'état peut être personnalisée pour afficher un indicateur **Insérer** ou **Refrappe**.

Le mode *Insérer* est le mode par défaut, si vous voulez utiliser le mode *Refrappe* il faut l'activer dans les options Word, vous pouvez aussi activer la touche Inser pour passer d'un mode à l'autre :

- Cliquez sur le **Bouton Office**, puis sur [Options Word], sélectionnez *Options avancées*.

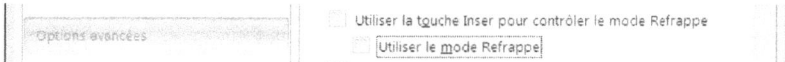

| Options avancées | ☐ Utiliser la touche Inser pour contrôler le mode Refrappe |
| | ☐ Utiliser le mode Refrappe |

MAJUSCULES

Pour saisir une lettre en majuscule (ou obtenir le caractère supérieur d'une touche)

- Maintenez appuyée la touche ⇧ et tapez sur la touche.

Pour saisir un ou plusieurs mots en majuscules

- Appuyez sur touche ⇪ (le cadenas) afin de bloquer le clavier en mode majuscule, tapez le texte, appuyez sur la touche ⇪ pour revenir en mode minuscule.

Changer la casse (majuscule ou minuscule) d'un texte sélectionné

- ⇧+F3 alterne *Premier caractère en majuscule*/*Tous en majuscule*/*Tous en minuscule*, ou onglet **Accueil**>groupe **Police**, cliquez sur le lanceur du dialogue *Police*, puis <☑ Majuscule>.

SAISIE DE SYMBOLES SPÉCIAUX

- Pour obtenir le symbole de l'euro, appuyez sur AltGr+E.
- Pour obtenir le troisième caractère sur les touches qui en affichent trois (le symbole @ par exemple), maintenez appuyée la touche AltGr et tapez sur la touche.
- Pour placer un accent circonflexe ou un tréma sur un caractère, tapez sur la touche de l'accent ou du tréma, puis tapez ensuite sur la touche de la lettre à mettre en dessous.
- Il existe aussi une commande onglet **Insertion**>groupe **Symbole**, cliquez sur le bouton Ω *Symbole* qui sert à insérer les caractères spéciaux.

DÉPLACEMENTS DANS LE TEXTE

Pour placer le point d'insertion dans un texte existant, vous utilisez les touches du clavier ou vous amenez le pointeur à la position souhaitée puis vous cliquez à cet endroit. Pour insérer le point d'insertion dans une zone vierge du document, positionnez le pointeur et faites un double-clic.

DÉPLACEMENTS DU POINT D'INSERTION À L'AIDE DU CLAVIER

– Déplacement d'un caractère   ⇥ ⇤ ⬇ ⬆
– Mot suivant ou précédent   Ctrl + ⇥ ou Ctrl + ⇤
– Début/Fin de ligne   ⇱ ou Fin
– Paragraphe suivant ou précédent   Ctrl + ⬇ ou Ctrl + ⬆
– Début ou fin du document   Ctrl + ⇱ ou Ctrl + Fin
– N lignes plus bas /haut   ⤓ ou ⤒ (N nombre de lignes visibles dans la fenêtre)

DÉFILEMENT DU TEXTE

Seule une partie du document est visible dans la fenêtre, pour amener dans la fenêtre une autre partie du document, faites défiler le document. Mais le point d'insertion n'est pas pour autant déplacé, il faut donc ensuite cliquer dans la nouvelle partie de texte visible pour l'y insérer.

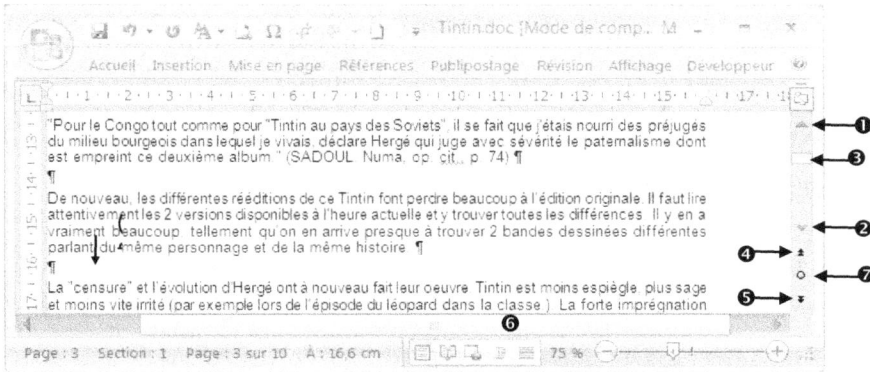

– Défilement ligne par ligne, vers le haut ou vers le bas : cliquez sur les flèches ❶ ou ❷.
– Défilement vertical : faites glisser le curseur de défilement ❸.
– Défilement fenêtre par fenêtre : cliquez en dessous ou au-dessus du curseur ❸.
– Défilement Page précédente/suivante : cliquez sur les doubles flèches ❹ ou ❺, après avoir sélectionné *Parcourir par Page* à l'aide de l'icône ❼.
– Défilement horizontal : faites glisser le curseur de défilement ❻.

ATTEINDRE UNE PAGE PAR SON NUMÉRO

■ Onglet **Accueil**>groupe **Modification**, cliquez sur la flèche du bouton **Rechercher** ▼, cliquez sur *Atteindre...*, ou appuyez sur Ctrl+B, ou sur F5, ou double-cliquez sur le libellé *Page* à l'extrémité gauche de la barre d'état, puis

■ Tapez le numéro de la page à atteindre, cliquez sur [Atteindre], puis sur [Fermer], le curseur est placé au début de page.

PARCOURIR PAR ÉLÉMENTS

■ Cliquez sur l'icône ❼ dans la barre de défilement vertical, puis cliquez sur une icône figurant un type d'élément : *Titre, Graphique, Tableau, Champ, Note, Commentaire, Section, Page*.

Les double flèches ⬆ ⬇ dans la barre de défilement vertical servent ensuite se déplacer entre les différents éléments du type sélectionné.

SÉLECTIONNER UN BLOC DE TEXTE

De nombreuses commandes nécessitent que l'on sélectionne la partie du texte sur laquelle elles doivent s'appliquer, le texte sélectionné apparaît surligné temporairement. Il existe une exception : Word considère que le mot dans lequel se trouve inséré le curseur est sélectionné, même s'il n'a pas été surligné (c'est une option par défaut de Word).

SÉLECTIONNER AVEC LA SOURIS

Une partie du texte : cliquez et faites glisser le pointeur sur la partie du document.

Des mots : double-cliquez dans le premier mot, puis faites glisser le pointeur.

Des lignes : cliquez entre le bord gauche de la fenêtre et le texte (zone de sélection) au niveau de la première ligne, puis faites glisser vers le bas.

Des phrases : maintenez appuyée la touche Ctrl, cliquez dans la première phrase et faites glisser.

Des paragraphes : double-cliquez dans l'espace entre le bord gauche de la fenêtre et le texte (zone de sélection) au niveau du premier paragraphe, puis faites glisser le pointeur vers le bas.

Tout le document : Ctrl+A, ou cliquez trois fois dans l'espace entre le bord gauche de la fenêtre et le texte (zone de sélection), ou sous l'onglet **Accueil**> groupe **Modification**, cliquez sur **Sélectionner**, puis sur *Sélectionner tout*.

Un bloc de texte : maintenez Alt appuyée, faites glisser le pointeur.

SÉLECTIONNER EN UTILISANT LA TOUCHE MAJ

Au clavier

- Insérez le point d'insertion au début du texte à sélectionner, en maintenant ⬆ appuyée déplacez le point d'insertion à l'aide des touches fléchées jusqu'à la fin du bloc de texte.

Avec la souris

- Cliquez au début du bloc à sélectionner, en maintenant la touche ⬆ appuyée et cliquez à la fin du texte à sélectionner.

SÉLECTIONNER EN UTILISANT LA TOUCHE F8 (EXTENSION)

La touche F8 est particulièrement utile pour sélectionner facilement une partie d'un document long : cliquez au début de la partie à sélectionner, tapez F8 l'indicateur **Étendre la sélection** apparaît sur la barre d'état, faites défiler le document, puis cliquez à la fin de la partie à sélectionner. Vous pouvez aussi sélectionner :

- Un mot : F8 deux fois sélectionne le mot dans lequel se trouve le curseur.
- Une phrase : F8 trois fois sélectionne la phrase dans laquelle se trouve le curseur.
- Un paragraphe : F8 quatre fois sélectionne le paragraphe dans lequel se trouve le curseur.
- Une section : F8 cinq fois sélectionne la section dans laquelle se trouve le curseur.

Important : pour annuler l'effet extension de la touche F8 tapez sur Echap.

SÉLECTIONNER PLUSIEURS BLOCS DE TEXTE DISTINCTS

- Sélectionnez le premier bloc de texte, appuyez et maintenez appuyée la touche Ctrl et sélectionnez les autres blocs de texte.

ANNULER UNE SÉLECTION

- Cliquez n'importe où dans le texte ou, si vous avez sélectionné avec la touche F8, appuyez sur Echap puis cliquez n'importe où dans le texte.

COPIER/DÉPLACER DU TEXTE OU DES ÉLÉMENTS

COPIER DU TEXTE OU DES ÉLÉMENTS

- Sélectionnez le texte ou l'élément à copier, maintenez appuyée la touche [Ctrl], faites glisser la sélection jusqu'à l'endroit où vous voulez copier, puis relâcher la touche [Ctrl],

ou

- Utilisez les boutons *Copier* et *Coller* de l'onglet **Accueil**>groupe **Presse-papiers** : sélectionnez le bloc à copier, cliquez sur le bouton *Copier* ou appuyez sur [Ctrl]+C, placez le curseur là où la copie doit apparaître, cliquez sur le bouton *Coller* ou appuyez sur [Ctrl]+V.

Que deviennent les mises en forme ? On peut vouloir que la copie conserve la mise en forme d'origine ou qu'elle adopte la mise en forme du bloc de texte de destination, ou encore qu'aucune mise en forme ne soit appliquée au texte copié.

Copiez le texte à l'aide de la méthode de votre choix, une balise 🖺 apparaît automatiquement à proximité du bloc de texte copié, cliquez sur cette balise puis dans choisissez l'option.

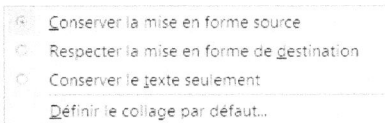

    ⦿ Conserver la mise en forme source
    ○ Respecter la mise en forme de destination
    ○ Conserver le texte seulement
       Définir le collage par défaut...

DÉPLACER DU TEXTE OU DES ÉLÉMENTS (OBJETS, IMAGES...)

- Sélectionnez le texte ou l'élément à copier, faites glisser la sélection jusqu'à l'endroit où vous voulez copier,

ou

- Utilisez les boutons *Couper* et *Coller* de l'onglet **Accueil**>groupe **Presse-papiers** : sélectionnez le texte ou l'élément à copier, cliquez sur le bouton *Couper* ou appuyez sur [Ctrl]+X, placez le curseur là où la copie doit apparaître, cliquez sur le bouton *Coller* ou appuyez sur [Ctrl]+V.

Que deviennent les mises en forme ? Procédez comme lors d'une copie en utilisant la balise.

UTILISER LE PRESSE-PAPIERS OFFICE

Le Presse-papiers Office est commun à toutes les applications Office, il peut contenir jusqu'à vingt-quatre éléments (textes, tableaux, images) provenant d'une ou de plusieurs applications, que l'on pourra ensuite coller où l'on veut.

- Onglet **Accueil**>groupe **Presse-papiers**, cliquez sur le **lanceur** du groupe.

Le Presse-papiers Office s'affiche dans un volet à gauche de la fenêtre.

- Faites glisser sa barre de titre pour le transformer en fenêtre flottante.
- Refixez-le dans un volet à gauche par un double-clic sur sa barre de titre.
- Fermez le Presse-papiers par un clic sur la case de fermeture x.

Les éléments copiés s'ajoutent successivement dans le Presse-papiers Office, et lorsqu'il est plein un nouvel élément copié replace le plus ancien.

- Coller un élément : cliquez dans le document, puis cliquez sur l'élément.
- Supprimer un élément : cliquez droit sur l'élément, puis sur *Supprimer*.
- Coller tout le contenu : cliquez dans le document, puis cliquez sur le bouton [Coller tout].
- Effacer tous les éléments : cliquez sur le bouton [Effacer tout].

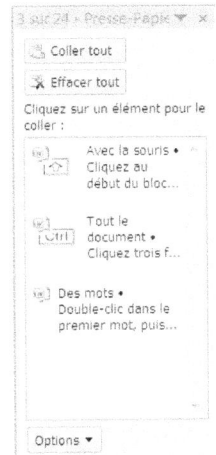

MISE EN FORME DES CARACTÈRES

Vous pouvez mettre en forme les caractères en cours de saisie, la mise en forme prend effet à partir de la position du point d'insertion pour le texte saisi. Vous pouvez aussi le faire une fois la saisie effectuée, dans ce cas sélectionnez du texte et appliquez le format.

La mise en forme directe s'ajoute à la mise en forme du style de police.

UTILISER LES OUTILS DU RUBAN

- Utilisez les outils de l'onglet **Accueil**>groupe **Police**.

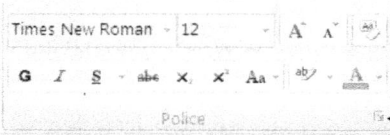

←————Lanceur du dialogue Police

UTILISER LES RACCOURCIS CLAVIER

Ctrl +G	Gras	Ctrl + ⇧ +K	Petites majuscules
Ctrl +I	Italique	Ctrl + ⇧ +A	Majuscule
Ctrl +U	Souligne les mots et les espaces	Ctrl + ⇧ ->	Taille supérieure
Alt + Ctrl +U	Double souligné	Ctrl +<	Taille inférieure
Alt + ⇧ +U	Souligne les mots pas les espaces	Ctrl + ⇧ + Alt ->	Taille + un point
Ctrl + ⇧ ++	Exposant	Ctrl + Alt +<	Taille - un point
Ctrl +=	Indice	Ctrl + ⇧ +Q	Police Symbol
Ctrl + ⇧ +H	Masqué		

UTILISER LE DIALOGUE POLICE

- Cliquez sur le **lanceur** du groupe **Police** ou Ctrl +D, puis spécifiez les paramètres, [OK].

ANNULER TOUTE MISE EN FORME DIRECTE DE CARACTÈRES

Ctrl + Espace supprime toute mise en forme directe appliquée sur les caractères. Les caractères sélectionnés reprennent le format de caractères par défaut du paragraphe qui les contient.

MISE EN FORME DES CARACTÈRES

LES POLICES ET LES TAILLES

Les polices précédées du symbole ⊤ sont de type TrueType, les autres sont les polices propres à votre imprimante. Pour que vos documents s'impriment de manière similaire sur d'autres postes, privilégiez l'utilisation des polices TrueType. Si vous utilisez des polices exotiques, une option de Word permet d'incorporer les polices utilisées dans le document.

La taille d'une police, ou le corps en terme typographique, se mesure en points (1 point = environ 0,35 mm). Cliquez sur la flèche du bouton **Taille de police** 12 ▾, vous pouvez choisir une des tailles proposées mais aussi saisir une taille qui ne trouve pas dans la liste. Deux autres boutons A˙ A˙ permettent d'agrandir ou de réduire la taille selon les incréments prévus dans la liste.

SOULIGNEMENT ET SURLIGNAGE

Le bouton **Soulignement** S̲ ▾ est doté d'une flèche qui permet de choisir le type de soulignement ainsi que sa couleur.

Le surlignage est une couleur d'arrière-plan des caractères que l'on veut mettre en valeur, utilisez le bouton ᵃᵇ⁄ ▾ *Couleur de surbrillance* dans l'onglet **Accueil**>groupe **Police**.

- ▪ Avant toute sélection, cliquez sur le bouton ᵃᵇ⁄ ▾, puis cliquez sur la couleur (le pointeur se transforme en marqueur), faites glisser le marqueur sur les mots à surligner, puis Echap.
- ▪ Sélectionnez du texte, cliquez sur le bouton ᵃᵇ⁄ ▾, puis cliquez sur la couleur.

L'EFFET MASQUÉ

Masquez du texte pour le rendre invisible, mais vous pouvez l'afficher le temps d'une mise au point en cliquant sous l'onglet **Accueil** >groupe **Paragraphe** le bouton **Afficher Tout** ¶ Le texte masqué est alors affiché souligné en pointillés, il ne sera pas imprimé (sauf option d'impression).

Note : les champs insérés dans le texte sont formatés par Word en texte masqué. En les affichant temporairement vous pouvez faire des recherches/remplacement ou des modifications sur ces champs. Par exemple, modifier un mot d'index dans toutes les occurrences des entrées d'index.

ESPACEMENT DES CARACTÈRES

L'*échelle* sert à agrandir ou réduire les caractères en conservant la taille de police.

L'*espacement*, étendu ou condensé, permet de resserrer ou d'espacer les caractères, il peut être utile pour faire tenir un texte sur la même ligne.

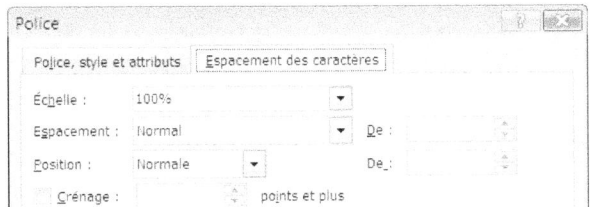

Police	
Police, style et attributs	Espacement des caractères
Échelle :	100% ▾
Espacement :	Normal ▾ De :
Position :	Normale ▾ De :
Crénage :	points et plus

La *position* permet de décaler des caractères vers le haut ou vers le bas par rapport à la ligne. Sélectionnez un décalage haut ou bas, puis spécifiez une hauteur en points (pt). Ce sera utile pour positionner par rapport aux caractères une petite image qui est alignée dans le texte.

Le *crénage* est le rapprochement de deux caractères pour en améliorer l'esthétique. Sélectionnez les caractères, cochez l'option <☑ Crénage> et indiquez à partir de quelle taille vous voulez que le crénage s'applique. Par exemple, AV peut donner après crénage AV.

MODIFIER LA CASSE

La casse est la forme majuscule ou minuscule de la police. Pour définir la casse, vous pouvez :

- – Spécifier l'effet dans le dialogue *Police*, <☑ Majuscules> ou <☑ Petites majuscules>.
- – Utiliser le raccourci clavier ⇧+F3 pratique pour basculer entre *1ère lettre des mots en majuscule/Majuscules/ minuscules*, ou Ctrl+⇧+A qui convertit en Majuscules.
- – Cliquez sur le bouton **Modifier la casse** Aa˅ qui ajoute deux possibilités : *Inverser la casse* et *Majuscule en début de phrase*.

TYPOGRAPHIE

RACCOURCIS POUR CARACTÈRES TYPOGRAPHIQUES UTILES

- Symbole de l'euro $\boxed{\text{AltGr}}$+E
- Symbole © $\boxed{\text{Alt}}$+$\boxed{\text{Ctrl}}$+C
- Symbole ™ $\boxed{\text{Alt}}$+$\boxed{\text{Ctrl}}$+T
- Tiret insécable $\boxed{\text{Ctrl}}$+Tiret (touche 8)
- Espace insécable $\boxed{\text{Ctrl}}$+$\boxed{\text{⇧}}$+Espace

- Tiret conditionnel $\boxed{\text{Ctrl}}$+Tiret (touche 6)
- Symbole ... $\boxed{\text{Alt}}$+$\boxed{\text{⇧}}$+$\boxed{\text{Ctrl}}$+.
- Symbole ® $\boxed{\text{Alt}}$+$\boxed{\text{Ctrl}}$+R
- Tiret cadratin $\boxed{\text{Alt}}$+$\boxed{\text{Ctrl}}$+Tiret (pavé num.)
- Tiret demi cadratin $\boxed{\text{Ctrl}}$+Tiret (pavé num.)

INSÉRER DES SYMBOLES SPÉCIAUX

- Onglet **Insertion**>groupe **Symboles**, cliquez sur le bouton **Symboles**, une mini-fenêtre affiche les plus récents symboles utilisés et la commande *Autres symboles...* donne accès au dialogue *Caractères spéciaux*.

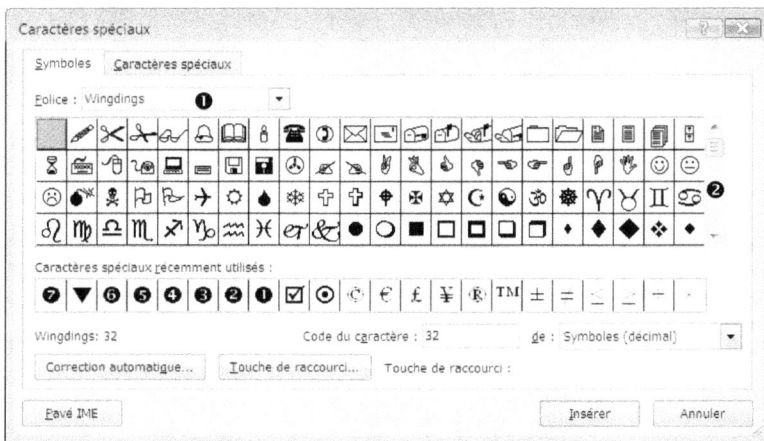

- Sous l'onglet *Symboles*, sélectionnez le nom de la police ❶ (par exemple : *Symbol, Wingdings, Webdings* ou *ZapfDingbats*), faites défiler ❷ les symboles dans la zone d'affichage, puis double-cliquez sur le symbole ou cliquez sur le symbole et cliquez sur [Insérer].
- Pour fermer le dialogue cliquez sur [Fermer] ou $\boxed{\text{Echap}}$.

LETTRINE

Créer une lettrine consiste à agrandir et à mettre en valeur le premier caractère d'un paragraphe.

- Cliquez dans le paragraphe que vous voulez faire commencer par une lettrine, puis sous onglet **Insertion**>groupe **Texte**, cliquez sur le bouton **Lettrine**, puis sur la commande *Options de lettrine...*

Définissez :
❶ la position de la lettre dans le texte ou dans la marge,
❷ la police de la lettrine,
❸ la hauteur en nombre de lignes,
❹ la distance au texte.

- Faites vos choix et cliquer sur [OK].

MISE EN FORME DES PARAGRAPHES

La mise en forme de paragraphe peut se faire en cours de saisie, mais il est préférable de la faire une fois la rédaction du texte (ensemble des paragraphes) terminée. Pour modifier la mise en forme d'un paragraphe après la saisie, il suffit de cliquer dans le paragraphe, il n'est pas utile de le sélectionner en entier. Vous pouvez sélectionner plusieurs paragraphes à la fois, il suffit que la sélection contienne les marques de fin de paragraphe.

La mise en forme directe s'ajoute à la mise en forme du style de paragraphe.

UTILISER LES OUTILS DU RUBAN

- Utilisez les outils de l'onglet **Accueil**>groupe **Paragraphe**.

◄─── Lanceur du dialogue Paragraphe

UTILISER LES RACCOURCIS CLAVIER

Ctrl + ⇧ +G	Aligné à gauche	
Ctrl + ⇧ +D	Aligné à droite	
Ctrl +J	Justifié/Aligné gauche	
Ctrl +E	Centré/Aligné gauche	
Ctrl + ⇧ +J	Justifié (dernière ligne comprise)	
Ctrl +R	Augmente (+) le retrait gauche	
Ctrl + ⇧ +M	Réduit (−) le retrait gauche	

Ctrl +T	+ Retrait négatif 1ère ligne
Ctrl + ⇧ +T	− Retrait négatif 1ère ligne
Ctrl +5^L	Interligne 1,5 ligne
Ctrl +2^L	Interligne double
Ctrl + ⇧ +L	Interligne simple
Ctrl +0^L	Espace avant d'une ligne

5^L signifie 5 sur le clavier des lettres

UTILISER LE DIALOGUE PARAGRAPHE

- Cliquez sur le **lanceur** du groupe **Paragraphe** ou Ctrl +D, spécifiez les paramètres, [OK].

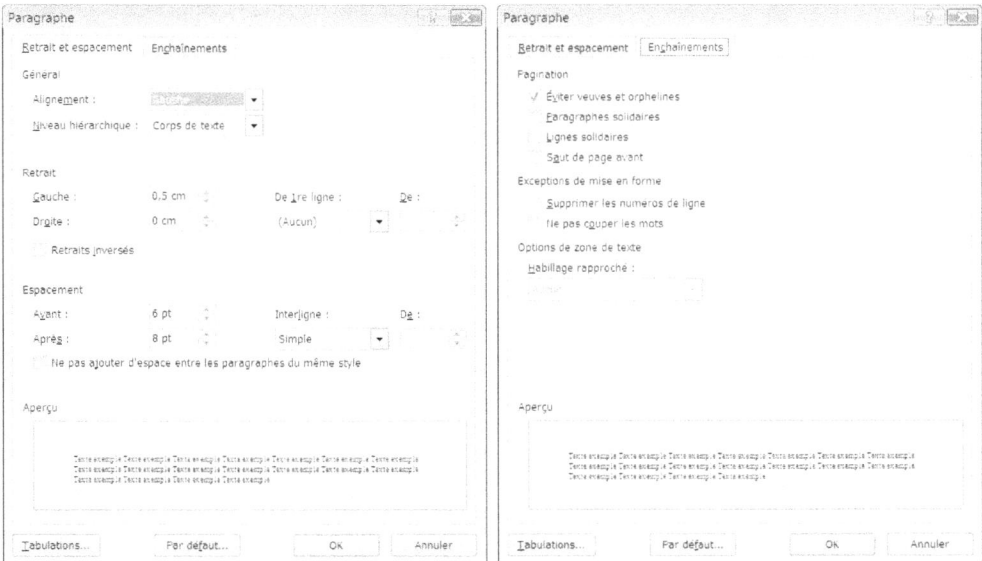

ANNULER TOUTE MISE EN FORME DIRECTE DE PARAGRAPHE

Ctrl +Q supprime toute mise en forme directe de paragraphe. Les paragraphes sélectionnés reprennent la mise en forme du style qui lui est appliqué.

MISE EN FORME DES PARAGRAPHES

UTILISER LA RÈGLE

Sur la règle, vous pouvez faire glisser les retraits : ❶ retrait gauche de la première ligne, ❷ retrait gauche du paragraphe, ❸ retrait droit du paragraphe.

Si vous faites glisser le rectangle inférieur du retrait gauche , le retrait première ligne se déplace aussi. Pour le dissocier, faites glisser le triangle supérieur de la marque de retrait gauche .

L'INTERLIGNAGE

L'interligne sépare verticalement les lignes d'un paragraphe, mais chaque ligne peut avoir son interligne ajusté automatiquement pour afficher une police ou un graphisme plus grand.

Lorsque vous cliquez sur la flèche du bouton **Interligne** , une liste de coefficients d'accroissement de l'interligne est proposée. Pour un interligne plus précis, sélectionnez *Options d'interligne...* qui lance le dialogue *Paragraphe*.

- Les interlignes *Simple* (x1), *1,5 ligne* (x1,5), *Double* (x2), *Multiple* correspondent à un coefficient d'accroissement de l'interligne de base qui dépend de la police par défaut du paragraphe.
- *Exactement* : définit la hauteur de ligne (en pt) sans ajustement.
- *Au moins* : définit la hauteur de ligne minimum (en pt) avec ajustement vers le haut possible.

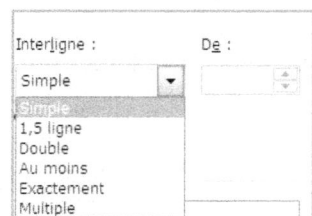

ESPACEMENT AVANT ET APRÈS

Pour espacer des paragraphes, il est préférable d'utiliser les espaces avant ou après plutôt que des lignes vides. Par défaut, les espaces avant et après paragraphe ne se cumulent pas entre deux paragraphes, c'est le plus grand des deux qui s'applique.

Note : une option Word concerne le cumul des espaces avant et après : **Bouton Office**, cliquez sur [Options Word], puis sur *Options avancées*, au bas de la liste cliquez sur ⊞ *Options de mise en page*, cochez la case <☑ Ne pas utiliser l'espacement automatique de paragraphe HTML>.

TRAME DE FOND ET SURLIGNAGE

La trame de fond est une couleur d'arrière-plan du paragraphe s'étendant du retrait gauche au retrait droit, on utilise sous l'onglet **Accueil**>groupe **Paragraphe** le bouton **Trame de fond** .

- Cliquez dans un paragraphe ou sélectionnez du texte à cheval sur plusieurs paragraphes, cliquez sur le bouton **Trame de fond** , cliquez sur la couleur.

Le surlignage des caractères s'il est défini se superpose à la trame de fond du paragraphe. Pour supprimer la trame de fond, cliquez sur la flèche à côté du bouton, et cliquez sur *Aucune Couleur*.

ENCHAÎNEMENT DE PARAGRAPHES

- Une veuve est la première ligne d'un paragraphe laissée seule au bas d'une page, une orpheline est la dernière ligne d'un paragraphe reportée seule sur la page suivante. Pour les éviter, laissez coché <☑ Éviter veuves et orpheline> (option active par défaut).
- Pour rendre solidaires deux paragraphes, cochez <☑ Paragraphes solidaires> au premier des deux (si vous l'appliquez aux deux, ils seront solidaires du troisième).
- Pour empêcher un saut de page au milieu d'un paragraphe, cochez <☑ Lignes solidaires>.
- Avec l'attribut <☑ Saut de page avant>, le paragraphe commencera toujours sur une nouvelle page. Cet attribut est pratique, par exemple, pour un style de titre de début de chapitre.

MISE EN FORME DES PARAGRAPHES

ALIGNEMENT À GAUCHE, À DROITE OU JUSTIFIÉ

L'alignement gauche/droit se fait sur le retrait gauche/droit du paragraphe. La justification aligne le texte à droite et à gauche entre les retraits en ajoutant des espaces entre les mots de la ligne.

Vous pouvez améliorer le rendu de la justification : cliquez sur le **Bouton Office**, sur le bouton [⚙ Options Word], puis sur la commande *Options avancées*, cliquez sur *Options de mise en page* tout en bas, l'option <☑ Justification complète comme dans Wordperfect 6.x pour Windows> (Wordperfect compresse les espaces entre les mots tandis que Word les développe).

RETRAITS DE PARAGRAPHE

Le retrait gauche/droit est le décalage du paragraphe par rapport à la marge gauche/droite.

– Lorsque vous définissez le retrait gauche par les boutons ⇥ ⇥ de l'onglet **Accueil**> groupe **Paragraphe** ou par les touches de raccourci, les retraits se positionnent tous les 1,25 cm (ou sur les positions de tabulation s'il en existe).

– Via le dialogue *Paragraphe*, vous pouvez être plus précis sur les positions de retrait, en entrant les mesures précises exprimées en cm. Le rendu des retraits est immédiatement visible dans la zone *Aperçu* du dialogue.

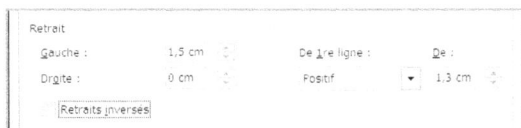

BORDURES

■ Onglet **Accueil**>groupe **Paragraphe** cliquez sur la flèche du bouton **Bordures** ⬛ ▾, choisissez la bordure dans le menu déroulant (pour appliquer la même bordure à nouveau, il suffit de cliquer sur le bouton après avoir sélectionné le paragraphe).

– Si vous avez sélectionné un groupe de paragraphe :
  - *Bordures extérieures* : place les paragraphes dans un même cadre.
  - *Toutes les bordures* : encadre chacun des paragraphes.

– Pour supprimer toute bordure, choisissez *Aucune Bordure*.

– Pour obtenir des bordures plus épaisses ou en couleur ou d'un style différent, dans le menu déroulant choisissez *Bordure et trame*... qui affiche le dialogue *Bordure et trame*.

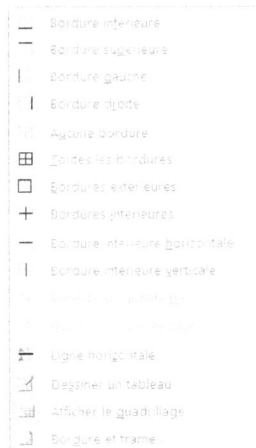

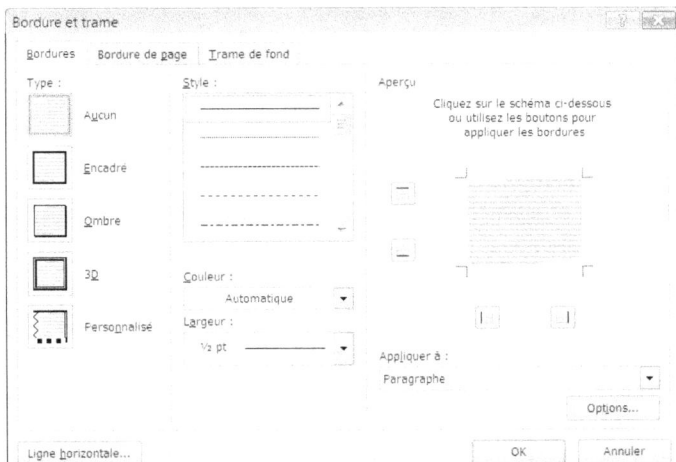

TABULATIONS

On définit d'abord des taquets de tabulation pour le paragraphe, ensuite la touche ⎆ insère un caractère de tabulation qui s'étend et décale le texte jusqu'au taquet suivant.

En l'absence de taquet de tabulation à droite de la position du curseur, si vous insérez un caractère de tabulation par ⎆, il s'étend jusqu'à la position de tabulation implicite suivante. Les positions de tabulation implicite sont tous les 1,25 cm (à peu près un demi pouce).

POSER DES TAQUETS DE TABULATION AVEC LA RÈGLE

Poser une tabulation

■ Sélectionnez un type de taquet de tabulation en cliquant plusieurs fois sur l'icône ❶, puis cliquez dans le bas de la règle ❷ pour poser le taquet de tabulation du type sélectionné.

L	Texte aligné à gauche (défaut)	**⌐**	Texte aligné à droite
⊥	Texte centré	**⊥·**	Chiffre décimaux alignés sur la virgule

    | i | Insère une barre verticale dans le texte du paragraphe (ne joue pas le rôle de taquet)

Déplacer une tabulation

■ Faites glisser sur la règle le taquet de tabulation, si vous appuyez en même temps sur la touche ⌊Alt⌋ vous faites apparaître les mesures en cm.

Supprimer une tabulation

■ Faites glisser le taquet de tabulation hors de la règle.

POSER DES TAQUETS DE TABULATIONS AVEC LE DIALOGUE

■ Cliquez sur le lanceur du dialogue *Paragraphe*, cliquez sur le bouton [Tabulations...].

Dans l'affichage ci-dessous les tabulations sont visibles, l'option affichage des spéciaux est active.

Définir une position de taquet de tabulation

■ Saisissez en ❶ la valeur définissant la position de la tabulation, puis choisissez l'alignement pour la tabulation en ❸, choisissez les points de suite (remplissage de l'espace tabulation) en ❹, cliquez sur [Définir] ❺, après avoir défini les tabulations validez par [OK].

Modifier les propriétés du taquet de tabulation

■ Sélectionnez en ❷ la position de la tabulation à modifier, puis procédez comme ci-dessus pour en changer les caractéristiques.

Supprimer des taquets de tabulation

■ [Effacer] : efface la tabulation sélectionnée en ❷, [Effacer tout] : efface toutes les tabulations.

LISTES À PUCES ET LISTES NUMÉROTÉES

Une liste à puces est une suite de paragraphes commençant chacun par une puce, une liste numérotée est une suite de paragraphes commençant chacun par un numéro automatique.

LISTE À PUCES OU NUMÉROTÉE À UN SEUL NIVEAU

Créer une liste à puces ou numérotée

- Saisissez les paragraphes, puis sélectionnez-les, puis sous l'onglet **Accueil**>groupe **Paragraphe**, cliquez sur la flèche déroulante de l'outil *Puces* ❶ ou *Numérotation* ❷, puis choisissez la puce (ou la numérotation) dans la galerie proposée.

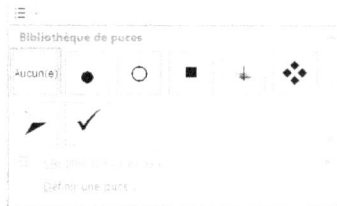

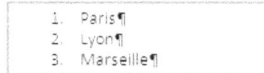

Si vous insérez un paragraphe à l'intérieur d'une liste, il adopte automatiquement la puce ou la numérotation en cours. Si vous supprimez la puce ou la numérotation de paragraphes insérés dans une liste, la liste n'est pas pour autant interrompue pour les autre paragraphes de la liste.

Transformer une liste à puces en liste numérotée

- Cliquez sur un paragraphe de la liste puce, puis cliquez sur l'outil ❷ *Numérotation*, ou inversement cliquez sur le numéro et cliquez sur l'outil ❶ *Puces*.

Modifier le symbole de puce ou de numérotation

- Cliquez sur la puce (ou le numéro) d'un paragraphe de la liste, toutes les puces (ou numéros) de même niveau deviennent grisées. Cliquez sur la flèche déroulante du bouton **Puces** (ou **Numérotation**), choisissez une autre puce (ou numéro) ou cliquez sur *Définir une puce...* (ou *Définir un nouveau format de numérotation...*).

Liste automatique lors de la frappe

Vous pouvez commencer une liste à puces ou numérotée directement à la saisie :

- Tapez * (astérisque) pour commencer une liste à puces, ou 1. 1), A), I), 1., A, I. pour commencer une liste numérotée, puis appuyez sur Espace ou ⇥. Saisissez le texte voulu, puis appuyez sur ↵ pour ajouter le paragraphe suivant à la liste. Word insère automatiquement le numéro ou la puce dans le paragraphe qui suit.
- Pour terminer la liste, appuyez deux fois sur ↵, ou appuyez sur Ret.arr pour supprimer la dernière puce ou le dernier numéro de la liste.

Ce formatage automatique est défini dans les options Word < ☑ Listes à puces automatique> et <☑ Listes numérotées automatique> : **Bouton Office**, [Options Word], commande *Vérification*, cliquez sur [Option de correction automatique...] sous l'onglet *Lors de la frappe* .

LISTE À PLUSIEURS NIVEAUX

Créer plusieurs niveaux dans une liste à puces ou numérotée

Dans une liste à puces ou numérotée les boutons **Augmenter le retrait** (ou ⇥) et **Diminuer le retrait** (ou ⇧+⇥) permettent de créer une sous-liste en retrait ou de revenir au niveau supérieur. C'est ainsi que vous créez une liste à plusieurs niveaux.

LISTES À PUCES ET LISTES NUMÉROTÉES

Note : les touches ⇥ et ⇧+⇥ ont ce rôle défini (par défaut) dans les options Word : commande *Vérification*, [Options de correction automatique...], cliquez sur l'onglet *Lors de la frappe* : ☑ Définir les retraits à gauche et de 1re ligne à l'aide des touches TAB et RET. ARR.

Mise en forme (présentation) des différents niveaux

Pour appliquer une présentation de liste à plusieurs niveaux :

- Cliquez sur la flèche du bouton **Liste à plusieurs niveaux** , puis cliquez sur une vignette de présentation de liste figurant sous la section **Bibliothèque de liste** ❶.

Les présentations de liste proposées ne vous conviendront sans doute pas, vous préférerez peut-être définir votre présentation et l'enregistrer dans la bibliothèque de listes. Pour cela :

- Cliquez dans un paragraphe de la liste, cliquez sur la flèche déroulante du bouton , puis cliquez sur la commande *Définir une nouvelle liste à plusieurs niveaux* ❷.

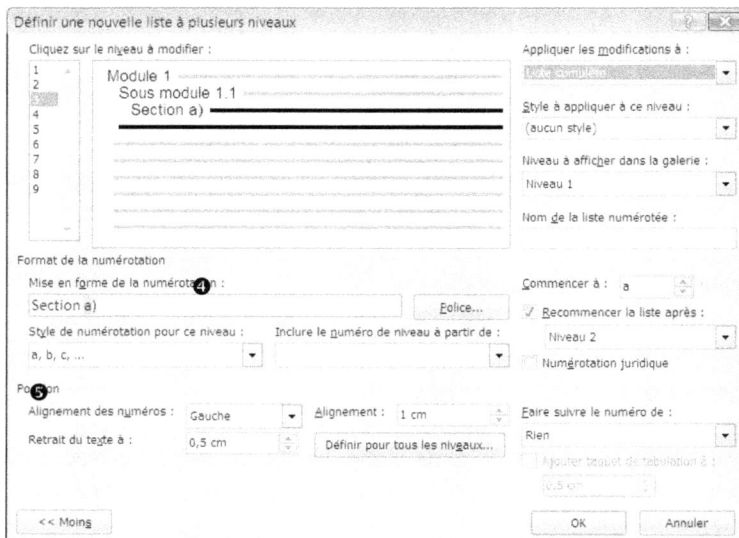

- Sélectionnez chaque niveau utile ❸ et spécifiez la mise en forme de la numérotation ❹ et la position de la numérotation ❺, validez par [OK] pour appliquer la présentation de liste.

Lorsque vous avez fini la mise en forme de cette liste et que vous l'avez appliquée, il faut l'enregistrer dans la bibliothèque de liste afin de pouvoir la réutiliser :

- Cliquez sur la flèche du bouton **Liste à plusieurs niveaux** , le menu déroulant présente les vignettes des présentations de listes sous différentes section : **Liste actuelle**, **Bibliothèque de listes**, **Styles de liste** et **Listes dans les documents actuels**.

- Cliquez droit sur la vignette de la présentation que avez définie qui est sous la section **Listes dans les documents actuels**, cliquez sur *Enregistrer dans la bibliothèque de listes*.

Si vous voulez modifier ensuite cette présentation, vous devez l'appliquer à un paragraphe, puis modifier la présentation de liste comme ci-dessus, puis l'enregistrer à nouveau dans la bibliothèque de listes.

Note : vous pouvez également enregistrer la présentation sous forme d'un style, le menu déroulant présentera alors la vignette de cette présentation sous la section **Styles de liste**.

AUTRES TECHNIQUES DE MISE EN FORME

MINI-BARRE D'OUTILS ET MENUS CONTEXTUELS

Mini-barres d'outils contextuels

Lorsque vous sélectionnez un texte, une mini-barre d'outils contextuels s'affiche en semi-transparence, si vous amenez le pointeur dessus elle se précise plus nettement. Vous pouvez cliquez sur les outils de cette barre.

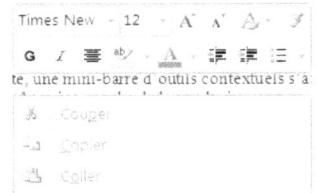

Menus contextuels

Lorsque vous cliquez droit sur un texte ou une sélection ou sur une image, un menu contextuel propose les commandes contextuelles donnant accès aux dialogues (*Police*, *Paragraphe*, *Puces* et *Numérotation*). La mini-barre d'outils contextuels s'affiche au-dessus du menu contextuel.

REPRODUIRE LA MISE EN FORME

Pour reproduire la mise en forme d'un mot ou d'un paragraphe à d'autres mots ou paragraphes : Onglet **Accueil**>groupe **Presse-papiers** le bouton **Reproduire la mise en forme** .

Reproduire une mise en forme de caractères

■ Sélectionnez le mot mis en forme, cliquez sur le bouton (le pointeur prend alors la forme d'un pinceau), sélectionnez avec la souris les mots à mettre en forme à l'identique.

Reproduire la mise en forme d'un paragraphe

■ Cliquez simplement dans le paragraphe, cliquez sur le bouton (le pointeur prend alors la forme d'un pinceau), cliquez dans le paragraphe à mettre en forme à l'identique ou sélectionnez plusieurs paragraphes à la fois.

Note : pour reproduire une mise en forme à plusieurs endroits successivement, double-cliquez sur le bouton , vous pouvez reproduire plusieurs fois la mise en forme à différents endroits. Pour terminer l'opération, il est alors nécessaire d'appuyer sur Echap à la fin de l'opération.

RÉVÉLER ET COMPARER LA MISE EN FORME

■ Tapez sur ⇧+F1 pour afficher (ou masquer) la fenêtre *Révéler la mise en forme*.

Pour comparer la mise en forme de deux textes en vue d'homogénéiser le second avec le premier :

■ Sélectionnez le premier texte, cochez la case <☑ Comparer avec une autre sélection>, sélectionnez le second texte.

Les différences de mise en forme apparaissent dans la sous-fenêtre **Différences de mise en forme**. Pour modifier le format du second texte :

■ Cliquez sur le lien hypertexte (Bordure, Espacement, Police, Alignement,…), effectuez les changements dans le dialogue, [OK].

EFFACER TOUTE MISE EN FORME DIRECTE

■ Sélectionner du texte, puis sous l'onglet **Accueil**> groupe **Police**, cliquez sur le bouton **Effacer la mise en forme** .

Ce bouton efface toutes les mises en forme des caractères et des paragraphes (les caractères et les paragraphes reprennent le style *Normal*).

INSÉRER UNE LIGNE SÉPARATRICE HORIZONTALE

■ Cliquez sur la flèche du bouton **Bordure et trame**, cliquez sur la *Ligne horizontale*, ou cliquez sur la commande *Bordure et trame* et cliquez sur le bouton [Ligne horizontale…] situé au bas de la boîte de dialogue, puis choisissez la forme de ligne à insérer.

RECHERCHER, REMPLACER

RECHERCHER

Il est possible de rechercher du texte mais aussi d'autres éléments tels que les marques de paragraphe, les tabulations, les sauts de page, des caractères spéciaux, les tableaux... et éventuellement de les remplacer par d'autres éléments. Il également possible de rechercher des mises en forme, des styles et de les remplacer par d'autres.

■ Placez le point d'insertion à l'endroit où vous voulez commencer la recherche ou sélectionnez une partie du document.

■ Onglet **Accueil**>groupe **Modification**, cliquez sur l'outil *Rechercher ou* Ctrl +F.
Cliquez sur [Plus≫] pour afficher les options de recherche, [≪Moins] pour masquer les options.

■ Dans la zone <Rechercher> : saisissez le texte à rechercher, choisissez éventuellement les options, puis lancez la recherche en cliquant sur l'un des boutons suivant :

− [Rechercher dans] et choisissez *Document principal* ou *Sélection actuelle | En-têtes et pieds de page | Zones de texte dans le document principal* si vous voulez définir un domaine de recherche, les occurrences trouvées sont toutes sélectionnées (elles se désélectionnent dès que vous cliquez dans le document).

− [Suivant] pour trouver et sélectionner la prochaine occurrence à partir du point d'insertion dans le sens choisi dans la sélection actuelle si elle a été effectuée sinon dans tout le document principal.

− [Lecture du surlignage] puis cliquez sur *Tout surligner* pour surligner toutes les occurrences trouvées dans le document, vous pouvez cliquez et travailler dans le document les surlignages restent effectif, pour supprimer les surlignages Ctrl +F, puis cliquez sur [Lecture du surlignage] puis sur *Supprimer le surlignage*.

Remarque : vous pouvez relancer instantanément la précédente recherche effectuée en appuyant sur ⇧ + F4 ou en cliquant sur une des double flèches bleues dans la barre de défilement vertical.

Options de recherche

❶ Sens de la recherche : *Tous | Vers le bas | Vers le haut*.

❶ Différencie majuscules et minuscules.

❷ Recherche le texte seulement s'il constitue un mot entier.

❸ Autorise les caractères génériques.

❹ Recherche le texte seulement en début de mot.

❺ Recherche le texte seulement en fin de mot.

❻ Trouve les occurrences d'un groupe de mots même s'il existe des différences de ponctuation.

❼Trouve les occurrences d'un groupe de mots même s'il existe des espacements différents

RECHERCHER, REMPLACER

Recherche incluant une mise en forme

Vous pouvez rechercher un texte avec mise en forme de police, de paragraphe... un style, ou bien une mise en forme seule quelque soit le texte si vous laissez vide la zone de recherche.

▪ Dans le dialogue *Rechercher et remplacer*, cliquez sur le bouton [Format], choisissez une catégorie de format. Dans le dialogue qui s'affiche, spécifiez la mise en forme à rechercher, cliquez sur [OK].

Le nom de la mise en forme apparaît sous la zone <Rechercher>. Ce choix restera actif pour les recherches suivantes, jusqu'à ce que vous le supprimiez en cliquant sur le bouton [Sans attributs] dans le dialogue de *Recherche et remplacer*.

Recherche incluant des caractères spéciaux

Dans le dialogue *Rechercher et remplacer*, vous pouvez insérer dans la zone de recherche des caractères spéciaux tel que marques de paragraphe, sauts de section, tabulations...

▪ Cliquez sur le bouton [Spécial], sélectionnez le code spécial à insérer dans la recherche.

REMPLACER

Vous pouvez remplacer un texte par un autre, une mise en forme par une autre, ou un caractère spécial par un autre tel les fins de paragraphe....

▪ Placez le point d'insertion à l'endroit où vous voulez commencer le remplacement ou sélectionnez une partie du document.

▪ Onglet **Accueil**>groupe **Modification**, cliquez sur le bouton **Remplacer** ou Ctrl+H. Cliquez sur [Plus»] pour afficher les options de recherche, [«Moins] pour masquer les options.

▪ Dans la zone <Rechercher> : saisissez le texte recherché, dans la zone <Remplacer par > : saisissez le texte de remplacement, choisissez éventuellement les options de recherche, puis lancez la recherche :

– Cliquez sur [Suivant] pour trouver la prochaine occurrence.

– Cliquez sur [Remplacer] pour remplacer l'occurrence trouvée.

– Cliquez sur [Remplacer tout] pour remplacer toutes les occurrences dans tout le document.

Remplacer une mise en forme par une autre

▪ Cliquez dans la zone <Rechercher>, puis sur le bouton [Format] et spécifiez la mise en forme à remplacer, puis cliquez dans la zone <Remplacer par> puis sur le bouton [Format] et spécifiez la mise en forme de remplacement, lancez le remplacement.

Remplacer un caractère spécial par un autre

▪ Cliquez dans la zone <Rechercher>, puis sur le bouton [Spécial] et sélectionnez le code spécial, puis cliquez dans la zone <Remplacer par> et sélectionnez le code spécial de remplacement, lancez le remplacement.

UTILISER LES CARACTÈRES GÉNÉRIQUES

Lorsque vous avez coché <☑ Utiliser les caractères génériques>, <☑ Respecter la casse> et <☑ Mot entier> sont automatiquement activées et grisées car vous ne pouvez pas les désactiver.

Pour rechercher un caractère qui est caractère générique, tapez une barre oblique inverse \ avant le caractère. Par exemple, tapez \? pour rechercher un point d'interrogation.

Vous pouvez utiliser des parenthèses pour regrouper les caractères génériques et le texte ainsi que pour indiquer l'ordre de recherche. Par exemple, tapez < (pré) * (és) > pour rechercher préparés et présentés.

Le caractère générique \n sert à rechercher une expression pour la remplacer par une autre expression. Par exemple, tapez (Le Goff) (Pierre) dans la zone <Rechercher > et \2 \1 dans la zone Remplacer par afin que Word remplace Le Goff Pierre et par Pierre Le Goff.

RECHERCHER, REMPLACER

LISTE DES CARACTÈRES GÉNÉRIQUES

?	N'importe quel caractère unique : `l?t` trouve `lot` et `lit`.
*	N'importe quelle chaîne de caractères : `R*r` trouve `Remplacer` et `Retourner`.
<	Début d'un mot : `<(cadr)` trouve `cadrage` et `cadre` mais pas `recadrage`.
>	Fin d'un mot : `(on)>` trouve `bon` et `salon`, mais pas `bons`.
[xz]	Un des caractères spécifiés : `m[ai]c` trouve `mac` et `michel`.
[x-z]	N'importe quel caractère compris dans la plage spécifiée : `tou[r-t]` recherche `tour` et `tous`. Les limites de la plage doivent être indiquées dans l'ordre croissant.
[!x-z]	N'importe quel caractère unique, à l'exception de ceux compris dans la plage indiquée entre les crochets droits : `t[!a-m]t` trouve `toto` et `tutu` mais pas `tata` ou `titi`.
x{n}/(x){n}	Exactement n occurrences du caractère x ou de l'expression (x) qui précède : `ro{2}m` trouve `room` mais pas `romain`, `bo{2}` trouve `bobologue` pas `botin`.
x{n;}/(x){n;}	Au moins n occurrences du caractère x ou de l'expression (x) qui précède : `ro{1,}m` trouve `room` et `romain`, `ba{1;}c` trouve `babacool` et `bac`.
x{n;m}/(x){n;m}	De n à m occurrences du caractère x ou de l'expression (x) qui précède : `10{2;4}` trouve `10`, `100`, `1000` et `10000`, `(10){2;4}` trouve `101010` mais pas `100010`.
x@/(x)@	Une ou plusieurs occurrences du caractère x ou de l'expression (x) qui précède : `co@p` trouve `copie` et `coopter`, `(co)@n` trouve `coconner`, `conclure`.

CARACTÈRES SPÉCIAUX UTILISABLES

Les codes spéciaux suivants peuvent être insérés dans les zones <Rechercher> ou <Remplacer> en cliquant sur le bouton [Spécial].

Dans la zone Rechercher

Marque de paragraphe
Tabulation
Tout caractère
Tout chiffre
Toute lettre
Signe ^
§ Caractère de section
¶ Caractère de paragraphe
Saut de colonne
Tiret cadratin
Tiret demi-cadratin
Appel de note de fin
Champ
Appel de note de bas de page
Graphisme
Saut de ligne manuel
Saut de page manuel
Trait d'union insécable
Espace insécable
Trait d'union conditionnel
Saut de section
Espace

Dans la zone Remplacer

Marque de paragraphe
Tabulation
Signe ^
§ Caractère de section
¶ Caractère de paragraphe
Contenu du Presse-papiers
Saut de colonne
Tiret cadratin
Tiret demi-cadratin
Rechercher
Saut de ligne manuel
Saut de page manuel
Trait d'union insécable
Espace insécable
Trait d'union conditionnel

TRI DE PARAGRAPHES, LISTES OU TABLEAUX

Le tri permet de classer rapidement des lignes ou des paragraphes par ordre alphabétique ou numérique. On peut également trier des listes créées à l'aide de séparateurs (point-virgule ou tabulation, par exemple) et des lignes d'un tableau.

TRIER DES PARAGRAPHES

- Sélectionnez les paragraphes à trier, sous l'onglet **Accueil**>groupe **Paragraphe**, cliquez sur le bouton **Trier**, cliquez sur [OK] pour lancer le tri.

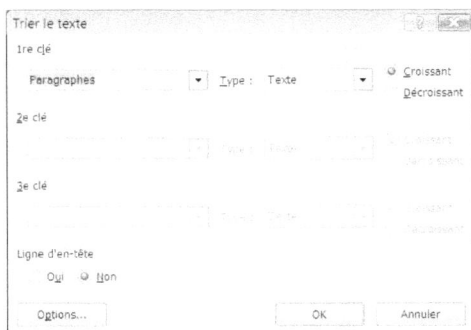

Les paragraphes sont triés par défaut dans l'ordre alphabétique *Texte*.

Si les paragraphes commencent par un nombre ou par une date, vous pouvez choisir de trier sur le type *Numérique* ou *Date*.

TRIER UNE LISTE DE DONNÉES

Si vous triez des listes avec séparateurs de données délimitant des champs, vous pouvez utiliser jusqu'à trois clés de tri.

```
Rang:Pays:PIB Habitant¶
1:Suisse:50524 ¶
2:Irlande:48350 ¶
3:Danemark:47999 ¶
```

- Sélectionnez les lignes, sous l'onglet **Accueil**>groupe **Paragraphe**, cliquez sur le bouton **Trier**.
- Dans le dialogue *Trier le texte*, cliquez sur [Options], spécifiez les options, cliquez sur [OK].

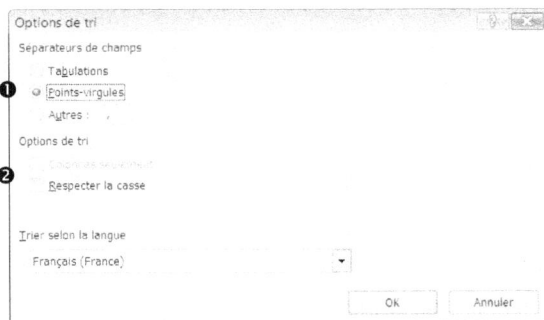

❶ Spécifiez le séparateur de champ (tabulation, point-virgule ou autre) s'il n'a pas été détecté.

❷ Indiquez aussi si la casse doit être respectée.

- Dans le dialogue *Trier le texte*, cochez l'option <Ligne d'en-tête : ⊙ Oui> si la première ligne doit être traitée comme une ligne d'en-tête, puis pour chaque clé choisissez le champ, le type de tri (*Texte* / *Numérique* / *Date*) et l'ordre de tri (*Croissant* ou *Décroissant*).
- Cliquez sur [OK] pour lancer le tri.

TRIER LES LIGNES D'UN TABLEAU

- Cliquez dans le tableau ou sélectionnez des cellules, puis sous l'onglet **Outils de tableau/ Disposition**>groupe **Données** cliquez sur le bouton **Trier**. Le dialogue *Trier* s'affiche.

Vous pouvez utiliser jusqu'à trois clés de tri, et pour chaque clé vous choisissez le type de tri (*Texte* / *Numérique* / *Date*) et l'ordre de tri (*Croissant* ou *Décroissant*). Avec le bouton [Options] vous pourrez éventuellement choisir de trier des colonnes seules si elles ont été sélectionnées.

Il existe pour chaque clé une zone <Utilisant> qui sert à spécifier sur quel champ trier lorsque la colonne clé contient plusieurs champs séparés par le même séparateur (tabulation, point-virgule, ou autre). Par exemple, si la colonne contient Prénom;Nom, vous pourrez choisir le champ à trier *Nom* dans la zone <Utilisant>.

Mettre en page

5

SAUT DE PAGE ET SAUT DE SECTION

INSÉRER UN SAUT DE PAGE

- Onglet **Insertion**>groupe **Pages**, cliquez sur un des boutons.
- ❶ Pour insérer une marque de saut à la page suivante.
- ❷ Pour insérer une page vierge (insère deux sauts de page).
- ❸ Pour insérer une page de garde en début de section.
- Vous pouvez aussi utiliser le raccourci clavier : Ctrl + ↵.
- Vous pouvez aussi insérer un saut de page par : Onglet **Mise en page**>groupe **Mise en page**, cliquez sur la flèche déroulante du bouton Sauts de pages , et choisissez *Page*.

Les marques de saut de page ne sont visibles que si vous affichez les caractères spéciaux :

·······················Saut de page ·······················¶

- Pour supprimer un saut de page : affichez les marques de mise en forme, puis cliquez sur la marque de saut de page et appuyez sur la touche Suppr.

Saut de page automatique avant un paragraphe

Pour que chaque paragraphe d'un certain style, par exemple (Titre 1), commence automatiquement sur une nouvelle page, modifiez le style avec l'option <☑ Saut de page avant> : dans la fenêtre *Styles*, cliquez droit sur le nom du style, puis sur la commande contextuelle *Modifier...*, puis sur le bouton [Format}, puis sur *Paragraphe...*, sous l'onglet *Enchaînements* cochez <☑ Saut de page avant>.

INSÉRER UN SAUT DE SECTION

Un saut de section permet de commencer une nouvelle partie du document qui aura une mise en page différente (marges, en-tête ou pied de page, numérotation, colonne...).

- Onglet **Mise en page**>groupe **Mise en page**, cliquez sur la flèche déroulante du bouton **Sauts de pages**.

Sous la section **Sauts de section**, cliquez sur :

- *Page suivante* : débute la section sur la page suivante.
- *Continu* : continue la section sur la même page (pour passer d'une à deux colonnes en cours de page, par exemple).
- *Page paire* : débute la section sur la page paire suivante.
- *Page impaire* : débute la section sur la page impaire suivante.

Word insère une marque de fin de section visible en affichage *Brouillon* qui indique si la section suivante commence sur la page suivante, une page paire ou impaire ou continue sur la page.

·······Saut de section (page suivante)·······   ·······Saut de section (continu)·······

Pour supprimer un saut de section : passez en affichage *Brouillon*, cliquez sur la marque de saut de section et appuyez sur la touche Suppr.

Une marque de fin de section contient les paramètres de mise en page de la section qui précède, si vous la supprimez, le texte se remet en page comme la section qui suit.

Vous pouvez reproduire la mise en page d'une section en copiant la marque de fin de section en fin d'un autre partie du même document ou d'un autre document.

Le numéro de la section en cours peut être affiché dans la barre d'état.

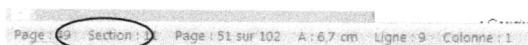

Page 69   Section : 1   Page : 51 sur 102   À : 6,7 cm   Ligne : 9   Colonne : 1

TAILLE DU PAPIER ET MARGES

TAILLE DU PAPIER

- Onglet **Mise en page**>groupe **Mise en page**, cliquez sur le bouton **Taille**.
- Choisissez le format (par défaut A4, standard européen), ou si le format que vous souhaitez n'y figure pas, cliquez sur *Autres tailles de papiers...*, puis dans la zone <Format de papier> choisissez *Taille personnalisée* et entrez vos mesures.

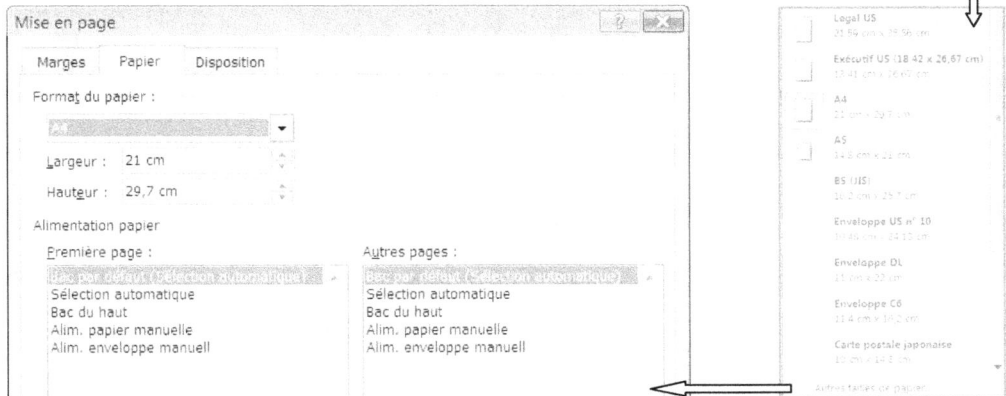

Si votre imprimante dispose de deux bacs d'alimentation papier, il est possible de sélectionner un bac différent pour la première page et pour les suivantes.

MARGES ET ORIENTATION

- Onglet **Mise en page**>groupe **Mise en page**, cliquez sur le bouton **Marges**, les marges actuelles sont présentées dans la vignette supérieure, si vous souhaitez les changer.
- Choisissez une autre vignette de marges prédéfinies ou si les marges prédéfinies ne vous conviennent pas, cliquez sur *Marges personnalisées...*

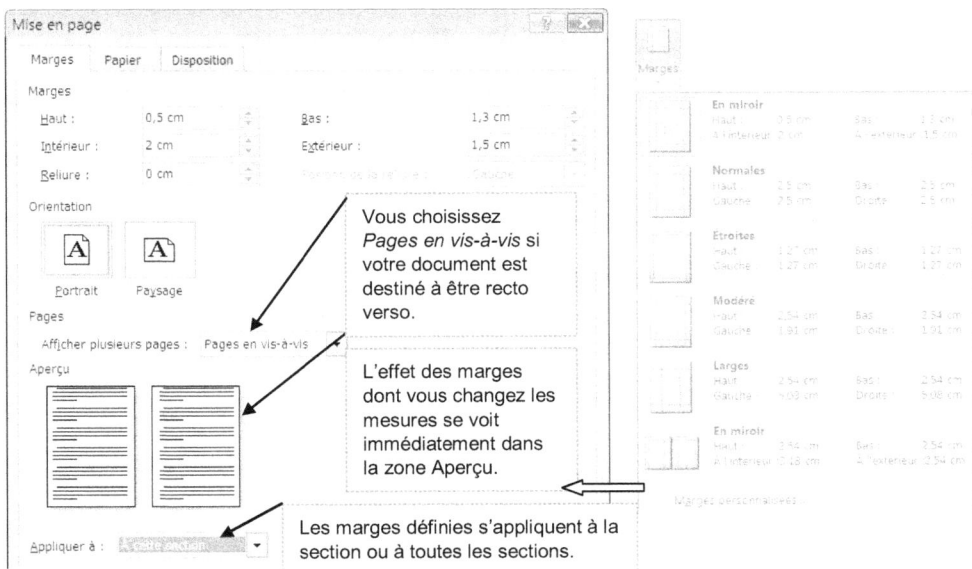

Vous choisissez *Pages en vis-à-vis* si votre document est destiné à être recto verso.

L'effet des marges dont vous changez les mesures se voit immédiatement dans la zone Aperçu.

Les marges définies s'appliquent à la section ou à toutes les sections.

Vous pouvez aussi faire glisser les marques sur les règles horizontale et verticale.

- Pour changer l'orientation : sous l'onglet **Mise en page**>groupe **Mise en page** cliquez sur le bouton **Orientation** puis cliquez sur *Paysage* ou *Portrait*.

EN-TÊTE ET PIED DE PAGE, PAGE DE GARDE

L'en-tête et le pied de page se retrouvent en haut ou en bas de chaque page. Ils peuvent être différents d'une section à une autre ou selon les pages paires et impaires.

INSÉRER UN EN-TÊTE OU UN PIED DE PAGE PRÉDÉFINI

- Onglet **Insertion**>groupe **En-tête et pied de page**, cliquez sur le bouton **En-tête ❶** ou sur le bouton **Pied de page ❷**.
- Le menu déroulant affiche une galerie de vignettes ❸, amenez le pointeur sur une vignette pour afficher cet en-tête ou pied de page.
- Cliquez sur la vignette, le document passe en affichage *En-tête et Pied de page*, avec un onglet contextuel sur le Ruban. L'en-tête ou le pied de page sont insérés avec des zones à renseigner.
- Cliquez sur chaque zone à renseigner pour saisir les informations, [Nom chapitre] affiche avec le texte du précédent titre de style Titre 1, [Sélectionner la date] permet de choisir une date dans un calendrier, [Tapez le texte] est une zone de saisie de texte.
- Après avoir complété l'en-tête ou le pied de page, cliquez sur le bouton **Fermer l'en-tête et le pied de page** ou repassez en affichage *Page*.

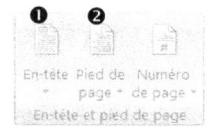

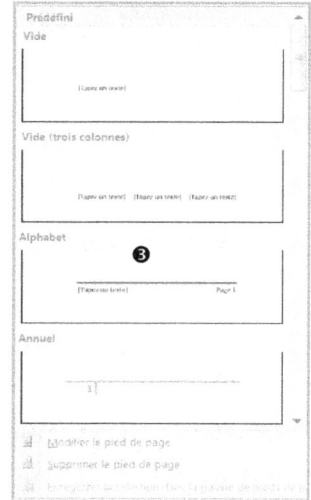

INSÉRER MANUELLEMENT UN EN-TÊTE/PIED DE PAGE

- Onglet **Insertion**>groupe **En-tête et pied de page**, cliquez sur le bouton **En-tête ❶** ou sur le bouton **Pied de page ❷**.
- Sélectionnez la vignette nommé *Vide* ou *Vide (trois colonnes)* qui comprend trois zones de texte à remplir.

L'en-tête ou le pied de page est créé, vous pouvez cliquer dans chacune des zones pour saisir du texte, insérer des images ou des champs et mettre en forme.

- Insérez la date du jour formatée : onglet **Insertion**>groupe **Texte**, cliquez sur le bouton **Date et heure**, sélectionnez le format, [OK] ; si vous cochez la case <☑ Mettre à jour automatiquement>, la date sera toujours celle du jour actuel.
- Insérez une propriété du document : cliquez sur le bouton **QuickPart**, puis sur la commande *Propriétés du document*, puis cliquez sur la propriété, par exemple *Auteur*, *Titre*...
- Insérez un champ Word : cliquez sur le bouton **QuickPart**, sur la commande *Champ...*, puis dans le dialogue *Champ* : sélectionnez le champ (numéro de page, nombre de page...), [OK].

MODIFIER LES EN-TÊTES OU LES PIEDS DE PAGE

En mode affichage *Page*, vous pouvez double-cliquer directement sur l'en-tête (ou le pied de page) pour accéder en modification à l'en-tête (ou au pied de page). Sinon, sous l'onglet **Insertion**>groupe **En-tête et pied de page** cliquez sur le bouton **En-tête** (**Pied de page**), puis cliquez sur *Modifier l'en-tête* (ou *Modifier le pied de page*).

Ensuite, pour passer de la modification de l'en-tête à celle du pied de page : sous l'onglet contextuel **En-tête et pied de page**, vous pouvez utiliser les boutons ❶ et ❷.

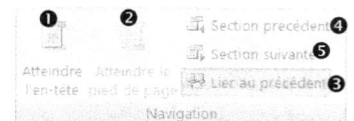

Lorsque vous insérez une section, l'en-tête (et le pied de page) de la nouvelle section sont liés à ceux de la section précédente : toute modification d'en-tête (ou du pied de page) de l'une des deux sections est reproduite dans l'autre. Pour rendre indépendant l'en-tête (ou le pied de page) d'une section par rapport à la précédente : cliquez dans l'en-tête (ou le pied de page), puis cliquez sur le bouton **Lier au précédent** ❸.

EN-TÊTE ET PIED DE PAGE, PAGE DE GARDE

Inversement, si l'en-tête (ou le pied de page) d'une section n'est pas lié à celui de la section précédente, cliquez sur **Lier au précédent** ❸ pour rétablir la liaison. Le bouton **Lier au précédent** est une bascule. Les boutons ❹ **Section précédente** et ❺ **Section suivante** servent passer à l'en-tête/pied de page précédent ou suivant.

DISPOSITION DES EN-TÊTES ET PIEDS DE PAGE

Les en-têtes et pieds de page peuvent être différents sur les pages paires et impaires, ainsi que sur la première page d'une section. La position de l'en-tête ou du pied de page par rapport au bord de la feuille de papier peut être définie avec précision.

- Onglet **Mise en page**>groupe **Mise en page**, cliquez sur le **lanceur** du groupe, puis dans le dialogue, cliquez sur l'onglet *Disposition*.

- Spécifiez ❶ si les en-têtes et pieds de page sont différents sur les pages paires et impaires, et ❷ s'ils sont différents sur la première page du document.
- Spécifiez la distance ❸ de l'en-tête par rapport au bord haut du papier et la distance ❹ du pied de page par rapport au bord bas de la page.
- Validez en cliquant sur [OK].

Vous pouvez aussi utiliser les boutons sur le ruban, de l'onglet contextuel **En-tête et pied de page**>groupe **Options**, onglet qui ne s'affiche que lorsque vous êtes en mode modification de l'en-tête ou de pied de page.

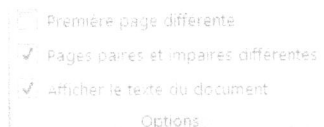

Si vous avez choisi <☑ Première page différente> et <☑ Pages paires et impaires différentes>, le contenu de l'en-tête et du pied de page doivent être définis sur la première page, puis sur une page paire et une page impaire (autre que la première).

Si vous avez choisi des pages en vis-à-vis sous l'onglet *Marges*, vous devrez cocher <☑ Pages paires et impaires différentes>, si le contenu de l'en-tête ou du pied de page n'est pas centré.

PAGE DE GARDE

- Onglet **Insertion**>groupe **Pages**, cliquez sur le bouton ❶ **Page de garde**.
- Une galerie propose de vignettes de page de garde, choisissez une page de garde. Si vous en avez déjà une, la nouvelle remplacera l'ancienne.

Pour supprimer une page de garde

La pleine utilisation de cette fonction suppose que votre document n'est pas enregistré en mode compatibilité avec les versions antérieures Word 97-2003.

- Onglet **Insertion**>groupe **Pages**, cliquez sur le bouton ❶ **Page de garde.**
- Cliquez sur la commande *Supprimer la page de garde actuelle*.

NUMÉROTATION DES PAGES

Le numéro de page est généralement placé dans l'en-tête ou le pied de page du document. Un numéro de page inséré vaut pour la section courante et pour les sections qui lui sont reliées.

INSÉRER LE NUMÉRO DE PAGE

- Onglet **Insertion**>groupe **En-tête et pied de page**, cliquez sur le bouton **Numéro de page**, puis cliquez sur *Haut de page*, *Bas de page* ou *Marges de la page* selon l'emplacement des numéros de pages que vous souhaitez (*Position actuelle* insère le numéro de page à la position du curseur d'insertion dans le texte).
- Dans la galerie proposée, choisissez un style de numérotation de pages. La galerie affiche sous forme de vignette des numéros simples avec leur alignement à gauche au centre ou à droite, et des formes diverses.

Attention : si un numéro de page existe déjà dans l'en-tête ou le pied page ou dans une marge et que vous en insérez un autre, le précédent sera supprimé et remplacé par le nouveau.

SUPPRIMER LES NUMÉROS DE PAGE

- Onglet **Insertion**>groupe **En-tête et pied de page**, cliquez sur le bouton **Numéro de page**, puis cliquez sur *Supprimer les numéros de page*.

Les numéros de pages sont tous supprimés dans l'en-tête, le pied de page et les marges, mais pas les numéros de page qui ont été insérés dans le corps du texte du document.

Si les en-têtes/pieds de page sont différents sur la 1ère page, les pages paires et impaires, ou dans des sections non liées, les numéros sont à supprimer dans chacun des en-têtes /pieds de page.

FORMAT DE LA NUMÉROTATION

- Onglet **Insertion**>groupe **En-tête et pied de page**, cliquez sur le bouton **Numéro de page**, cliquez sur *Format Numéro Page...*

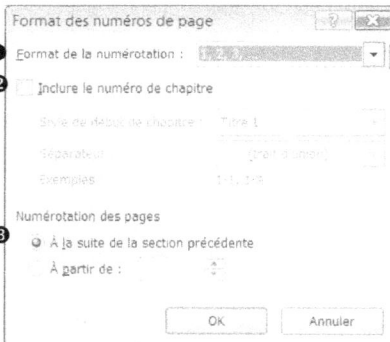

❶ Choisissez le type de numéro : 1 ou –1– ou a ou A ou i...

❷ Cochez la case pour avoir une numérotation incluant le numéro de chapitre (dont le style doit être spécifié dans la zone en-dessous) : par exemple 1–A, 1–B...

❸ Indiquez si la numérotation des pages de la section courante doit se faire en séquence de celle de la section précédente ou si elle doit commencer à une valeur spécifiée.

Si vous spécifiez 0 dans <À partir de>, la numérotation démarre à 1 à partir de la deuxième page.

MODIFIER LA POLICE ET LA TAILLE DES NUMÉROS DE PAGE

- Double-cliquez sur l'en-tête, le pied de page ou la marge qui contient le numéro de page.
- Sélectionnez le numéro de page puis amenez le pointeur sur la sélection.
  Dans la mini-barre d'outils qui s'affiche au-dessus du numéro de page sélectionné :
- Pour changer la police, cliquez sur un nom de police dans la zone Arial .
- Pour agrandir le texte, cliquez sur A˙ *Agrandir la police* (raccourci clavier : Ctrl + ⇧ +>).
- Pour réduire le texte, cliquez sur A˙ *Réduire la police* (raccourci clavier : Ctrl + ⇧ +<).

Vous pouvez également spécifier une taille de police sous l'onglet **Accueil**>groupe **Police**.

BORDURE DE PAGE ET FILIGRANE

Les outils pour définir la bordure de page ou le filigrane (texte ou une image estompé en arrière-plan) se trouvent sous l'onglet **Mise en page**>groupe **Arrière-plan de page.**

BORDURE DE PAGE

- Onglet **Mise en page**>groupe **Arrière-plan de page**, cliquez sur **Bordures de page**

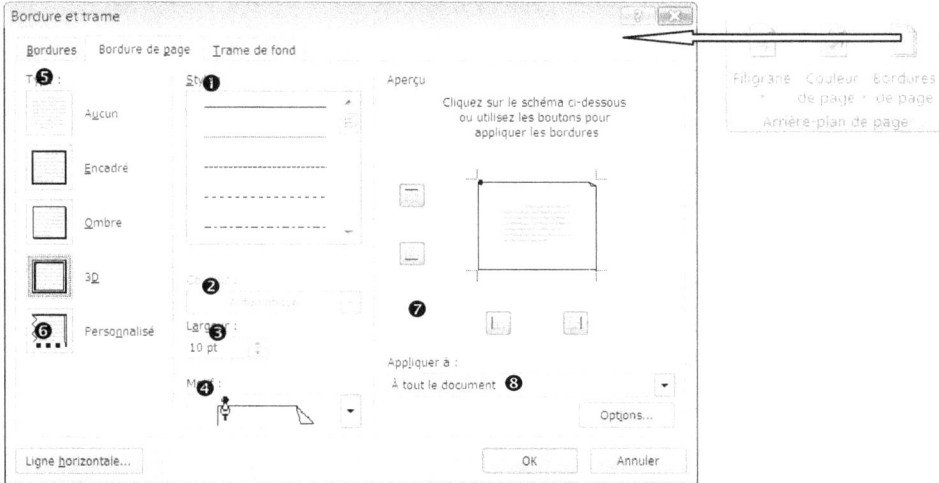

- Sélectionnez le style ❶, la couleur ❷, la largeur ❸ et éventuellement un motif ❹, le type de bordure ❺. Pour formater différemment chaque côté, choisissez le type *Personnalisé* ❻, et après avoir choisi le style, la couleur, la largeur et le motif, cliquez dans l'aperçu sur la bordure à personnaliser ❼.
- Choisissez ❽ la partie du document sur laquelle vous voulez appliquer la bordure : *À tout le document* ou *À cette section* ou dans cette section *uniquement la 1ère p.* ou *tous sauf la 1ère p.*

Le bouton [Options] permet de préciser l'espace entre la bordure de page et le bord du papier.

FILIGRANE

- Onglet **Mise en page**>groupe **Arrière-plan de page**, cliquez sur le bouton **Filigrane.**
- Cliquez le vignette filigrane qui vous convient dans la galerie.

Si aucun filigrane ne convient, définissez un filigrane personnalisé en cliquant sur *Filigrane personnalisé...* puis dans le dialogue *Filigrane imprimé* : spécifiez le filigrane, puis [Appliquer].

- Activez ❶ pour supprimer tout filigrane.
- Activez ❷ pour une image en filigrane, puis sélectionnez un fichier image, adaptez l'échelle.
- Activez ❸ pour un texte en filigrane, puis sélectionnez ou saisissez le texte, choisissez la police, la couleur, la disposition.

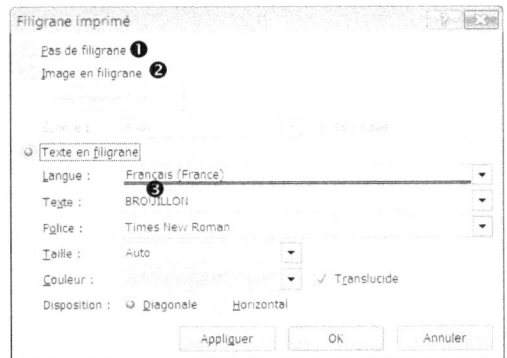

Un filigrane texte ou image est en fait un objet inséré dans l'en-tête.

Pour enregistrer le filigrane personnalisé dans la galerie de filigrane

- Affichez l'en-tête, cliquez sur l'objet filigrane pour le sélectionner, cliquez sur le bouton **Filigrane** puis sur la commande *Enregistrer la sélection dans la galerie de filigrane...*

TEXTE EN COLONNES

La disposition en colonnes s'applique à la section courante ou à plusieurs sections si elles ont été sélectionnées ensemble. Si vous avez sélectionné une partie de texte, Word peut insérer automatiquement un saut de section continu avant et un autre saut de section continu après.

MISE EN COLONNES

- Onglet **Mise en page**>groupe **Mise en page**, cliquez sur le bouton **Colonnes**.

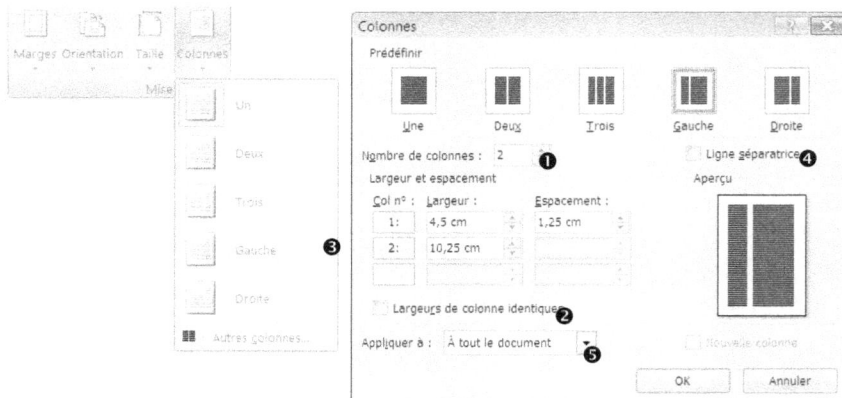

- Choisissez le nombre de colonnes dans la galerie : *Un*, *Deux*, *Trois*, *Gauche*, *Droite*, ou si vous voulez définir une disposition en colonne particulière, cliquez sur la commande *Autres colonnes...* qui affiche le dialogue *Colonne*.

  ❶ Sélectionnez le nombre de colonne.

  ❷ Décochez la case <Largeurs de colonne identique> pour définir les largeurs une à une.

  ❸ Pour chaque N° de colonne, spécifiez la largeur et l'espacement avec la suivante.

  ❹ Vous pouvez spécifier une ligne séparatrice verticale entre les colonnes.

  ❺ Spécifiez la partie du document à laquelle s'appliquera la nouvelle disposition en colonne : *À cette section* (par défaut), *À partir de ce point* (Word insérera un saut de section continu avant), ou *À tout le document*. Si vous avez sélectionné du texte, vous avez le choix entre : *Au texte sélectionné*, *Aux sections sélectionnées*, ou *À tout le document*.

SAISIE DU TEXTE EN COLONNES

La saisie s'effectue de manière habituelle. Pour forcer le passage du curseur au début de la colonne suivante, insérez un saut de colonne :

- Appuyez sur `Ctrl`+`⇧`+`↵`, ou onglet **Mise en page**>groupe **Mise en page**, puis cliquez sur le bouton **Saut de page** et choisissez *Colonne*.

MODIFIER LA LARGEUR DES COLONNES

- Placez le curseur dans le texte en colonnes, amenez le pointeur à la limite d'une colonne sur la règle : il se transforme en une double flèche. Faites glisser la marque de fin de colonne pour modifier la largeur de la colonne ou le repère entre les colonnes.

Si, lors de la définition des colonnes, vous avez coché la case <☑ *Largeurs de colonne identiques*>, la nouvelle largeur s'applique à toutes les colonnes.

ÉQUILIBRER LES FINS DE COLONNE

- Placez le curseur sur la fin du dernier paragraphe mis en colonne, insérez un saut de section continu : sous l'onglet **Mise en page**, cliquez sur le bouton **Saut de page**, cliquez sur *Continu*.

Styles et modèles

6

APPLIQUER DES STYLES

COMPRENDRE LES STYLES

Un style est un ensemble de mises en forme identifié par un nom et applicable en une seule commande. Il existe cinq types de styles :

- **Style de paragraphe** : ils s'appliquent aux paragraphes et portent sur la mise en forme du paragraphe (alignement, retrait...) et sur celle de la police du paragraphe (fonte, taille...).
- **Style de caractère** : ils s'appliquent seulement aux caractères, caractères isolés, mots ... et portent uniquement sur la mise en forme de la police (fonte, taille, attributs...).
- **Style lié** : ils peuvent aussi bien jouer le rôle de style de paragraphe que de style de caractère.
- **Style de tableau** : ils s'appliquent aux tableaux et portent sur la mise en forme du tableau.
- **Style de liste** : ils s'appliquent aux listes et portent sur la mise en forme de la liste (type puce ou de numéro, retraits...).

Plutôt que d'appliquer des mises en forme directes, les styles offrent les avantages suivants :

- Ils facilitent la révision des documents : il suffit de modifier les caractéristiques d'un style pour modifier d'un coup la mise en forme des paragraphes, tableaux ou listes dotés de ce style.
- Ils sont facilement réutilisables dans d'autres documents : Word enregistre un nouveau style dans le document en cours quand il est créé, mais il est possible de l'enregistrer dans le modèle du document en cours, ou de copier des styles entre des documents et des modèles.

Notez que Word utilise des styles prédéfinis qu'il applique automatiquement à certains éléments, tels que les titres, notes de bas de page, les appels de notes, l'index ou la table des matières. Pour modifier la mise en forme de l'un de ces éléments, modifiez le style prédéfini associé.

APPLIQUER UN STYLE

- Sélectionnez le texte ou l'élément sur lequel vous voulez appliquer un style.
- Onglet **Accueil**>groupe **Style**, cliquez sur la vignette du style dans la galerie des styles rapides ★, ou sélectionnez le nom du style dans le dialogue *Appliquer les styles* ou dans le volet *Styles*.

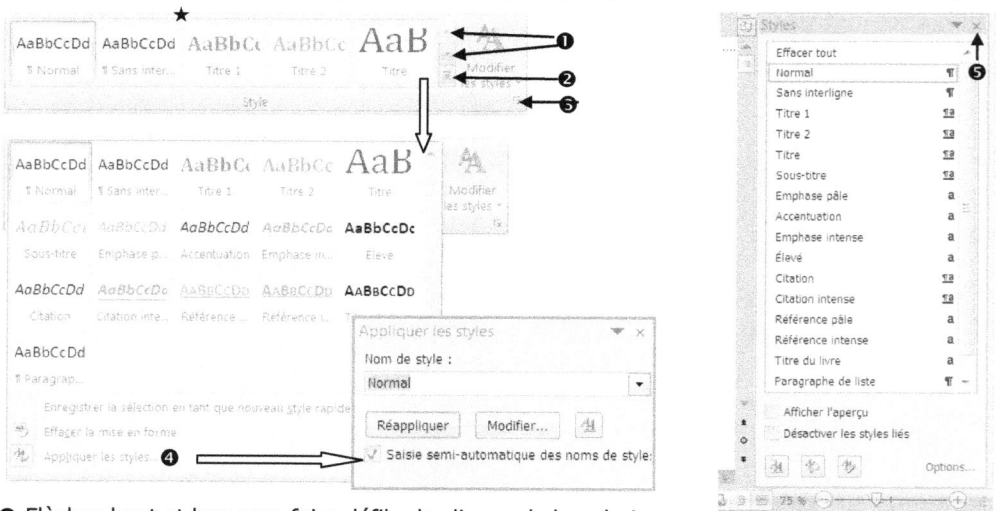

❶ Flèches haut et bas pour faire défiler les lignes de la galerie.

❷ Flèche déroulante pour agrandir la fenêtre d'affichage de la galerie des styles rapides.

❸ Lanceur pour afficher le volet *Styles* que vous pouvez refermer en cliquant sur la case ✕ ❺.

❹ Commande *Appliquer les styles...* qui affiche le dialogue *Appliquer les styles* que vous pouvez garder à portée de clic (vous y avez aussi accès par le raccourci clavier Ctrl + ⇧ +S).

La galerie des styles rapides présente les styles les plus souvent utilisés, dont les styles prédéfinis de Word. Vous pouvez ajouter ou enlever des styles de cette galerie des styles rapides.

CRÉER DES STYLES

Les styles prédéfinis suffiront dans la plupart des cas, toutefois vous avez la possibilité de créer vos propres styles. Ces styles personnels seront enregistrés dans le document, mais vous pourrez aussi les enregistrer dans le modèle ou les intégrer à la galerie des styles rapides.

ENREGISTRER LA SÉLECTION EN TANT QUE NOUVEAU STYLE RAPIDE

- Insérez un paragraphe contenant un seul mot : saisissez un mot suivi d'une fin de paragraphe.
- Placez le point d'insertion dans le mot, mettez en forme directe le paragraphe (alignement, retrait, espacement, bordure ou trame...) et la police (fonte, taille, attributs...).
- Cliquez droit sur le paragraphe, puis sur la commande *Styles*, puis sur *Enregistrer la sélection en tant que nouveau style rapide...*, dans le dialogue saisissez un nom pour le style, puis validez par ⏎ ou cliquez sur [OK].

CRÉER UN STYLE PAR LE DIALOGUE

- Affichez le volet *Styles* : cliquez sur le lanceur des styles, puis dans le volet *Styles* cliquez sur le bouton 🔲 *Nouveau Style* situé au bas du volet, spécifiez les paramètres, cliquez sur [OK].

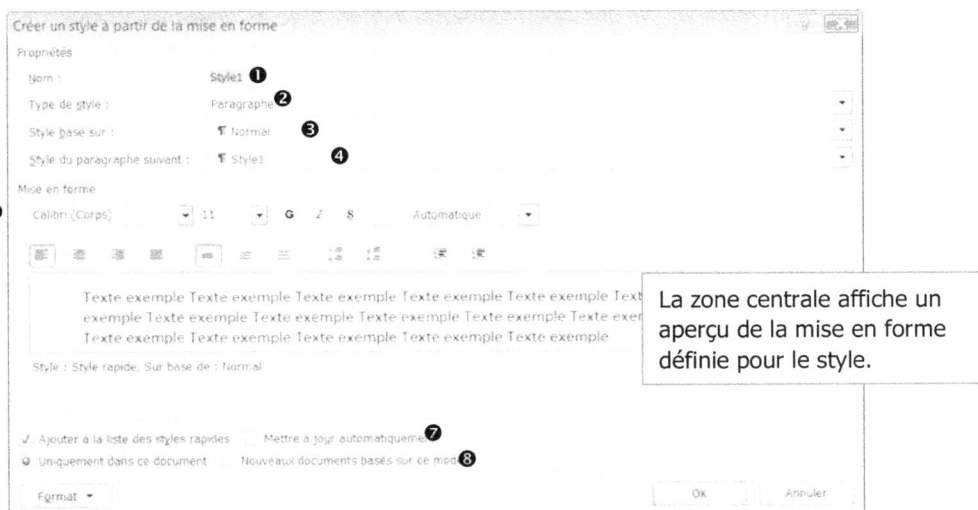

La zone centrale affiche un aperçu de la mise en forme définie pour le style.

❶ Saisissez le nom du style.

❷ Choisissez le type de style : *Paragraphe*, *Caractère*, *Lié*, *Tableau* ou *Liste*.

❸ Sélectionnez le style sur lequel vous voulez baser le nouveau style, le nom proposé ici par défaut est celui du style du paragraphe dans lequel est placé le point d'insertion.

❹ Sélectionnez le nom du style du paragraphe suivant, c'est-à-dire le style qui sera appliqué au paragraphe qui suit lorsque vous tapez une fin de paragraphe.

❺ Spécifiez la mise forme soit à l'aide des boutons et zones directement accessibles dans le dialogue, soit en cliquant sur le bouton [Format] pour accéder à toutes les options de formatage par exemple *Bordure...*

Pour affecter un raccourci clavier au style, cliquez sur [Format] puis sur la commande *Touche de raccourci...* Tapez la combinaison Ctrl ou Alt + la touche, cliquez sur [Attribuer].

❻ Laissez cette case cochée pour que le nouveau style soit ajouté à la galerie des styles rapides.

❼ Évitez de cocher cette option, pour qu'une modification de mise en forme directe dans le document sur un élément doté de ce style ne mette à jour automatiquement le style.

❽ Vous n'activerez l'option <⊙ Nouveaux documents basés sur ce modèle> que si vous voulez enregistrer le nouveau style dans le modèle.

STYLES DE LISTE À PLUSIEURS NIVEAUX

Une liste à plusieurs niveaux présente des éléments (chaque élément étant un paragraphe) précédés d'une puce ou d'un numéro automatique à des niveaux différents plutôt qu'à un seul niveau. Vous pouvez créer des styles de listes pour pouvoir les réutiliser facilement dans vos autres documents.

CRÉER UN STYLE DE LISTE À PLUSIEURS NIVEAUX

■ Onglet **Accueil**>groupe **Paragraphe**, cliquez sur le bouton ⊞ **Liste à plusieurs niveaux**, la galerie déroulante des listes propose plusieurs sections : la **Liste actuelle**, celle qui s'applique par un simple clic sur le bouton ⊞, la **Bibliothèque de listes** qui sont des listes non modifiables sauf ponctuellement, et les **Styles de liste** que vous avez créés. Au bas de la galerie déroulante de listes, cliquez sur *Définir un nouveau style de liste...*

■ Saisissez le nom du style en ❶, ensuite définissez successivement chaque niveau de la liste : sélectionnez le niveau en ❷, choisissez en ❸ un type de puce ou de numérotation et sélectionnez en ❹ les options pour le format des nombres, la police et la position.

– Pour définir la position des puces ou du numéro, cliquez sur le bouton [Format] ❺, puis sur la commande *Numérotation...*, le dialogue *Modifier la liste à plusieurs niveaux* s'affiche : Choisissez un niveau en ❼, vous pouvez définir un <Alignement> (distance entre la marge et la puce/numéro), et un <Retrait du texte à > (distance entre la marge et le texte).

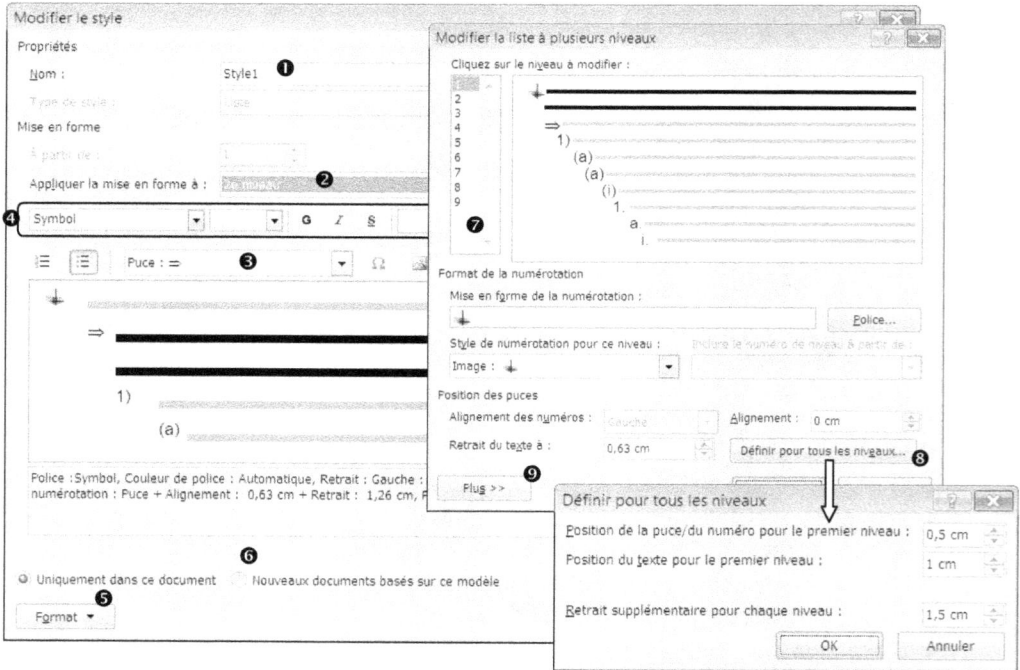

– Plutôt que de définir chaque niveau, vous pouvez utiliser le bouton [Définir pour tous les niveaux...] ❽ pour homogénéiser : positionnement du 1er niveau, puis un retrait supplémentaire pour chaque niveau inférieur par rapport au niveau immédiatement supérieur (ici 1,5 cm).

■ Cliquez sur [OK] pour valider chaque dialogue.

Le style de liste à plusieurs niveaux que vous venez de définir est défini sous la rubrique **Liste de styles** dans la galerie des listes.

L'option ❻ <⊙ Nouveaux documents basés sur ce modèle> sert à enregistrer le style de liste, créé ou modifié, dans le modèle attaché au document en cours. Par ailleurs un style de liste peut, comme tout style, être copié du document dans un autre document ou autre modèle.

STYLES DE LISTE À PLUSIEURS NIVEAUX

Le bouton (Plus>>) ❾ dans le dialogue *Modifier la liste à plusieurs niveaux*, permet d'affecter un style de paragraphe à chaque niveau de liste, sinon c'est le style intégré *Paragraphe de liste* qui est appliqué par défaut aux éléments de la liste à puces ou numérotée.

Dans la figure de gauche, aucun style de paragraphe n'a été défini pour les niveaux de liste, dans la figure de droite le style *Titre 2* a été défini pour le niveau 1 et le *Titre 3* pour le niveau 2.

Si vous définissez des styles de paragraphe pour les associer aux niveaux de liste, pensez à définir le même style comme style du paragraphe suivant.

UTILISER UN STYLE DE LISTE À PLUSIEURS NIVEAUX

- Placez le point d'insertion à l'endroit où vous voulez commencer la liste
- Cliquez sur le bouton **Liste à plusieurs niveaux**, faites défiler la galerie jusqu'à faire apparaître la section Liste de styles, cliquez sur la vignette du style de liste à appliquer.
- Saisissez la liste en terminant chaque élément par une fin de paragraphe.
- Pour modifier le niveau d'un paragraphe de la liste :
- Tapez sur la touche ⇥ pour abaisser d'un niveau, ⇧+⇥ pour remonter d'un niveau.

L'utilisation des touches ⇥ pour changer de niveau est active si l'option est cochée : **Bouton Office**, [Options Word], *Vérification*, [Options de correction automatique], onglet *Lors de la frappe*, < ☑ Définir les retraits à gauche et de 1ʳᵉ ligne à l'aide des touches TAB et RET.ARR>.

- Cliquez sur la flèche du bouton **Liste**, puis sur la commande *Modifier le niveau de liste*, puis cliquez sur le niveau de liste que vous voulez attribuer à l'élément.

Vous pouvez aussi saisir tous les éléments de la liste, puis les sélectionner et appliquer le style de liste comme indiqué ci-dessus, ensuite définissez le niveau de chaque élément.

MODIFIER UN STYLE DE LISTE À PLUSIEURS NIVEAUX

Il suffit de modifier les caractéristiques d'un style de liste pour changer automatiquement l'aspect de toutes les listes sur lesquelles le style a été appliqué.

- Cliquez sur le bouton **Liste à plusieurs niveaux** , faites défiler la galerie jusqu'à faire apparaître la section Liste de styles, cliquez droit sur la vignette du style de liste à modifier, puis cliquez sur la commande *Modifier*.
- Effectuez les modifications, puis validez en cliquant sur [OK].

Vous pouvez aussi afficher le dialogue *Appliquer les styles* par Ctrl+⇧+S, sélectionner le style par son nom dans l'exemple *Style1*, puis cliquer sur [Modifier].

MODIFIER DES STYLES

METTRE À JOUR LE STYLE POUR CORRESPONDRE À LA SÉLECTION

- Cliquez sur un élément sur lequel le style a été appliqué, modifiez la mise en forme de l'élément.
- Cliquez droit sur l'élément mis en forme, puis sur la commande *Mettre à jour pour correspondre à la sélection* ou dans le volet *Styles* amenez le pointeur sur le nom du style à mettre à jour, puis sur la commande *Mettre à jour pour correspondre à la sélection*.

Attention : avec ce procédé, toutes les mises en forme directes qui avaient été appliquées aux autres paragraphes dotés de ce style sont supprimées.

MODIFIER UN STYLE PAR LE DIALOGUE

- Affichez le dialogue *Modifier le style*, par l'une des méthodes suivantes :
- – Si le style fait partie des styles rapides, cliquez droit dans la galerie des styles rapides sur la vignette du style à modifier, puis sur la commande *Modifier...*
- – Dans le volet *Styles*, amenez le pointeur sur le nom du style à modifier, puis cliquez sur la flèche déroulante qui apparaît à sa droite, puis sur la commande *Modifier...*
- – Ctrl + ⇧ +S pour affichez le dialogue *Appliquer les styles*, sélectionnez le style, puis cliquez sur le bouton [Modifier].
- – Si le style à modifier n'apparaît pas dans le volet *Styles* ou dans le dialogue *Appliquer les styles*, il est peut-être masqué. Alors, cliquez sur le bouton 🖳 *Gérer les styles* au bas du volet *Styles*, dans le dialogue *Gérer les styles* cliquez sur l'onglet *Modifier*, Sélectionnez le style (au besoin triez les styles par ordre alphabétique), puis cliquez sur [Modifier].

- Modifiez la mise en forme soit à l'aide des boutons et des zones accessibles directement dans le dialogue soit en cliquant sur le bouton [Format].
- Cliquez sur [OK] pour valider les modifications ou [Annuler] pour les annuler.

LES JEUX DE STYLES RAPIDES

Si vous avez ajouté des styles rapides de Word et que vous voulez les utiliser dans d'autres documents, il faut enregistrer les styles rapides en tant que jeu de styles rapides.

- Onglet **Accueil**>groupe **Styles**, cliquez sur le bouton **Modifier les styles**, cliquez sur *Jeux de styles*, puis sur *Enregistrer en tant que jeu de styles rapides...*, saisissez un nom, puis [OK].

Chaque jeu de style rapide personnalisé est enregistré dans un fichier d'extension .dotx dans le dossier *Quickstyles* dans votre profil Windows. Pour le supprimer, il faut supprimer ce fichier.

Notez que Word fournit un ensemble de jeux de styles rapides intégrés prêt à l'emploi entre lesquels vous pouvez choisir en cliquant sur le bouton **Modifier les styles** : *Élégant, Formel, Manuscrit...*

Chaque jeu de styles rapides correspond à un ensemble harmonisé de mises en forme des styles les uns par rapport aux autres pour créer un document cohérent et attrayant, dont la conception répond à un objectif précis.

VOLET DES STYLES

EMPLACEMENT DU VOLET DES STYLES

Pour faire apparaître le volet des styles, cliquez sur le lanceur de styles **❶**, situé sous l'onglet **Accueil** >groupe **Style**.

Le volet *Styles* est fixé par défaut à droite de la fenêtre Word. Vous pouvez le rendre flottant en faisant glisser sa barre de titre, modifier sa largeur en faisant glisser un de ses bords. Pour le fixer à nouveau à droite de la fenêtre Word, double-cliquez sur sa barre de titre.

Par défaut, seuls les styles utilisés dans le document sont listés. Si vous amenez le pointeur sur un nom de style, un cadre affiche les spécificités du style et une flèche déroulante apparaît à droite du nom du style qui permet d'afficher des commandes : *Mettre à jour le style*, *Modifier*, *Supprimer*..., *Sélectionner toutes les occurrences*...

STYLES VISIBLES DANS LE VOLET DES STYLES

Le bouton [Options...] situé au bas du volet *Styles* sert à choisir les styles qui seront listés dans le volet *Styles* et dans quel ordre. Sélectionnez les options, cliquez sur [OK].

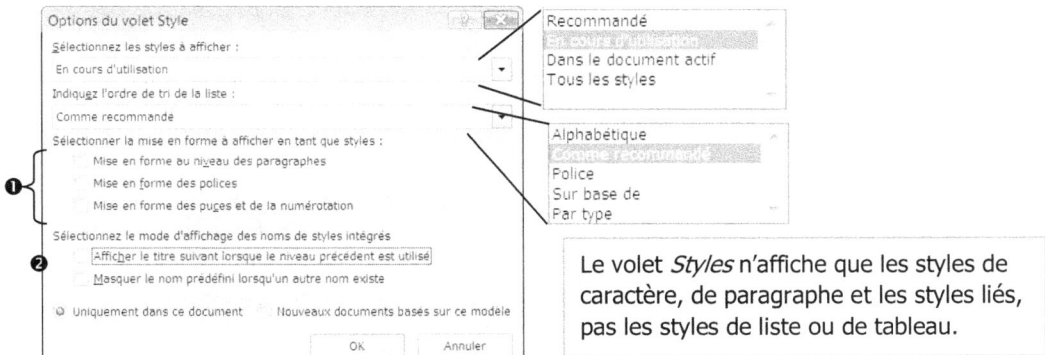

Le volet *Styles* n'affiche que les styles de caractère, de paragraphe et les styles liés, pas les styles de liste ou de tableau.

Recommandé :	seulement les styles affichables dans les recommandations.
En cours d'utilisation :	seulement les styles en cours d'utilisation dans le document.
Dans le document actif :	tous les styles ayant été utilisés même s'ils ne le sont plus.
Tous les styles :	tous les styles aussi bien personnels que les styles prédéfinis de Word.
Alphabétique :	liste dans l'ordre alphabétique.
Comme recommandé :	liste dans l'ordre spécifié dans les recommandations.
Police :	rassemble les styles définis avec la même police de caractère.
Sur base de :	rassemble les styles basés sur un même style.
Par type :	rassemble les styles par type : caractère, paragraphe...

Les options **❶** permettent de lister aussi les mises en forme directes qui ont été appliquées en plus des styles. L'option **❷** permet d'afficher un niveau de titre dès que le niveau supérieur a été utilisé.

RECOMMANDATIONS D'AFFICHAGE

■ Cliquez sur le bouton 🔅 *Gérer les styles* situé au bas de la fenêtre *Styles*, puis dans le dialogue *Gérer les styles* cliquez sur l'onglet **Recommander**.
Tous les styles existants sont listés avec devant chaque nom de style un numéro d'ordre d'affichage, les styles personnels ont tous le numéro 1 attribué initialement par Word.

– Pour changer le numéro d'ordre d'un style : sélectionnez le style puis cliquez sur l'un des boutons : [Monter], [Descendre], [Placer en dernier] et [Affecter une valeur...].

– Pour masquer ou rendre visible un style : sélectionnez le style puis cliquez sur l'un des boutons [Masquer], [Masquer jusqu'à utilisation] ou [Afficher].

GÉRER LES STYLES

COPIER DES STYLES D'UN DOCUMENT À UN AUTRE

■ Dans le volet *Styles*, cliquez sur 🖉 *Gérer les styles*, cliquez sur [Importer/Exporter]. Ou Onglet **Développeur**>groupe **Modèle**, cliquez sur le bouton **Modèle de document**, dans le dialogue *Modèles et compléments*, cliquez sur [Organiser], le dialogue *Organiser* s'affiche.

La partie gauche affiche initialement la liste des styles du document actif ❶, la partie droite affiche la liste des styles du modèle *Normal.dotm* ❷. Dans chaque partie, vous pouvez sélectionner un autre document ou modèle : cliquez sur le bouton [Fermer le fichier] puis sur [Ouvrir le fichier] et sélectionnez un autre fichier document ou modèle.

■ Sélectionnez les styles de l'un des documents (utilisez les touches ⇧ ou Ctrl pour faire des sélections multiples), puis cliquez sur le bouton [Copier] pour copier les styles dans l'autre document, si des styles ont même nom Word demande s'ils doivent être remplacés.

■ Une fois les copies terminées, cliquez sur [Fermer] pour fermer le dialogue.

SUPPRIMER DES STYLES

Lorsque vous supprimez des styles, si des textes, des paragraphes, des tableaux, ou des listes sont dotés de ces styles, ils adoptent le style prédéfini *Normal*.

■ Dans le dialogue *Organiser*, sélectionnez les styles du document actif à supprimer (utilisez les touches ⇧ ou Ctrl pour faire des sélections multiples), puis cliquez sur le bouton [Supprimer] Une fois les styles supprimés, cliquez sur [Fermer] pour fermer le dialogue.

Vous pouvez aussi supprimer des styles par la fenêtre *Styles* :

■ Dans la fenêtre *Styles*, après avoir choisi l'option d'afficher tous les styles, cliquez droit sur le nom du style (si la commande *Tout sélectionner* n'est pas active, c'est que le style n'est pas utilisé dans le document), cliquez sur la commande *Supprimer*...

L'INSPECTEUR DE STYLES

L'inspecteur de styles sert à mettre évidence, les mises en forme directes qui ont été appliquées sur le paragraphe courant.

■ Cliquez sur le bouton 🔍 *Inspecteur de style* au bas du volet *Styles*

La fenêtre *Inspecteur de styles* indique le nom du style et les mises en forme directes qui ont été appliquées en plus sur le paragraphe.

■ Pour supprimer ces mises en forme, utilisez les boutons *Effacer la mise en forme* en face des écarts de mise en forme.

Les raccourcis clavier : Ctrl + Espace efface la mise en forme directe des caractères, Ctrl +Q efface la mise en forme directe des paragraphes tout en conservant les styles.

THÈMES

Vous pouvez mettre en forme rapidement et facilement tout un document pour le rendre plus professionnel et moderne en appliquant un thème de document. Dans ce cas vous devez prendre soin d'utiliser les polices et les couleurs de thème dans les mises en forme et les styles.

Un thème de document est constitué d'un thème de couleurs (assortiment de couleurs), d'un thème de polices (assortiment de polices pour les titres et le corps du texte) et d'un thème d'effets (assortiment d'effets de lignes et de remplissages).

- Onglet **Mise en page**>groupe **Thèmes**, cliquez sur le bouton **Thèmes**.
- Sélectionnez un thème de document prédéfini ou un thème personnalisé si vous en avez créés (vous pouvez trouver des thèmes sur Office Online).
- Les couleurs de thème : un assortiment de dix couleurs : quatre couleurs de texte et fond, six couleurs d'accentuation et deux couleurs de lien hypertexte. Lorsque vous cliquez sur le bouton **Couleur** du groupe **Thèmes**, vous pouvez voir le nom du jeu de couleurs actuel surlignés, avec sa palette de couleur.
- Les polices de thème : un assortiment de deux polices, une pour les titres et une pour le corps du texte. Lorsque vous cliquez sur le bouton **Polices** du groupe **Thèmes**, vous pouvez voir le nom du jeu de police actuel, avec le nom de police de titre et de corps.
- Les effets de thème : un assortiment d'effets de lignes et de remplissage. Lorsque vous cliquez sur le bouton **Effets** du groupe **Thèmes**, vous pouvez voir le nom du jeu d'effets actuel avec les lignes et les effets de remplissage.

Les thèmes fournis avec Word ou sur Office Online devraient suffire à vos besoins, mais vous pouvez créer vos propres jeux de couleur, des jeux de polices ou des thèmes personnalisés.

CRÉER UN JEU DE POLICE, UN JEU DE COULEUR OU UN THÈME PERSONNALISÉ

- Dans le groupe **Thèmes**, cliquez sur **Couleurs** puis sur *Nouvelles couleurs de thème...*, choisissez les couleurs, dans la zone <Nom de fichier> saisissez un nom pour le jeu de couleur, puis cliquez sur [Enregistrer].
- Dans le groupe **Thèmes**, cliquez sur **Polices** puis sur *Nouvelles polices de thème...*, choisissez les polices de titre et de corps de texte, dans la zone <Nom de fichier> saisissez un nom pour le jeu de police, puis cliquez sur [Enregistrer].

Les changements apportés aux couleurs, aux polices ou aux effets de ligne et de remplissage d'un thème de document peuvent être enregistrés en tant que thème personnalisé que vous pouvez ensuite appliquer à d'autres documents.

- Onglet **Mise en page**>groupe **Thèmes**, cliquez sur le bouton **Thèmes**, puis sur *Enregistrer le thème actif...*, dans la zone <Nom de fichier>, saisissez un nom approprié pour le thème.

Vos thèmes de document personnalisés sont enregistrés dans des fichiers d'extension `.thmx` dans le dossier `Templates/Document Themes` et sont automatiquement ajoutés à la liste des thèmes.

COMPATIBILITÉ DES MISES EN FORME ET DES STYLES AVEC LES THÈMES

Si vous voulez que les thèmes jouent pleinement leur rôle, c'est-à dire qu'en appliquant un autre thème au document les couleurs et les polices s'adaptent au nouveau thème en respectant l'harmonie du thème, il faut éviter d'imposer une couleur ou une police dans les mises en forme et dans les styles.

- Pour les polices, il faut choisir une police du thème, une couleur du thème. Pour les styles, lorsque vous définissez la police, sélectionnez *+Corps* ou *+Titre* qui correspond à la police de thème pour le corps du texte ou pour les titres.
- Pour les couleurs (police, bordures, des motifs...), choisissez dans les couleurs du thème (lorsque vous amenez le pointeur sur une couleur du thème, une info bulle indique la couleur du thème : *Texte arrière-plan Clair 1 à 2*, *Texte arrière-plan sombre 1 à 2*, *Accentuation 1 à 6* pour les couleurs des caractères).

MODÈLES DE DOCUMENT

COMPRENDRE LES MODÈLES

Un modèle est un type de document qui crée une copie de lui-même lorsque vous l'ouvrez. Dans Microsoft Office Word 2007, il peut s'agir d'un fichier d'extension `.dotx` ou `.dotm`, ce dernier vous permettant d'activer les macros dans le fichier.

Un modèle sert de base de départ pour créer des documents dont la présentation est toujours identique (courriers, mémos, notes de service, etc.). Word est livré avec un certain nombre de modèles et l'utilisateur peut les adapter à ses besoins ou en créer de nouveaux. De nombreux modèles sont disponibles sur Microsoft Online.

Tout document Word est basé sur un modèle, le modèle par défaut est `Normal.dotm`. Tout nouveau document créé en choisissant *Document vierge* dans le dialogue *Nouveau document* est basé sur le modèle `Normal.dotm`.

DOSSIER DES MODÈLES

Les modèles sont stockés dans un dossier nommé `Templates`, dans votre profil utilisateur, dont le chemin d'accès est `C:\Users\Nom_user\AppData\Roaming\Microsoft\Templates`. Ce dossier est défini par défaut à l'installation de Word. Un lien favori existe automatiquement vers ce dossier.

Chemin d'accès vers le dossier des modèles

Vous pouvez vérifier et éventuellement modifier l'emplacement du dossier des modèles :

- Cliquez sur le **Bouton Office**, puis sur le bouton [Options Word], sélectionnez *Options avancées*, faites défiler les options dans la partie droite et cliquez sur le bouton [Emplacement des fichiers...] situé au bas des options. Le dialogue *Dossiers par défaut* s'affiche.

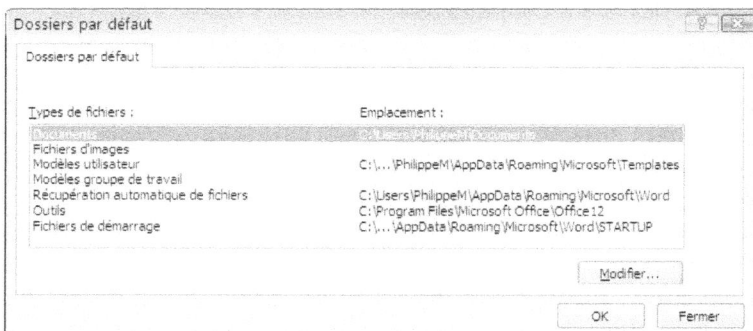

- Cliquez sur la ligne *Modèles utilisateur*, puis sur [Modifier...], le dialogue *Changer de dossiers* s'affiche : sélectionnez un nouveau dossier pour les modèles (éventuellement créez ce dossier) et validez par [OK] puis fermez les dialogues ouverts.

Un lien favori est automatiquement créé vers le nouveau dossier des modèles, à la place du lien initial vers `Templates`.

Sous-dossiers modèles

Si vous créez des sous-dossiers dans le dossier `Templates`, ces sous-dossiers apparaîtront sous forme d'onglets dans le dialogue *Nouveau*.

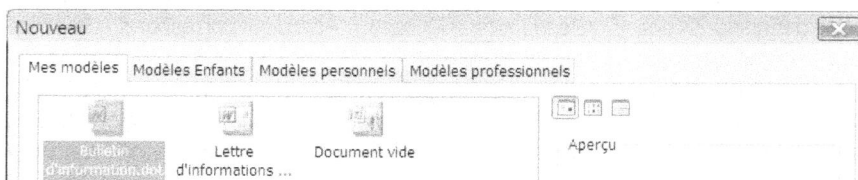

MODÈLES DE DOCUMENT

MODÈLE PAR DÉFAUT

Vous pouvez personnaliser le modèle `Normal.dotm` : sa mise en page, ses styles, son contenu initial et même des macros spécifiques. Tout nouveau document dit vierge sera initialisé comme une réplique du modèle. Évitez cependant de trop charger le modèle `Normal.dotm` pour ne pas alourdir inutilement vos documents.

Pou restaurer le modèle `Normal.dotm` dans l'état initial exempt de toute personnalisation, supprimez le fichier `Normal.dotm` dans le dossier des modèles. Il sera automatiquement recréé par Word au prochain lancement de Word.

CRÉER UN MODÈLE

Pour créer un modèle, créez un document avec sa mise en page, ses styles, ses en-têtes et pieds de page... puis enregistrez ce document comme modèle :

- Cliquez sur le **Bouton Office**, amenez le pointeur sur la commande *Enregistrer sous...*, cliquez sur *Modèle Word*, dans le volet droit, le dialogue *Enregistrer sous...* s'affiche avec Modèle Word (`.dotx`) présélectionné comme type de fichier.

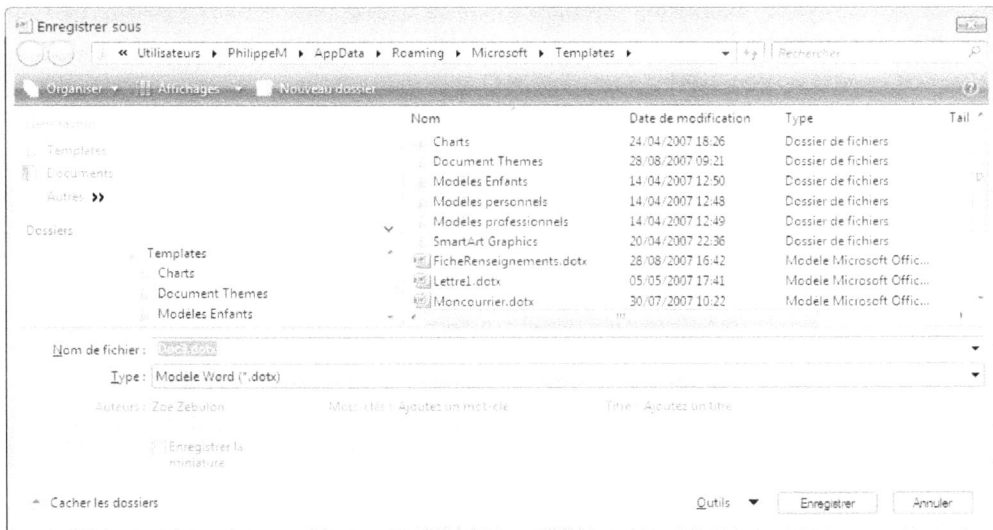

- Dans le dialogue, sous la section **Liens favoris**, cliquez sur le lien *Templates* (ou le dossier des modèles si vous l'avez changé), si vous ne voyez pas ce lien cliquez d'abord sur *Autres>>*, dans la zone <nom de fichier> : saisissez le nom du modèle, puis cliquez sur [OK].

MODIFIER UN MODÈLE

- Cliquez sur le **Bouton Office**, cliquez sur la commande *Ouvrir*, le dialogue *Ouvrir* s'affiche.
- Sous la section **Liens favoris** : cliquez sur le lien *Templates* (ou le dossier des modèles si vous l'avez changé), puis double-cliquez sur le nom du modèle (`.dotx`, `.dotm`).
- Modifiez le modèle puis enregistrez-le

Notez que si vous double-cliquez sur le nom d'un modèle dans la *Fenêtre des dossiers* Windows ou *Poste de travail* de Windows, ce n'est pas le modèle qui sera ouvert mais un nouveau document basé sur le modèle. Pour ouvrir le modèle, cliquez droit sur le nom fichier modèle, puis sur *Ouvrir*.

MODÈLES DE DOCUMENT

MODIFIER LES STYLES DANS LE MODÈLE DU DOCUMENT

Lorsque vous ajoutez ou modifiez un style dans un document, la modification n'est prise en compte par défaut que dans le document. Si vous voulez que le style soit aussi ajouté ou modifié dans le modèle attaché au document, vous devez cocher l'option <⊙ Nouveaux documents basés sur ce modèle> dans le dialogue de modification du style *Modifier le style*.

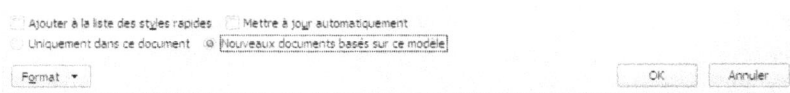

Lorsque vous enregistrerez le document, Word vous demandera si vous voulez aussi enregistrer les modifications apportées au modèle.

UTILISER UN MODÈLE

Pour créer un document basé sur un modèle :

■ Cliquez sur le **Bouton Office**, cliquez sur la commande *Nouveau* qui affiche le dialogue *Nouveau document* permettant de choisir un modèle :

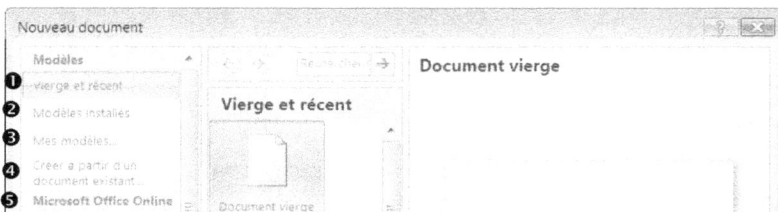

❶ Parmi que vous avez récemment utilisés ainsi que Normal.dotm (document vierge).

❷ Parmi ceux qui sont fournis et installés avec Microsoft Office Word.

❸ Parmi ceux que vous avez créés dans le dossier des modèles.

❹ En prenant simplement comme modèle un document existant.

❺ Sous Microsoft Online vous pouvez sélectionner des modèles à télécharger.

■ Sélectionnez le modèle et validez par [OK] ou [Créer] ou [Télécharger] selon le modèle choisi.

Un nouveau document est créé nommé DocumentN (N étant un numéro de séquence) basé sur le modèle choisi.

Les modèles fournis avec Word comme ceux que vous téléchargez sur Microsoft Online, sont très élaborés, certains contiennent des contrôles de contenus. Vous pouvez vous les approprier, en créant un nouveau document basé sur un de ces modèles et en l'enregistrant en tant que modèle.

Tableaux et calculs

7

INSÉRER UN TABLEAU

Les tableaux servent à aligner des données en colonnes, à créer des formulaires, à positionner des éléments ou des images les uns par rapport aux autres (pages Web, News...).

QUATRE PROCÉDÉS POUR INSÉRER UN TABLEAU

- Onglet **Insertion**>groupe **Tableau**, cliquez sur le bouton **Tableau**.
- Procédez selon une des quatre façons suivantes :
  - ❶ Amenez le pointeur sur la case délimitant le nombre de lignes et de colonnes initiales du tableau (vous pourrez en ajouter d'autres).
  - ❷ Cliquez sur la commande *Insérer un tableau* ...: un dialogue s'affiche vous demandant le nombre de lignes et de colonnes.
  - ❸ Cliquez sur la commande *Dessiner un tableau* pour utiliser l'outil *Crayon*.
  - ❹ Cliquez sur la commande *Tableaux rapides* pour sélectionner dans une galerie un tableau prédéfini contenant des données exemple.

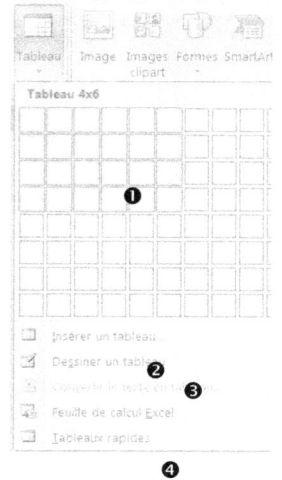

Le tableau créé par les procédés ❶ et ❷, est créé avec une bordure autour de chaque cellule. La largeur du tableau occupe toute la largeur entre les marges et les colonnes ont toutes la même largeur.

Le dialogue Insérer un tableau

- Après avoir cliqué sur la commande *Insérer un tableau...*
- ❶ Spécifiez le nombre de colonnes et de lignes.
- ❷ Choisissez les options d'ajustement automatique de la taille des colonnes et du tableau.

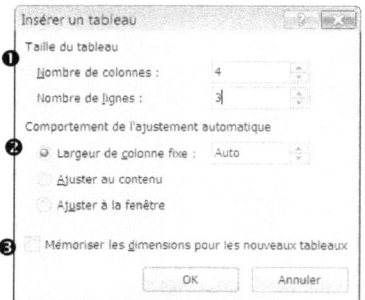

L'option ❸ permet de définir le nombre de lignes et de colonnes comme valeurs par défaut ultérieure du dialogue.

Dessiner un tableau

Ce procédé est le plus adapté pour tracer un tableau plus complexe (qui a des cellules de hauteur différente ou un nombre variable de colonnes par ligne, par exemple). Il peut être complémentaire des autres procédés.

Après avoir cliqué sur la commande *Dessiner un tableau*, le pointeur se transforme en crayon. Faites glisser le crayon en maintenant la pression sur le bouton gauche de la souris pour tracer des cellules, des lignes verticales et horizontales, ou des diagonales de séparation de cellules.

Conseil : définissez d'abord les limites extérieures du tableau en traçant un rectangle. Dessinez ensuite les lignes et les colonnes à l'intérieur du rectangle.

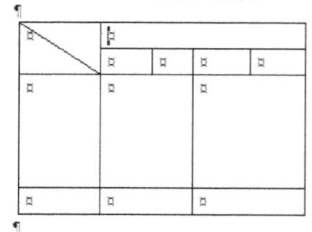

- Pour effacer des lignes :
  transformez le pointeur en gomme en appuyant sur ⇧ tout en utilisant l'outil *Crayon* ou sous l'onglet **Outils de tableau**> groupe **Traçage des bordures** cliquez sur le bouton **Gomme**, puis cliquez avec la *Gomme* sur la bordure à effacer. Vous pouvez reprendre le *Crayon* en cliquant sur le bouton **Dessiner un tableau** sur le Ruban.
- Pour désactiver l'outil *Crayon* ou l'outil *Gomme* :
  Tapez la touche Echap ou cliquez en dehors du tableau.

Les tableaux rapides

- Après avoir cliqué sur la commande *Tableaux rapides,* sélectionnez un tableau prédéfini dans la galerie de tableaux rapides.

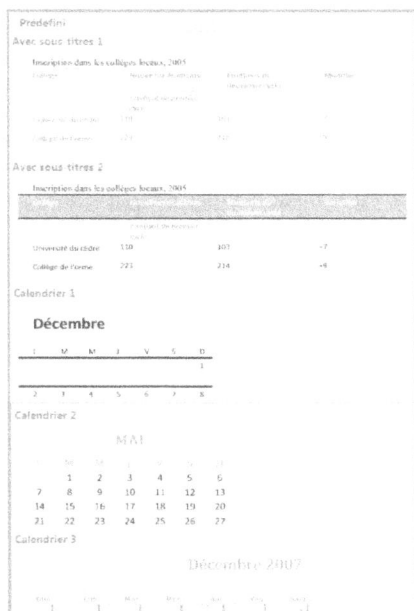

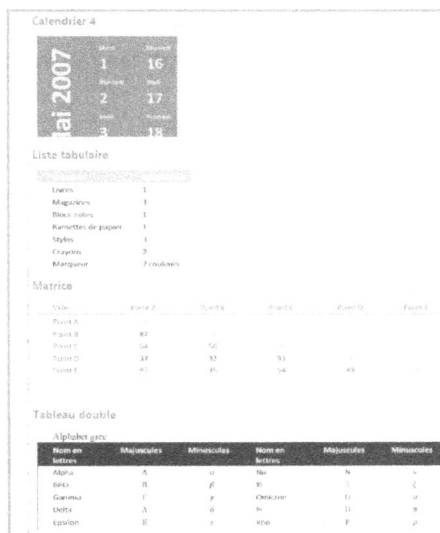

Pour ajouter des tableaux à la galerie des tableaux rapides : après avoir créé et formaté votre tableau, sélectionnez-le puis cliquez sur le bouton **Tableau**, puis sur la commande *Tableaux rapides*. Cliquez sur la commande *Enregistrer la sélection dans la galerie de tableaux rapides...*, nommez le tableau et validez par [OK].

CONVERTIR DU TEXTE EN TABLEAU (ET INVERSEMENT)

Chaque paragraphe de texte contient des données séparées par une virgule ou par une tabulation qui indique où diviser le texte en colonnes. Les marques de paragraphe indiquent où commencer une nouvelle ligne de tableau.

- Sélectionnez le texte à convertir, puis sous l'onglet **Insertion**>groupe **Tableaux**, cliquez sur le bouton **Tableau**, puis sur *Convertir le texte en tableau*, puis dans le dialogue *Convertir le texte en tableau* :
  - Sélectionnez l'option correspondant au caractère de séparation qui figure dans votre texte ❶.
  - Vérifiez le nombre de colonnes ❷ (s'il ne correspond pas à celui attendu, ce peut-être qu'un caractère de séparation est manquant dans une ligne de texte).
  - Modifiez éventuellement l'option d'ajustement automatique ❸.
- Cliquez sur [OK].

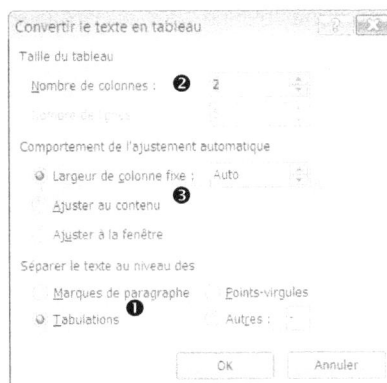

Pour convertir un tableau en texte

- Sélectionnez le tableau, puis sous l'onglet **Outils de tableau/Disposition**>groupe **Données**, cliquez sur le bouton **Convertir en texte**, qui affiche le dialogue *Convertir le tableau en texte*.
- Sélectionnez le séparateur de texte souhaité, puis cliquez sur [OK].

SAISIE ET SÉLECTION DANS UN TABLEAU

SAISIR DES DONNÉES DANS LES CELLULES

- Cliquez dans la cellule pour y placer le point d'insertion et saisissez le texte ou les nombres.
  - ⏎ insère une fin de paragraphe dans la cellule.
  - ⇧ + ⏎ insère une fin de ligne au sein d'un paragraphe dans la cellule.
  - Suppr efface les caractères sélectionnés.

Insérer une tabulation une cellule

On peut utiliser des tabulations dans les cellules, pour avoir par exemple un alignement sur la virgule décimale.

- Sélectionnez la colonne, posez le taquet de tabulation de manière habituelle, par exemple à l'aide de la règle.

Si la cellule contient un taquet de tabulation de type décimal, la donnée numérique saisie dans cette cellule s'alignera automatiquement sur celle-ci. S'il s'agit d'un taquet tabulation d'un autre type, appuyez sur Ctrl + ⇥ pour insérer une tabulation et aligner le texte qui suit.

Placer le point d'insertion

Pour placer le point d'insertion, il suffit de cliquer dans le texte de la cellule. Les touches suivantes permettent aussi de placer le point d'insertion dans une cellule, leur utilisation est quelquefois plus pratique que la souris pour la saisie.

- Alt + ↖ cellule de début de ligne
- Alt + Fin cellule de fin de ligne
- Alt + ⤒ cellule de début de colonne
- Alt + ⤓ cellule de fin de colonne

- ⇥ cellule suivante
- ↓ cellule en dessous
- ⇧ + ⇥ cellule précédente
- ↑ cellule au-dessus

Effacer le contenu de cellules

- Sélectionnez les cellules puis appuyez sur la touche Suppr.

SÉLECTIONNER DES CELLULES

Sélectionner avec la souris

Une cellule	Cliquez sur le bord gauche de la cellule.
Une plage de cellules	Faites glisser le pointeur sur les cellules.
Une colonne	Cliquez sur la bordure supérieure de la colonne ou ⇧+clic du bouton droit de la souris.
Une ligne	Cliquez dans la marge à gauche de la ligne.
Plusieurs plages, lignes ou colonnes	Maintenez appuyée la touche Ctrl et sélectionner plusieurs plages disjointes de cellules, de lignes, ou de colonnes.
Tout le tableau	Amenez le pointeur sur l'angle supérieur gauche du tableau, la poignée de déplacement apparaît ⊞, cliquez dessus.

Sélectionner avec l'outil Sélectionner sur le Ruban

- Cliquez sur la cellule, la colonne ou la ligne à sélectionner.
- Onglet **Outils de tableau/Disposition**>groupe **Tableau**, cliquez sur le bouton **Sélectionner**, puis choisissez la sélection.

LARGEUR DES COLONNES, HAUTEUR DES LIGNES

AJUSTEMENT AUTOMATIQUE DES LARGEURS DE COLONNE

Ajustement automatique entre les marges

Lorsqu'un tableau est créé, les colonnes sont de largeur égale sauf si vous avez utilisé l'outil *Crayon*. Le tableau occupe tout l'espace entre les marges, sauf si vous avez spécifié une largeur fixe de colonne par la commande *Insérer un tableau*.

Si après avoir inséré ou supprimé des colonnes, vous voulez que le tableau occupe à nouveau tout l'espace entre les marges : sous l'onglet **Outils de tableau/Disposition**>groupe **Taille de la cellule**, cliquez sur le bouton **Ajustement automatique** puis sur la commande *Ajustement automatique de la fenêtre*.

Ajustement automatique au contenu

Dans un tableau que vous venez de créer, les colonnes sont de tailles égales mais si vous saisissez dans une cellule un libellé plus long la colonne s'élargit, elle s'ajuste au contenu des cellules.

Pour éviter cet ajustement au contenu : cliquez sur le bouton **Ajustement automatique**, puis sur *Largeur de colonne fixe* avant de saisir les textes.

Pour revenir à l'ajustement automatique : cliquez sur le bouton **Ajustement automatique**, puis sur *Ajustement automatique du contenu*. Les largeurs de colonnes se réduisent alors toutes selon le contenu des cellules.

Cette option se trouve aussi dans le dialogue *Propriétés du tableau* que vous ouvrez en cliquant sur le lanceur du groupe **Taille de cellules**, puis sous l'onglet *Tableau*, cliquez sur [Options], et décochez/cochez l'option <☐ Redimensionner automatiquement pour ajuster au contenu>.

REDIMENSIONNER LA LARGEUR DES COLONNES

Fixer la mesure de largeur avec l'outil du Ruban

■ Sélectionnez la ou les colonnes, puis sous l'onglet **Outils de tableau/Disposition**>groupe **Taille de cellule**, dans la zone <Tableau Largeur de colonne> ❶ : saisissez une mesure exacte ou utilisez les flèches pour augmenter ou diminuer cette valeur (ici 2,7 cm).

Redonner la même largeur fixe à toutes les colonnes

■ Cliquez dans le tableau, puis cliquez sur le bouton ⊟ **Distribuer les colonnes** ❷ le tableau conserve sa largeur les largeurs de colonnes sont égales.

Glisser les marques de colonne sur la règle horizontale

Quand le curseur se trouve dans un tableau, la règle affiche des marques de colonne : amenez le pointeur sur la marque de colonne à droite de la colonne à dimensionner, il se transforme en ↔ :

– Faites glisser la marque : les autres colonnes conservent leur largeur, la largeur du tableau s'ajuste en conséquence.

– Faites glisser la marque avec ⇧ appuyée : la largeur de la colonne à droite s'ajuste, les autres colonnes conservent leur largeur. Le tableau conserve sa largeur.

– Faites glisser la marque avec Ctrl appuyée : les largeurs de toutes les colonnes de droite s'ajustent dans une proportion identique. Le tableau conserve sa largeur.

Si vous appuyez sur la touche Alt quand vous faites glisser une marque, la règle affiche les mesures exactes des largeurs de colonne :

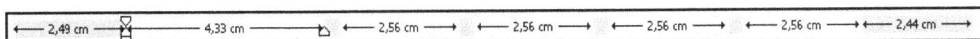

LARGEUR DES COLONNES, HAUTEUR DES LIGNES

Glisser la bordure droite d'une cellule de la colonne

- Placez le pointeur sur le bord droit d'une colonne à redimensionner, il se transforme en ◄╫► :
- Faites glisser la bordure : seule la largeur de la colonne de droite s'ajuste, les autres colonnes conservent leur largeur. Le tableau conserve sa largeur.
- Faites glisser la bordure avec ⇧ appuyée : les autres colonnes conservent leur largeur, la largeur du tableau s'ajuste en conséquence.
- Faites glisser la bordure avec Ctrl appuyée : les largeurs des colonnes de droite s'ajustent dans une proportion identique. Le tableau conserve sa largeur.

REDIMENSIONNER LA HAUTEUR DES LIGNES

Ajustement automatique

La hauteur de ligne s'ajuste toujours à une hauteur automatique de façon à afficher tout le contenu des cellules de la ligne. Vous pouvez faire varier la hauteur de ligne au-delà de cette hauteur automatique (mais pas la diminuer en-deçà sauf via le dialogue *Propriétés du tableau*).

Si par l'un des quatre procédés suivants vous essayez de fixer une hauteur de ligne inférieure à la hauteur automatique, c'est la hauteur automatique qui est prise.

Fixer la mesure de hauteur avec l'outil du Ruban

- Sélectionnez la ou les lignes, puis sous l'onglet **Outils de tableau/Disposition**>groupe **Taille de cellule**, dans la zone <Tableau Hauteur de ligne> ❶ : spécifiez une mesure exacte (ici 0,7 cm).

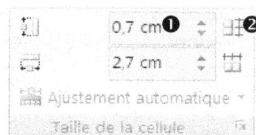

Fixer la même hauteur à toutes les lignes du tableau

- Cliquez dans le tableau, puis cliquez sur le bouton ▦ *Distribuer les lignes* ❷
  Toutes les lignes adoptent la plus haute hauteur automatique d'entre elles.

Glisser les marques de ligne de tableau dans la règle verticale

En affichage *Page*, quand le point d'insertion se trouve dans un tableau, la règle verticale affiche des marques de ligne de tableau :

- Amenez le pointeur la marque du bas de la ligne à redimensionner en hauteur faites glisser la marque vers le haut ou vers le bas.

Si vous appuyez sur la touche Alt quand vous faites glisser une marque, la règle verticale affiche les mesures exactes des hauteurs de ligne.

Glisser la bordure du bas d'une cellule de la ligne

- Placez le pointeur sur la bordure inférieure d'une ligne à redimensionner, il se transforme en ↨, faites glisser vers le haut ou vers le bas.

REDIMENSIONNER LE TABLEAU ENTIER

- Amenez le pointeur sur l'angle inférieur droit, il se transforme en une double flèche, faites glisser en diagonale pour redimensionner le tableau.

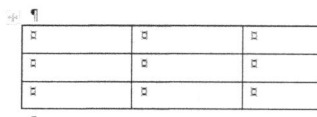

Les hauteurs des lignes et les largeurs des colonnes s'ajustent dans la même proportion.

AVEC LE DIALOGUE PROPRIÉTÉS DU TABLEAU

- Onglet **Outils de tableau/Disposition**>groupe **Taille de la cellule**, cliquez sur le **lanceur** du groupe, le dialogue *Propriétés du tableau* s'affiche : vous pouvez fixer les hauteurs de chaque ligne (en cm, fixe ou minimale), les largeurs de chaque colonne (en pourcentage ou en cm), et la largeur du tableau (en pourcentage ou en cm).

SUPPRIMER ET INSÉRER DES LIGNES/COLONNES

SUPPRIMER

- La façon la plus simple est la touche Ret.Arr : sélectionner les cellules à supprimer, les cellules, les lignes, les colonnes ou le tableau entier, puis appuyez sur la touche Ret.Arr.

- Une autre façon est le bouton ⊠ **Supprimer**, sous l'onglet **Outils de Tableau/Disposition**>groupe **Lignes et Colonnes**.

- Pour supprimer des cellules : sélectionnez la ou les cellules à supprimer, cliquez sur le bouton **Supprimer**, puis sur la commande *Supprimer les cellules...* Spécifiez s'il faut <⊙ Décaler les cellules vers la gauche> ou <⊙ Décaler les cellules vers le haut>.

- Pour supprimer des lignes : sélectionnez les lignes à supprimer, cliquez sur Le bouton **Supprimer**, puis sur la commande *Supprimer les lignes*.

- Pour supprimer des colonnes : sélectionnez la ou les colonnes à supprimer, cliquez sur le bouton **Supprimer**, puis sur la commande *Supprimer les colonnes*.

- Pour supprimer le tableau : placez le curseur dans le tableau, cliquez sur le bouton **Supprimer**, puis sur la commande *Supprimer le tableau...*

- La troisième façon est la commande contextuelle : sélectionner les cellules, cliquez droit sur la sélection, puis sur la commande contextuelle *Supprimer les cellules*.

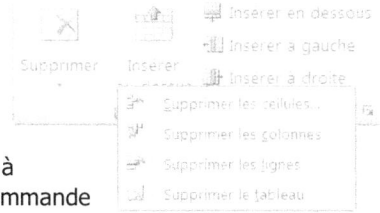

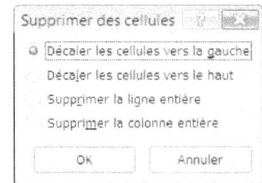

INSÉRER

Pour insérer des cellules, des lignes et des colonnes, utilisez les boutons de l'onglet **Outils de tableau/Disposition**> groupe **Lignes et colonnes** ou les commandes du menu contextuel.

Insérer des lignes

- Sélectionnez une ou plusieurs lignes qui occupent l'emplacement où vous souhaitez insérer des lignes (il sera inséré autant de lignes que vous en avez sélectionnées), puis

- Cliquez sur l'un des boutons ▦ **Insérer au-dessus** ou ▦ **Insérer en dessous**, ou

- Cliquez droit sur la sélection, puis sur la commande contextuelle *Insérer*, puis sur l'une des commandes *Insérer des lignes au-dessus* ou *Insérer des lignes en dessous*.

Insérer des colonnes

- Sélectionnez une ou plusieurs colonnes qui occupent l'emplacement où vous souhaitez insérer des lignes (il sera inséré autant de colonnes que vous en avez sélectionnées), puis

- Cliquez sur l'un des boutons ▥ **Insérer à gauche** ou ▥ **Insérer à droite**, ou

- Cliquez droit sur la sélection, puis sur la commande contextuelle *Insérer*, puis sur l'une des commandes *Insérer des colonnes à gauche* ou *Insérer des colonnes à droite*.

Insérer des cellules

- Sélectionnez la plage des cellules qui occupent l'emplacement où vous souhaitez insérer des cellules, puis

- Cliquez sur le **lanceur ❶** du groupe **Lignes et colonnes**, ou cliquez droit sur la sélection puis sur *Insérer*, puis sur la commande *Insérer des cellules...*, le dialogue *Insérer des cellules* s'affiche.

- Sélectionnez l'option de décalage des cellules vers la droite ou vers le bas, cliquez sur [OK].

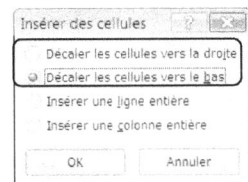

POSITIONNER UN TABLEAU ENTIER

Par défaut, un tableau créé est inséré dans le texte au point d'insertion. Vous pouvez le déplacer ou le copier à un autre emplacement. Vous pouvez lui donner un autre alignement centré ou à droite.

- En affichage *Page*, cliquez dans le tableau afin de faire apparaître la poignée de déplacement, puis
- Pour déplacer le tableau : faites glisser la poignée à l'emplacement voulu.
- Pour effectuer une copie : appuyez sur [Ctrl] en faisant glisser la poignée du tableau à l'emplacement voulu.

ÉLÉMENTS	NÉCESSAIRES
Livres¤	1¤
Magazines¤	3¤
Blocs-notes¤	1¤
Ramettes de papier¤	1¤
Stylos¤	3¤

COPIER OU DÉPLACER DES CONTENUS DE CELLULES

- Sélectionnez les cellules, les lignes ou les colonnes, puis
- Pour déplacer : faites glisser la sélection jusqu'à son nouvel emplacement, ou effectuez un Couper (cliquez sur le bouton ✂ ou [Ctrl]+X) /Coller (cliquez sur le bouton ou [Ctrl]+V).
- Pour copier : maintenez la touche [Ctrl] appuyée tout en faisant glisser la sélection jusqu'au nouvel emplacement, ou effectuez un Copier (cliquez sur le bouton ou [Ctrl]+C)/Coller (cliquez sur le bouton ou [Ctrl]+V).

FUSIONNER ET FRACTIONNER

Utilisez sous l'onglet **Outils de tableau/Disposition**>groupe **Fusionner**, les boutons **Fusionner les cellules** ou **Fractionner les cellules**, ou sous l'onglet **Outils de tableau/Création**>groupe **Traçage des bordures**, les boutons **Gomme** et **Dessiner un tableau**.

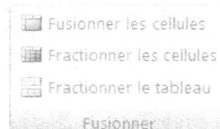

	Fusionner les cellules
	Fractionner les cellules
	Fractionner le tableau
	Fusionner

Fusionner des cellules

- Sélectionnez les cellules à fusionner, cliquez sur le bouton **Fusionner les cellules**, ou cliquez sur le bouton **Gomme** cliquez sur la bordure séparant deux cellules à fusionner.

Les contenus fusionnés dans une même cellule sont séparés par une fin de paragraphe.

Fractionner des cellules

- Sélectionnez les cellules à fractionner, cliquez sur le bouton **Fractionner les cellules**, un dialogue vous demande le nombre de lignes ou de colonnes de fractionnement. Avec l'option ❶ active, les cellules sélectionnées sont fusionnées avant d'être fractionnées selon le nombre de colonnes/lignes. Si vous désactivez cette option, chaque cellule de la sélection est fractionnée selon le nombre de colonnes/lignes. Ou,

Fractionner des cellules
Nombre de colonnes : 4
Nombre de lignes : 1
❶ ☑ Fusionner les cellules avant de fractionner
OK   Annuler

- Cliquez sur le bouton **Dessiner un tableau**, tracez une séparation horizontale ou verticale au sein de la cellule à fractionner.

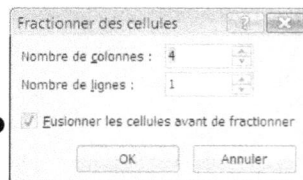

Si une cellule à fractionner contient des données, ces données sont placées dans la première cellule obtenue par fractionnement.

Fractionner un tableau

- Placez le point d'insertion dans une cellule de la ligne qui sera la première du second tableau, puis cliquez sur le bouton **Fractionner le tableau** ou [Ctrl]+[⇧]+[↵].

Fusionner deux tableaux

- Supprimez tous les paragraphes entre les deux tableaux.

MISE EN FORME DES CELLULES D'UN TABLEAU

BORDURES ET TRAME DE FOND

Pour appliquer des bordures et une trame :

- Sélectionnez d'abord les cellules que vous voulez voir avec des bordures ou une trame, puis sous l'onglet **Outils de tableau**/**Création**>groupe **Styles de tableau**, cliquez sur la flèche déroulante du bouton **Trame de fond ❶** ou **Bordures ❷** pour afficher la galerie.

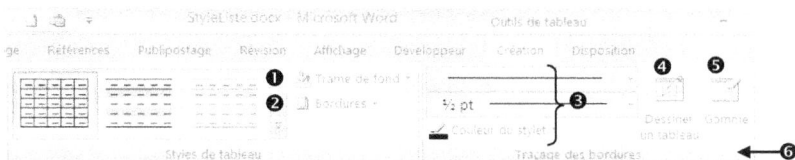

Si vous souhaitez appliquer directement la dernière bordure ou trame appliquée précédemment, il suffit de cliquer simplement sur le bouton sans afficher la galerie.

- Sélectionnez dans la galerie, la vignette de la bordure ou de la trame que vous voulez appliquer.

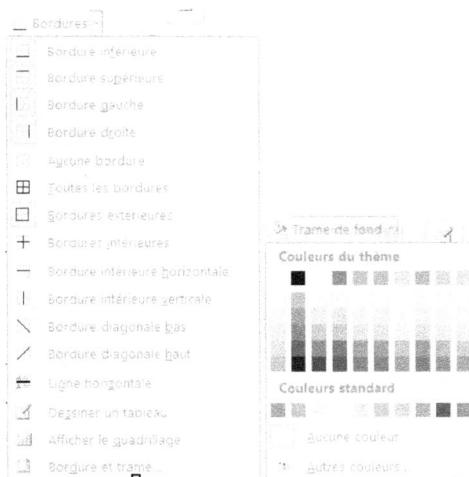

Vous pouvez aussi utiliser les outils du groupe **Traçage des bordures**.

❸ Sélectionnez le style de tracé, l'épaisseur et la couleur, ensuite

❹ Pour créer une bordure : cliquez sur l'outil *Dessiner un tableau*, puis cliquez sur les bordures de cellule à créer (le pointeur a la forme d'un *Crayon*).

❺ Pour effacer une bordure, cliquez sur l'outil *Gomme*, puis cliquez sur la bordure (le pointeur a la forme d'une *Gomme*).

Vous pouvez aussi cliquer sur la commande *Bordure et trame...* au bas du menu déroulant du bouton **Bordures**, ou sur le **lanceur** du groupe **Traçage des bordures ❻**.

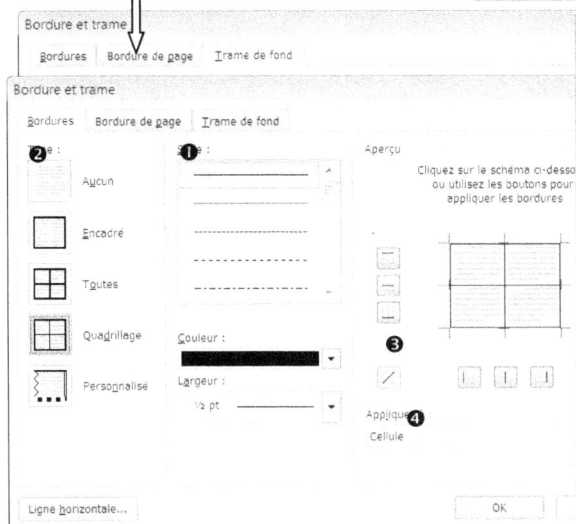

Sous l'onglet **Bordures** :

❶ Sélectionnez un style de bordure, la couleur et la largeur (épaisseur).

❷ Cliquez sur un type de bordure.

❸ Les boutons dans l'aperçu permettent d'effacer ou d'ajouter une bordure latérale ou de tracer une diagonale.

❹ La zone <Appliquer à> permet d'appliquer les choix aux cellules ou à tout le tableau.

Sous l'onglet **Trame de fond** :
Sélectionnez la couleur du fond, la transparence ou la trame.

MISE EN FORME DES CELLULES D'UN TABLEAU

POLICE DE CARACTÈRE ET FORMAT DE PARAGRAPHE

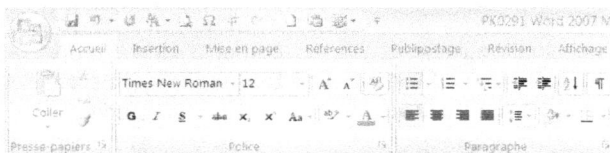

Police de caractère

■ Sélectionnez les cellules, puis sous l'onglet **Accueil**>groupe **Police** utilisez les boutons ou le dialogue *Police* ou les raccourcis clavier (voir *Mise en forme des caractères*, page 38).

Vous pouvez aussi ne formater que certains caractères du contenu d'une cellule, il suffit de sélectionner seulement ces caractères avant leur mise en forme.

Format de paragraphe

Pour mettre en forme des paragraphes de texte d'une cellule :

■ Sélectionnez le ou les paragraphes (si vous sélectionnez les cellules elles-mêmes, tous les paragraphes contenus dans ces cellules seront formatés), puis sous l'onglet **Accueil**>groupe **Paragraphe** utilisez les boutons ou le dialogue *Paragraphe* ou les raccourcis clavier (voir *Mise en forme des paragraphes*, page 41).

Pour aligner sur la virgule des nombres décimaux en colonne dans un tableau, posez un taquet de tabulation décimale à la position voulue de la virgule décimale (voir *Tabulations*, page 44).

MARGES, ORIENTATION, ALIGNEMENT, ESPACEMENT DES CELLULES

■ Onglet **Outils de tableau/Disposition**>groupe **Alignement**.

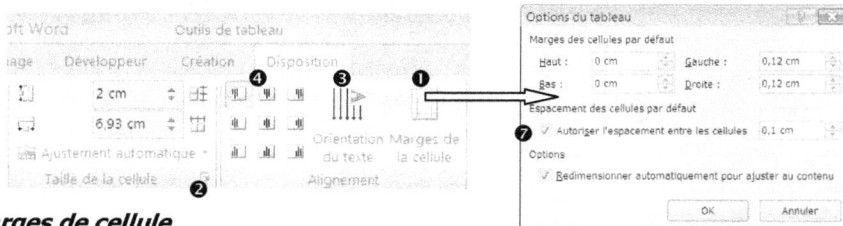

Marges de cellule

■ Cliquez sur le bouton ❶ **Marges de la cellule**, les valeurs que vous spécifiez ici sont les valeurs de marge par défaut à l'intérieur de toutes les cellules du tableau.

– Pour modifier les valeurs de marge de cellules sélectionnées, cliquez sur le lanceur ❷ du groupe **Taille de la cellule**, puis dans le dialogue *Propriétés du tableau* sous l'onglet *Cellule*, cliquez sur [Options...], dans le dialogue *Options des cellules* désactivez l'option ❺ et spécifiez les valeurs de marges ❻.

L'orientation et l'alignement

L'orientation et l'alignement déterminent la disposition du contenu de la cellule.

■ Sélectionnez les cellules, puis

– Cliquez sur le bouton **Orientation du texte** ❸ plusieurs fois jusqu'à obtenir l'orientation voulue (horizontal/vertical vers le haut/vertical vers le bas).

– Cliquez sur le bouton d'alignement voulu ❹, le contenu peut être aligné verticalement en haut/au milieu/en bas de la cellule, et horizontalement à gauche/au centre/à droite de la cellule.

Espacement entre les cellules

■ Pour espacer les cellules, cochez l'option ❼ et spécifiez une valeur d'espacement.

STYLES DE TABLEAU

Vous pouvez mettre en forme un tableau entier en appliquant un style de tableau. Il devient possible de modifier de façon homogène l'aspect de tous les tableaux d'un même style qui sont dans le document en modifiant simplement le style de tableau.

De plus, les couleurs et les polices utilisées dans les styles peuvent être celles des jeux de couleur et les jeux de polices, ainsi vous pouvez coordonner les couleurs des tableaux avec celles des titres du document lorsqu'elles sont déterminées par le thème.

APPLIQUER UN STYLE DE TABLEAU

- Cliquez dans le tableau, puis sous l'onglet **Outils de tableau/Création**.

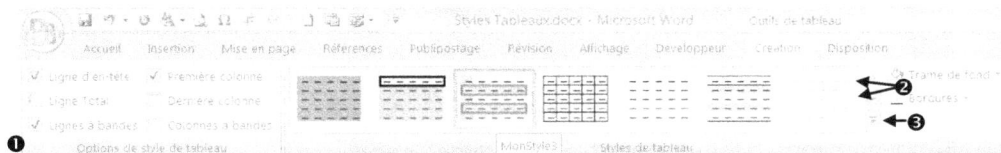

Lorsque vous amenez le pointeur sur une des vignettes de style, le nom du style apparaît dans une infobulle. Les styles personnalisés que vous avez créés sont présentés en premier.

- Dans le groupe **Options de style de tableau ❶**, les options cochées servent à améliorer la lisibilité du tableau mis en forme avec les styles prédéfinis. Ces options influencent l'aperçu des styles dans les vignettes : aspect différent les premières lignes d'en-tête, dernière ligne prévue pour les totaux, première colonne et dernière colonne, lignes et colonnes à bande.
- Faites défiler les rangées de la galerie avec les flèches haut et bas ❷ jusqu'à voir la vignette du style que vous voulez appliquer, cliquez sur la vignette pour appliquer le style.

Vous pouvez aussi cliquer droit sur la vignette du style, puis cliquer sur une des commandes contextuelles *Appliquer (et effacer la mise en forme)* ou *Appliquer et conserver la mise en forme*.

Afficher la galerie plus complète

- Cliquez sur la flèche déroulante ❸ pour afficher une plus grande partie de la galerie, dans ce cas les styles sont regroupés sous des sections :
- **Personnalisé** : les styles de tableau que vous avez créés.
- **Tableaux simples** : le style *Grille de tableau* (style intégré modifiable) qui est initialement le style par défaut de tout nouveau tableau créé.
- **Prédéfini** : les styles prédéfinis fournis par Word.

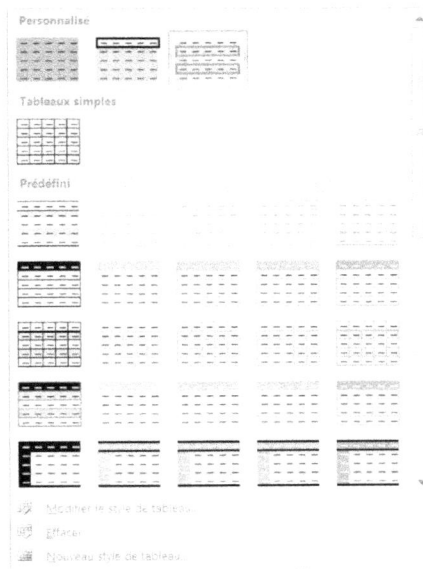

Au bas de cette galerie des styles de tableau se trouvent des commandes pour :

- modifier le style du tableau en cours,
- effacer le style du tableau en cours,
- créer un nouveau style de tableau.

CRÉER UN STYLE DE TABLEAU

- Cliquez sur le bouton [≛] *Nouveau style* au bas du volet *Styles*, le dialogue *Créer un style* s'affiche : dans la zone <Type de style> : sélectionnez *Tableau*.

Si la fenêtre *Styles* n'est pas visible, affichez-la en cliquant sur le lanceur de styles qui se trouve sous l'onglet **Accueil**>groupe **Styles**.

STYLES DE TABLEAU

- Cliquez dans un tableau, sous l'onglet **Outils de tableau/Création**>groupe **Styles de tableau**, cliquez sur la flèche déroulante ⚏ de la galerie des styles, puis cliquez sur la commande *Nouveau style de tableau*.... située au bas de la galerie.

Le dialogue *Créer un style à partir de la mise en forme* s'affiche :

- Saisissez le nom du style, dans <Style basé sur> : choisissez un style de tableau par défaut c'est le style *Tableau normal* (style intégré non modifiable).

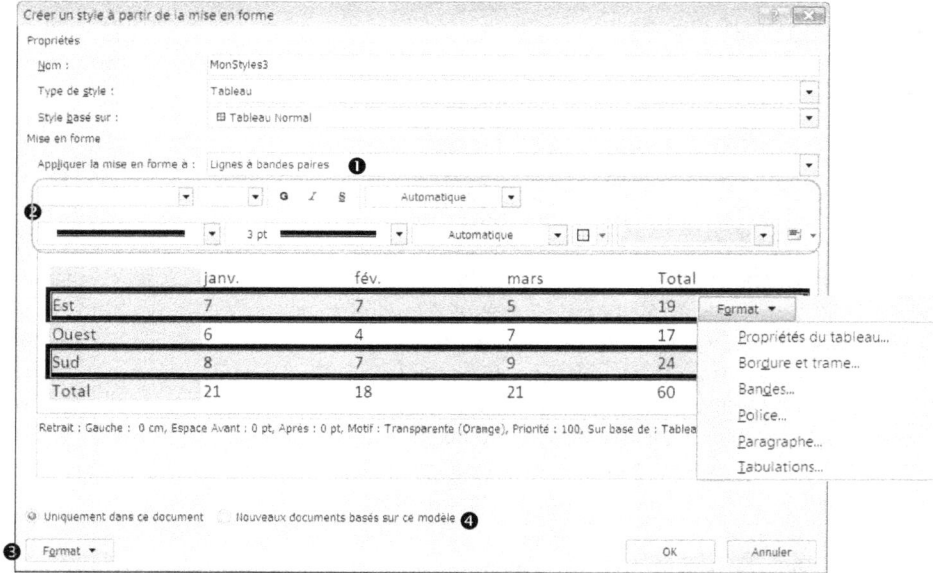

- Sélectionnez dans cette zone ❶ tour à tour les éléments du tableau pour lesquels vous voulez définir une mise en forme, puis choisissez les options ❷ : la police, la taille, les attributs (Gras, Italique, Souligné), l'alignement dans la cellule, les bordures (style, épaisseur, couleur et type de bordure) ou cliquez sur le bouton [Format] ❸ pour accéder à toutes les options.
- L'option ❹ permet d'enregistrer le nouveau style de tableau dans le modèle du document de façon à avoir accès à ce style dans tous les futurs documents basés sur ce modèle.
- Cliquez sur [OK] pour valider la création du style.

MODIFIER UN STYLE DE TABLEAU

- Cliquez dans un tableau doté du style à modifier, cliquez sur l'onglet **Outils de tableau/Création**>groupe **Styles de tableau**. Cliquez sur la flèche déroulante ⚏ de la galerie des styles, cliquez sur la commande *Modifier le style du tableau*.... située au bas de la galerie.
- Le dialogue *Modifier le style* s'affiche, faites les modifications, validez par [OK].

Dans la galerie, la vignette du style du tableau en cours est mis en évidence, vous pouvez aussi modifier le style en cours ou même un autre style sans l'appliquer en cliquant droit sur la vignette du style, puis sur la commande contextuelle *Modifier le style de tableau*.

- Pour supprimer un style de tableau, cliquez droit sur une vignette du style à supprimer, puis sur la commande contextuelle *Supprimer le style*.

Style par défaut

Le style par défaut est initialement *Grille de tableau*, mais vous pouvez définir un autre style par défaut parmi vos styles personnalisés ou les styles prédéfinis de Word :

- Cliquez droit sur la vignette du style dans la galerie, puis sur la commande *Définir par défaut*.

FRACTIONNEMENT ET TRI D'UN TABLEAU

Répéter les en-têtes de colonne sur plusieurs pages

Si un tableau s'étend sur plusieurs pages, vous pouvez faire en sorte que les en-têtes de colonnes soient répétés sur chaque page à l'impression. À l'écran, les en-têtes répétés s'afficheront comme tels uniquement en affichage *Page*.

- Sélectionnez la ou les lignes des en-têtes de colonnes (la sélection doit inclure la première ligne du tableau), sous l'onglet **Outils de tableau/Disposition**>groupe **Données**, cliquez sur le bouton **Répéter les lignes d'en-tête**.

Remarque : Word répète automatiquement les en-têtes sur les pages consécutives à chaque saut de page automatique, mais pas si vous insérez un saut de page manuel dans un tableau.

Contrôle du Fractionnement d'un tableau

La division des cellules sur plusieurs pages est autorisée par défaut

Si un saut de page automatique se produit à l'intérieur d'un paragraphe de texte dans une cellule, Word autorise par défaut la division de la cellule entre les deux pages.

Empêcher les lignes du tableau d'être fractionnées sur deux pages

- Cliquez dans le tableau, sous **Outils de tableau/Disposition**>groupe **Tableau**, cliquez sur le bouton **Propriétés**, puis cliquez sur l'onglet *Ligne*, désactivez la case à cocher <☐ Autoriser le fractionnement des lignes sur plusieurs pages>.

Vous pouvez empêcher le fractionnement pour certaines cellules seulement en rendant solidaires les paragraphes de ces cellules (voir *Utiliser le dialogue Paragraphe*, page 41). Vous pouvez aussi forcer un saut de page à l'intérieur du texte d'une cellule : cliquez dans la ligne à l'endroit où vous souhaitez voir commencer sur la page suivante, appuyez sur ⌗Ctrl⌗+⌗↵⌗.

Tri dans un tableau

- Cliquez dans le tableau ou sélectionnez une plage de cellules, puis sous l'onglet **Outils de tableau/Disposition**>groupe **Données** cliquez sur le bouton **Trier** :

Vous pouvez utiliser trois clés de tri, et pour chaque clé vous choisissez le type de tri (*Texte* / *Numérique* / *Date*) et l'ordre de tri (*Croissant* ou *Décroissant*).

Si votre tableau comporte une ligne d'en-tête, vous ne devez pas inclure cette ligne dans les données à trier, vérifiez que l'option <⊙ Oui> sous la rubrique **Ligne d'en-tête** est cochée.

Avec le bouton [Options...], vous pouvez :

- Trier des colonnes indépendamment des autres à condition d'avoir sélectionné les colonnes avant de cliquer sur le bouton *Trier* : cochez pour cela l'option <☑ Colonnes seulement>.
- Indiquer le séparateur (tabulation, point-virgule, virgule...), lorsque la clé est une colonne contenant plusieurs champs séparés par le même séparateur (par exemple, `Prénom;Nom`), vous indiquerez dans la zone <Utilisant> : le champ à trier (par exemple, `Nom`).

CALCULER DANS UN TABLEAU

PRÉCAUTIONS SUR LA SAISIE DES NOMBRES

Si vous voulez saisir des nombres avec un espace séparateur de milliers, il faut utiliser un espace insécable Ctrl + ⇧ + Espace, sinon les calculs sur ces nombres seront erronés.

On a déjà vu aussi que pour aligner sur la virgule des nombres décimaux en colonne, il faut poser un taquet de tabulation décimale dans toutes les cellules de la colonne.

FORMULE AVEC UNE FONCTION

- Placez le point d'insertion dans la cellule située à droite de la ligne contenant les valeurs (ou sous la colonne contenant les valeurs).
- Onglet **Outils de tableau/Disposition**> groupe **Données**, cliquez sur le bouton **Formule**.

  fx Formule, le dialogue *Formule* s'affiche avec par défaut la formule =SUM(LEFT) (ou =SUM(ABCVE)) qui fait la somme des cellules situées à gauche (ou des cellules situées au-dessus).

- – Vous pouvez sélectionner une autre fonction dans la zone déroulante <Insérer la fonction>, par exemple AVERAGE (moyenne), COUNT (comptage), MAX (maximum), MIN (minimum), ROUND (arrondi).
- – Le format par défaut est le format numérique dans Windows, vous pouvez choisir un autre format dans la zone <Format>.
- Validez par [OK] pour entrer la formule dans la cellule.

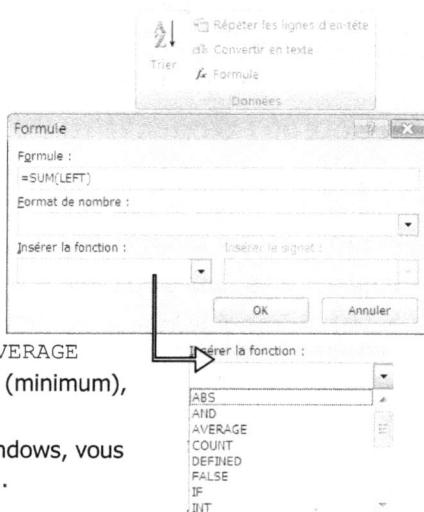

Remarque : les formules de calcul sont des champs, si les valeurs sont modifiées dans le tableau les calculs ne sont pas mis à jour automatiquement. Il faut recalculer les champs : sélectionnez les cellules avec formule et appuyez sur F9.

FORMULES FAISANT RÉFÉRENCE À DES CELLULES

Les colonnes sont identifiées par des lettres (A, B...) et les lignes par des chiffres (1, 2...). On appelle B3 la référence à la cellule de la troisième ligne de la deuxième colonne. On utilise les opérateurs suivants : + addition – soustraction * multiplication / division

- Cliquez sur la cellule E2, cliquez sur le bouton **Formule** *fx Formule*. Dans la zone <Formule> : saisissez =C2*D2 ou =PRODUCT(C2;D2), choisissez le format *# ##0,00* puis cliquez sur [OK].
- Cliquez sur la cellule F2 devant afficher le résultat, cliquez sur le bouton *fx Formule*. Dans la zone de formule saisissez =E2*1,055, choisissez le format *# ##0,00* puis cliquez sur [OK].
- Saisissez les formules semblables dans les lignes 3 et 4.

Réf¤	Titre¤	PrixUnit¤	Quant¤	PrixHT¤	PrixTTC¤
TS0073¤	Linux Administration¤	40¤	4¤	160,00¤	168,80¤
TS0075¤	Oracle SQL¤	55¤	3¤	165,00¤	174,08¤
TS0066¤	Config dépannage PC¤	49¤	6¤	294,00¤	310,17¤

Une fonction utilise comme arguments des cellules qui contiennent les valeurs :

- – Une plage de cellules est représentée par les références de la première et de la dernière cellule, les deux références étant séparées par deux points : AVERAGE(A1:A10).
- – Plusieurs cellules disjointes sont représentées par leurs références, séparées par un point-virgule : AVERAGE(A1;C2;E3).

MODIFIER UNE FORMULE

- Cliquez dans la cellule, puis sur le bouton *fx Formule*, modifiez la formule, le format, puis [OK].

INSÉRER UN TABLEAU EXCEL

Les possibilités de calcul dans un tableau Word sont limitées, il peut donc être utile d'insérer un tableau Excel dans le document Word. Pour conserver les fonctionnalités d'Excel, il faut soit incorporer un tableau Excel dans le document Word soit faire un lien vers un tableau d'un classeur Excel. Si vous copiez-collez simplement un tableau Excel, il se transforme en un tableau Word.

COPIER/COLLER UN TABLEAU EXCEL

- Ouvrez le document Word et la feuille de calcul Excel contenant le tableau.
- Basculez vers le classeur Excel contenant le tableau, sélectionnez la plage de cellules, sous l'onglet **Accueil**>groupe **Presse-papiers** cliquez sur le bouton **Copier** ou Ctrl+C.
- Basculez vers le document Word, placez le point d'insertion à l'endroit où le tableau doit être inséré, sous l'onglet **Accueil**>groupe **Presse-papiers**, cliquez sur le bouton **Coller** ou Ctrl+V.

Les données du tableau Excel sont placées dans un tableau Word.

INCORPORER UN TABLEAU EXCEL

Créer un tableau Excel incorporé

- Onglet **Insertion**>groupe **Tableau**, cliquez sur le bouton **Tableau**, puis sur la commande *Feuille de calcul Excel*.

Un objet Excel actif, contenant un classeur Excel est incorporé à votre document, les outils Excel remplacent les outils Word dans le ruban. Pour voir plus ou moins de cellules de la feuille de calcul, vous pouvez redimensionner l'objet Excel en faisant glisser les poignées de redimensionnement.

- Créez et mettez en forme le tableau avec les commandes et les outils d'Excel.

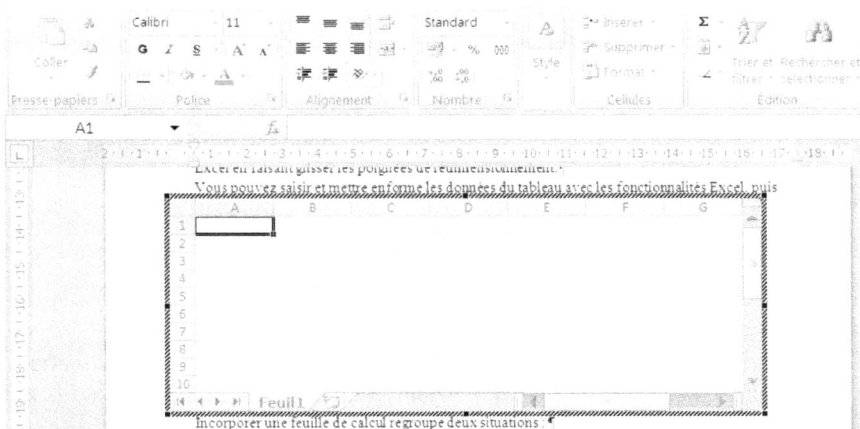

- Cliquez en dehors du tableau pour terminer.

Le tableau incorporé n'est pas lié à l'original et est enregistré avec le document sous la forme d'un champ {EMBED}. C'est tout un classeur Excel qui est intégré dans le document Word et pas seulement le tableau.

Incorporer un tableau Excel existant

- Ouvrez le classeur Excel, sélectionnez la plage de cellules, sous l'onglet **Accueil**>groupe **Presse-papiers** cliquez sur le bouton **Copier** ou Ctrl+C.
- Basculez vers le document Word, placez le point d'insertion à l'endroit où le tableau doit être inséré, sous l'onglet **Accueil**>groupe **Presse-papiers**, cliquez sur la flèche sous le bouton **Coller** puis sur *Collage spécial*, puis sélectionnez dans la zone <En tant que> : *Feuille Microsoft Office Excel Objet*. Cliquez sur [OK].

Modifier un tableau incorporé

- Double-cliquez dans le tableau, la feuille de calcul apparaît dans l'objet et les outils Excel remplacent les outils Word dans le ruban, modifiez le tableau, puis cliquez en dehors du tableau pour terminer, ou
- Cliquez droit sur l'objet Excel, puis sur la commande *Objet Feuille de calcul*, puis sur *Ouvrir*, Excel est lancé dans une véritable fenêtre Excel et non dans l'objet à l'intérieur du document Word, effectuez vos modifications, pour terminer, fermez le classeur Excel.

Les modifications sont prises en compte dans le document Word.

INSÉRER UN TABLEAU EXCEL LIÉ

Lorsqu'un objet Excel est lié, les informations ne peuvent être mises à jour qu'en modifiant le fichier source. Les données liées sont stockées dans le fichier source ; le document Word ne stocke que l'emplacement du fichier source et affiche une représentation des données liées. Utilisez des objets liés pour ne pas grossir la taille du fichier Word ou si vous souhaitez inclure des tableaux mis à jour de façon indépendante. Le tableau source doit avoir été créé et enregistré.

Insérer un tableau Excel lié

- Ouvrez le classeur, sélectionnez la plage de cellules à transférer dans Word, sous l'onglet **Accueil**>groupe **Presse-papiers** cliquez sur le bouton **Copier** ou Ctrl+C.
- Basculez vers le document Word, placez le point d'insertion à l'endroit où le tableau doit être inséré, sous l'onglet **Accueil**>groupe **Presse-papiers**, cliquez sur le bouton **Coller**, puis
- Cliquez sur le bouton de collage qui est apparu en bas à droite du tableau, cliquez sur l'une des deux commandes du bas du menu contextuel.

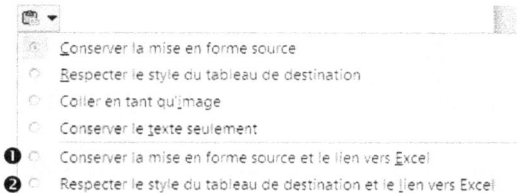

❶ La liaison porte sur les données et la mise en forme source.

❷ La liaison porte seulement sur les données source, la mise en forme est celle de Word.

Les données d'un tableau lié ne sont pas enregistrées dans le document, elles figurent sous la forme d'un champ {LINK} qui affiche une représentation des données.

Mise à jour des liaisons

Par défaut, les objets liés sont automatiquement mis à jour : Word actualise les informations liées à chaque ouverture du fichier Word ou à chaque modification apportée au fichier Excel source lorsque le fichier Word est ouvert.

Vous pouvez modifier les paramètres des objets liés individuels ou les options de Word pour empêcher leur mise à jour ou n'autoriser que les mises à jour manuelles. Dans ce cas :

- Lorsque vous ouvrez un document contenant des objets liés, vous êtes invité à mettre à jour le document avec les données provenant des fichiers liés.
- Pour mettre à jour manuellement un objet lié : cliquez sur le **Bouton Office**, cliquez sur *Préparer*, puis sur *Modifier les liens d'accès aux fichiers*. Cliquez sur le lien que vous souhaitez mettre à jour manuellement, puis sous **Mettre à jour la méthode du lien sélectionné**, cliquez sur *Mise à jour manuelle* (raccourci clavier Ctrl+⇧+F7).
- Pour verrouiller un lien : cliquez sur le **Bouton Office**, puis sur *Préparer*. Cliquez sur *Modifier les liens d'accès aux fichiers*, cliquez sur le lien dont vous souhaitez empêcher la mise à jour, puis, sous **Mettre à jour la méthode du lien sélectionné**, activez la case à cocher <☑ Verrouillé> (raccourci clavier F11 et Ctrl+⇧+F11 pour déverrouiller).

Images et dessins

8

INSÉRER UNE IMAGE OU UN CLIPART

On peut illustrer un document en y insérant des images, des photos ou des cliparts que l'on positionnera ensuite dans le texte (habillage). Ces images peuvent provenir de diverses sources : extraites d'un document existant ou d'une page Web, un fichier image enregistré, de la bibliothèque multimédia, ou produite par un scanneur ou appareil photo connecté à l'ordinateur.

INSÉRER UNE IMAGE OU UN CLIPART

Insérer une image d'un autre document ou d'une page Web

Le document contenant l'image à récupérer peut être au format Word, mais aussi dans un autre format, par exemple une présentation PowerPoint ou une page Web.

- Ouvrez dans son application d'origine le document contenant l'image, cliquez droit sur l'image, puis sur la commande contextuelle *Copier*.
- Basculez vers le document Word, placez le point d'insertion où l'image doit être insérée, sous l'onglet **Accueil**>groupe **Presse-papiers**, cliquez sur le bouton **Coller** ou Ctrl+V.

Insérer une image à partir d'un fichier

- Onglet **Insertion**>groupe **Illustration**, cliquez sur le bouton **Image**, ❶ choisissez le dossier contenant le fichier image, ❷ sélectionnez le fichier image et cliquez sur [Insérer] ou double-cliquez sur le fichier image (vous pouvez filtrer les fichiers image ❸).

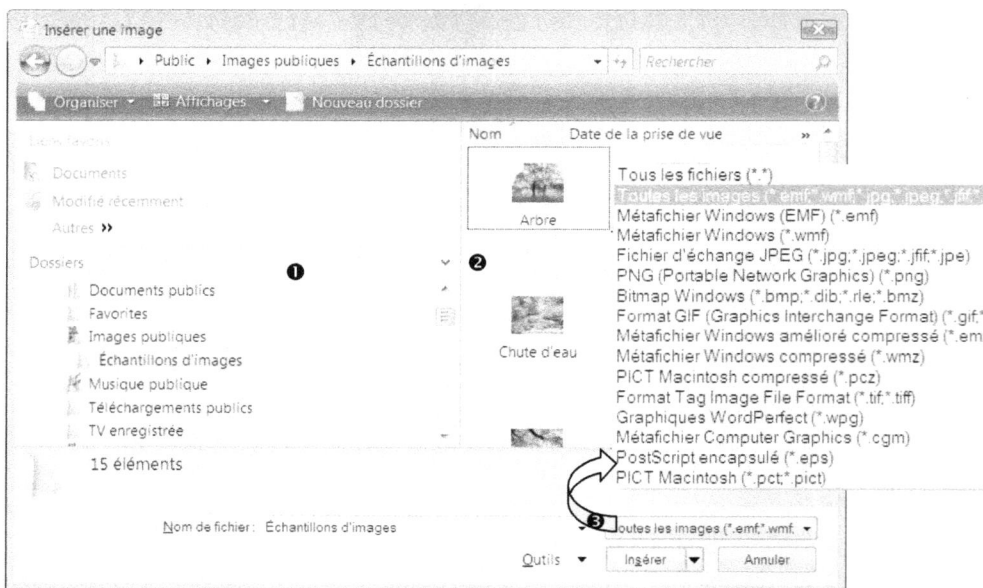

Insérer une image à partir d'un scanneur/appareil photo

Vous devez passer par la bibliothèque multimédia pour numériser une image et l'insérer comme dans le document Word.

- Onglet **Insertion**>groupe **Illustrations**, cliquez sur le bouton **Images clipart** pour ouvrir le volet *Images clipart*, puis cliquez sur Organiser les clips... situé au bas de la fenêtre. Dans la fenêtre *Bibliothèque multimédia Microsoft*, cliquez sur les commandes Fichier>Ajout de clips dans la bibliothèque multimédia>À partir d'un scanner ou d'un appareil photo.

Insérer un clipart

Les images clipart et autres clips (photographies, films et sons) sont rangés dans la bibliothèque multimédia, et organisés dans des collections avec des mots-clés associés pour les retrouver.

© Eyrolles/Tsoft – Word 2007 Initiation

INSÉRER UNE IMAGE OU UN CLIPART

- Onglet **Insertion**>groupe **Illustrations**, cliquez sur le bouton **Images clipart** pour ouvrir le volet *Images clipart*, dans la zone <Rechercher>❶ , saisissez un mot-clé pouvant être associé à l'image voulue, cliquez sur [OK].

Les vignettes des images trouvées s'affichent dans la fenêtre ❷.

- Cliquez droit sur la vignette de l'image à insérer dans le document, ou cliquez sur la flèche à droite de la vignette, puis sur *Copier*, ensuite cliquez le point d'insertion dans le document et collez le contenu du Presse-papiers.

- Vous pouvez élargir la recherche aux collections Web sur Internet, (dont fait partie Microsoft Online) en cochant la case devant la collection dans la zone <Rechercher dans>❸.

- Vous pouvez éliminer de la recherche certains types de clips en décochant l'option dans la zone <Les résultats devraient être>❹.

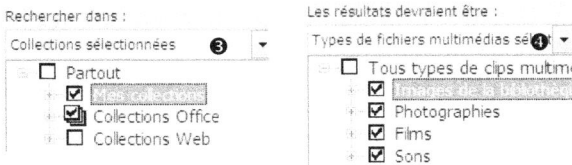

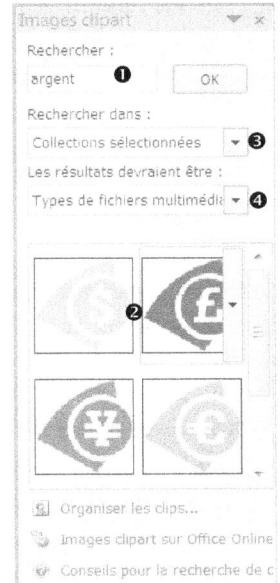

Les mots-clés sont essentiels pour retrouver les clips que vous voulez utiliser. Des mots-clés existent initialement pour chaque clip, pour ajouter, supprimer ou modifier des mots-clés associés à un clip, cliquez droit sur le clip, puis sur la commande *Modifier les mots-clés...*

LA BIBLIOTHÈQUE MULTIMÉDIA

La bibliothèque multimédia organise les photos, les cliparts et autres fichiers multimédia dans des collections séparées. La première fois que vous ouvrez la bibliothèque multimédia, vous pouvez la laisser rechercher les fichiers multimédia sur votre ordinateur.

La bibliothèque multimédia ne copie, ni ne déplace les fichiers sur votre ordinateur, elle les laisse à leur emplacement d'origine et crée des raccourcis vers les fichiers dans ses dossiers de collections. Ces raccourcis servent à afficher l'aperçu d'un fichier, d'ouvrir ou d'insérer celui-ci sans avoir à vous rendre à son emplacement d'installation.

- Cliquez sur <u>Organiser les clips...</u> situé au bas du volet *Images clipart.*
- Cliquez sur le signe + qui précède *Collections Office* pour ouvrir la liste des collections, cliquez sur une collection pour voir les images de la collection dans le volet droit de la fenêtre.

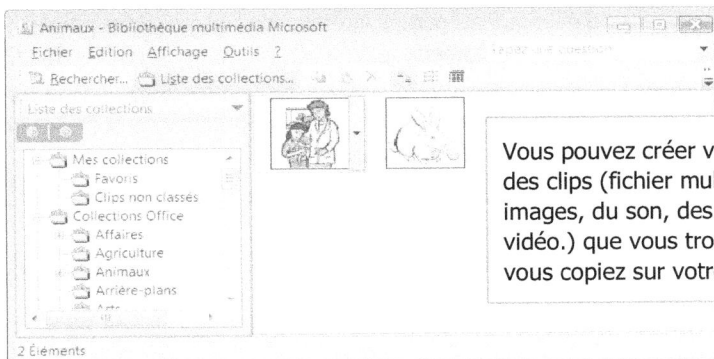

> Vous pouvez créer vos collections, ajouter des clips (fichier multimédia comprenant des images, du son, des animations ou une vidéo.) que vous trouvez sur Internet ou que vous copiez sur votre ordinateur.

INSÉRER UNE IMAGE OU UN CLIPART

METTRE EN FORME UNE IMAGE OU UN CLIPART

- Cliquez sur l'image à mettre en forme, puis utilisez les outils du Ruban sous l'onglet contextuel **Outils Image/Format**.

Utiliser les styles d'image

Un style d'image regroupe des effets d'images, de bord de l'image et de forme de l'image.

- Pour appliquer un style prédéfini, cliquez sur la vignette du style d'image dans la galerie, la flèche déroulante ❶ sert à agrandir la fenêtre de la galerie.

Vous pouvez affiner directement ces effets à l'aide des boutons ❷ du groupe **Styles d'image**.

Ajuster la luminosité, le contraste et les couleurs

- Onglet **Outils Image/Format**>groupe **Ajuster**, utilisez les boutons ❸ :
- **Luminosité** : pour augmenter ou réduire la luminosité des couleurs.
- **Contraste** : pour augmenter ou réduire le contraste des couleurs.
- **Recolorier** : pour recolorier l'image afin de lui donner un ton particulier.

Régler la compression

Les images sont compressées par défaut au moment de l'enregistrement du document, mais vous pouvez gérer différemment la compression :

- Onglet **Outils Image/Format** >groupe **Ajuster**, cliquez sur le bouton **Compresser les images**.

Le dialogue vous permet de compresser tout de suite sans attendre l'enregistrement toutes les images ou uniquement celles sélectionnées.

- [Options...] pour changer les réglages : pour ne pas effectuer une compression automatique lors de l'enregistrement, ou pour que les zones rognées ne soient pas supprimées (afin de pouvoir les restaurer) ou pour augmenter la compression selon la sortie cible.

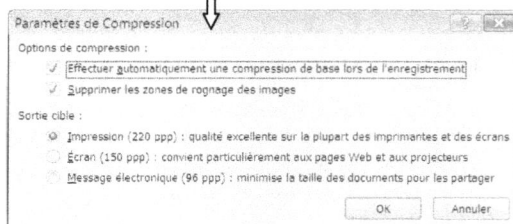

Rogner

Le rognage consiste à supprimer une ou plusieurs parties latérales de l'image. Vous pouvez rogner une photo ou un clipart mais pas une forme automatique.

- Onglet **Outils Image/Format** >groupe **Taille**, cliquez sur le bouton **Rogner** ⌐┐, le curseur se transforme en outil de rognage et des poignées de rognage apparaissent autour de l'image.
- Faites glisser les poignées pour rogner la partie de l'image.
- Pour rogner ensemble de façon égale deux cotés opposés : maintenez ⌜Ctrl⌟ appuyée en faisant glisser une poignée de l'un de ces côtés.
- Pour rogner ensemble de façon égale les quatre cotés : maintenez ⌜Ctrl⌟ appuyée en faisant glisser une des poignées d'angle.
- Pour terminer, cliquez à nouveau sur le bouton ⌐┐ **Rogner** ou ⌜Echap⌟ ou cliquez dans le texte.

INSÉRER UN WORDART

Un objet WordArt est un graphique représentant un effet décoratif sur un texte, par exemple un texte avec une ombre ou en miroir.

INSÉRER UN OBJET WORDART

- Sélectionnez le texte à convertir en objet WordArt ou placez le point d'insertion à l'endroit où vous voulez insérer l'objet WordArt.
- Onglet **Insertion**>groupe **Texte**, cliquez sur le bouton **WordArt** pour afficher la galerie.

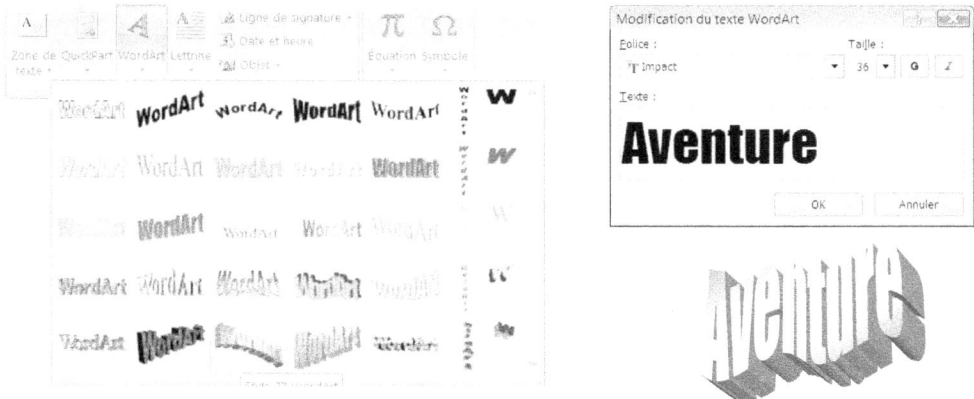

- Cliquez sur la vignette WordArt proche de ce que vous voulez obtenir.
- Dans le dialogue *Modifier le texte WordArt* : saisissez le texte s'il n'a pas été sélectionné avant, modifiez la police, la taille, le style des caractères.
- Cliquez sur [OK] pour insérer l'objet WordArt.

L'objet WordArt est inséré à l'endroit du point d'insertion ou à la place du texte sélectionné.

MODIFIER UN OBJET WORDART

- Double-cliquez sur l'objet WordArt, l'onglet contextuel **Outils WordArt/Format** s'affiche :

- Les boutons du groupe **Texte** ❶
    - **Modifier le texte** : ouvre une fenêtre pour saisir des modifications du texte.
    - **Espacement** : permet d'agrandir l'espacement entre les caractères.
    - **Hauteur égale** : met tous les caractères majuscules et minuscules à la même hauteur.
    - **Texte vertical WordArt** : sert à inverser l'orientation verticale et horizontale.
    - **Aligner le texte** : sert à modifier l'alignement si le texte contient plusieurs lignes.
- Les boutons du groupe **Styles WordArt** ❷
- Pour choisir un autre style WordArt : cliquez sur la vignette dans la galerie, puis affinez avec :
    - **Remplissage de forme** pour la couleur des caractères, un dégradé ou une texture.
    - **Modifier la forme** pour modifier la forme générale du WordArt.
- Les outils du groupe **Effets d'ombre** ❸ servent à modifier le style, la couleur de l'ombre.
- Les outils **Effets 3D** ❹ permettent de faire toutes les rotations possibles en 3D.
- Les outils du groupe **Organiser** ❺ servent à définir la position exacte et l'habillage par le texte.
- Les outils du groupe **Taille** ❻ permettent de spécifier une mesure en cm de Hauteur et Largeur.

INSÉRER UN SMARTART

Un objet SmartArt est une représentation graphique d'une idée, d'un concept, d'un processus, etc. Il existe sept types de SmartArt : Liste, Processus, Cycle, Hiérarchie, Relation, Matrice ou Pyramide.

INSÉRER UN OBJET SMARTART

- Onglet **Insertion**>groupe **Illustrations**, cliquez sur le bouton **SmartArt**.

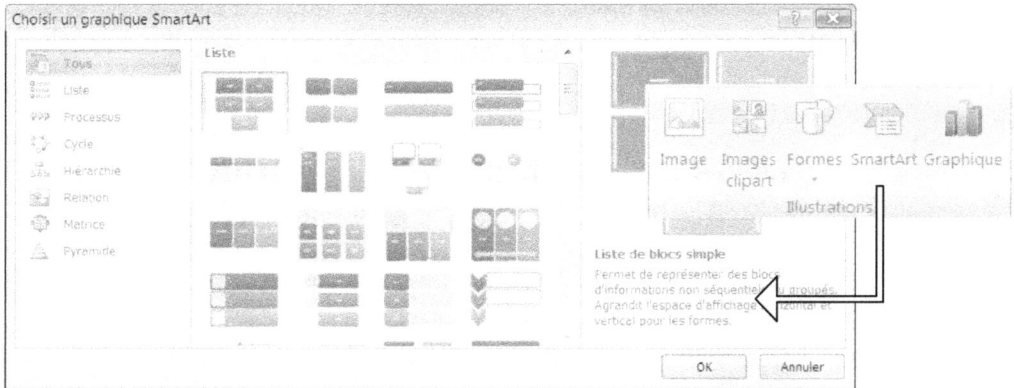

- Cliquez sur une vignette dans la galerie et lisez le descriptif dans la partie droite du dialogue avant insérer le SmartArt choisi, cliquez sur [OK] pour insérer.

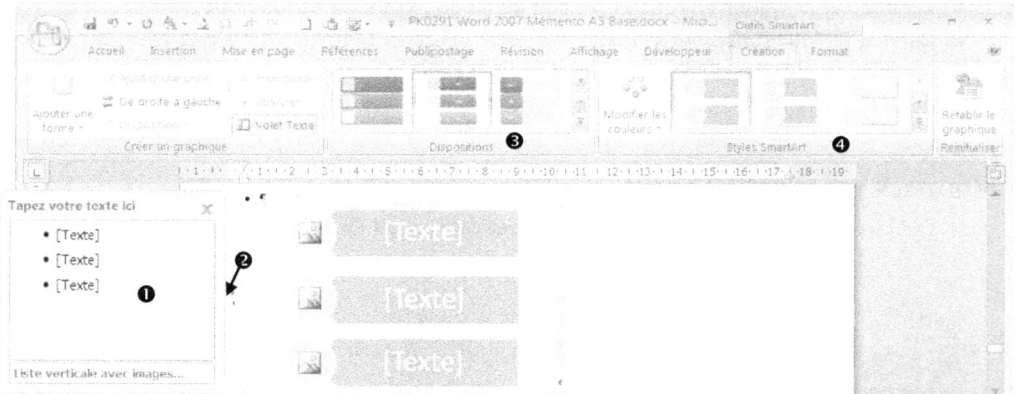

- Saisissez les textes dans les zones [Texte] ou dans le volet *Texte* ❶.
  Vous pouvez fermer le volet texte en cliquant sur sa case de fermeture, et l'ouvrir à nouveau en cliquant sur les flèches situées sur le bord gauche ❷ de l'objet SmarArt lorsqu'il est sélectionné.

MODIFIER UN SMARTART

Un SmartArt est constitué de plusieurs formes, vous pouvez modifier un SmartArt dans son ensemble, vous pouvez aussi modifier, ajouter ou supprimer des formes.

Modifier l'ensemble du SmartArt : la disposition ou les couleurs

- Double-cliquez sur le SmartArt, cliquez sur l'onglet **Outils SmartArt/Création**, les outils de formatage du SmarArt s'affichent sur le ruban :
- Les outils du groupe **Disposition** ❸ permettent de choisir une autre disposition dans la galerie
- Les outils du groupe **Styles SmartArt** ❹ permettent de choisir un autre style ou de changer les couleurs, vous pouvez appliquer à un SmartArt les couleurs figurant dans les couleurs de thème.

INSÉRER UN SMARTART

Sélectionner une forme (ou plusieurs) d'un SmartArt

■ Cliquez sur la forme jusqu'à ce qu'elle soit entourée du rectangle de sélection.
Vous pouvez sélectionner plusieurs formes en appuyant sur la touche Ctrl.

Ajouter une forme

■ Sélectionnez la forme à côté de laquelle vous souhaitez ajouter la nouvelle forme, puis sous l'onglet **Outils SmartArt/Création**>groupe **Créer un graphique**, cliquez sur la flèche du bouton **Ajouter une forme**. Choisissez la commande pour ajouter la forme au même niveau et après la forme sélectionnée, ou à un niveau au-dessus ou en-dessous.

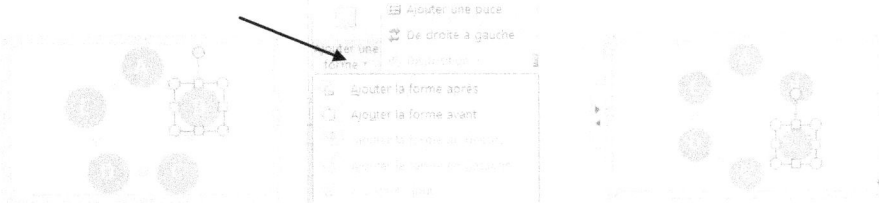

Supprimer une forme

■ Cliquez sur la forme, puis appuyez sur Suppr.

Modifier l'aspect d'une forme

■ Sélectionnez une forme ou plusieurs dont vous voulez modifier l'aspect, puis sous l'onglet **Outils SmartArt/Format**>groupe **Styles de forme ❶**.

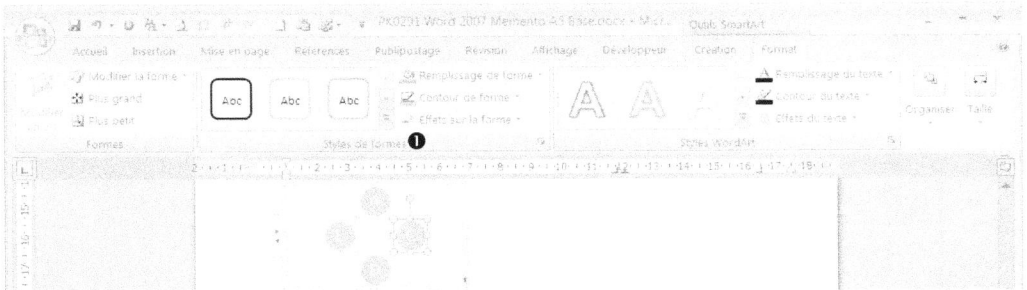

Ces outils vous permettent de modifier la couleur de remplissage, le contour, les effets 3D, mais il est conseillé de ne pas en abuser pour conserver l'homogénéité d'ensemble du SmartArt.

Modifier les textes

■ Ouvrez le volet texte :
- Cliquez sur les flèches sur le bord de l'objet SmarArt ❶ lorsqu'il est sélectionné, ou
- Onglet **Outils SmartArt/Création**>groupe **Formes** cliquez sur le bouton **Volet Texte**.

Selon la disposition du graphique SmartArt choisie, chaque puce du volet *Texte* est représentée dans le graphique SmartArt par une nouvelle forme ou par une puce à l'intérieur d'une forme.

INSÉRER DES ZONES DE TEXTE

INSÉRER UNE ZONE DE TEXTE

- Onglet **Insertion**>groupe **Texte**, cliquez sur le bouton **Zone de texte**. Cliquez dans la galerie sur la vignette de la zone de texte prédéfinie.

Une zone de texte prédéfinie a un positionnement prévu, mais une fois créée vous pouvez la déplacer.

Le contenu prédéfini des zones de texte est un texte de remplissage à remplacer par votre propre texte.

Vous pouvez aussi insérer une zone de texte vide, en cliquant sur la commande ❶ *Dessiner une zone de texte*, le pointeur se transforme en +. Tracez un cadre sur la page à l'endroit où vous voulez placer la zone de texte, puis saisissez le texte dans la zone.

METTRE FORME UNE ZONE DE TEXTE

Le texte saisi dans une zone de texte est par défaut en style Normal, vous pouvez appliquer un autre style, vous pouvez aussi formater directement les paragraphes et les caractères.

Modifier l'orientation du texte

- Onglet **Outils zone de texte/Format**>groupe **Texte**, cliquez sur ▤ **Orientation du texte**.

Modifier les marges intérieures, l'alignement vertical

- Cliquez droit sur la bordure de la zone de texte, puis sur la commande contextuelle *Format de la zone de texte*, cliquez sur l'onglet *Zone de texte*.

LIER DES ZONES DE TEXTE

Lorsque plusieurs zones de texte sont liées, le texte d'une zone trop petite se poursuit automatiquement dans la zone liée suivante.

- Cliquez dans la première zone puis sous l'onglet **Outils zone de texte/Format**>groupe **Texte**, cliquez sur le bouton **Créer un lien**, ou cliquez droit sur la bordure de la zone puis sur la commande contextuelle *Créer un lien entre les zones de texte.*
- Le pointeur s'est transformé en un pichet, cliquez sur la zone suivante à lier, et ainsi de suite.
- Saisissez le texte dans la première zone, lorsque la zone est remplie, le texte se poursuit dans la zone liée suivante.

Pour rompre une liaison avec la zone suivante

- Cliquez dans la zone, puis sous l'onglet **Outils zone de texte/Format**>groupe **Texte**, cliquez sur le bouton **Rompre la liaison**, ou cliquez droit sur la bordure de la zone puis sur la commande contextuelle *Annuler la liaison de transfert.*

INSÉRER DES DESSINS (FORMES)

Un dessin est constitué d'une ou plusieurs formes que vous avez tracées, qui peuvent être regroupées et rendues indissociables.

INSÉRER DES FORMES AUTOMATIQUES

- Onglet **Insertion**>groupe **Illustration**, cliquez sur **Formes**.
- Amenez le pointeur sur la forme pour afficher sa description dans une info bulle.
- Cliquez sur la forme choisie, le pointeur se transforme en +, faites glisser le pointeur dans le document pour tracer de dessin.
  - Pour obtenir des formes parfaites : carrés, cercles, triangle isocèle…, maintenez la touche ⇧ appuyée en traçant.
  - Pour obtenir des formes homothétiques par rapport au centre du dessin, maintenez Ctrl appuyée en traçant le dessin.

Si au lieu de tracer le dessin vous cliquez simplement dans la page, le dessin est créé avec une taille standard, que vous pouvez modifier ensuite.

AJUSTER ET DIMENSIONNER UNE FORME

- Cliquez sur le dessin, un contour de sélection apparaît autour du dessin, avec des poignées d'ajustement (losange jaune) pour certaines formes et des poignées de dimensionnement (carrés et ronds bleu).

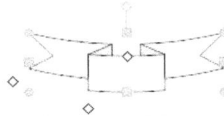

LES TRACÉS DE LIGNES SUR MESURE

Trois outils permettent de tracer des lignes sur mesure :

☐ **Courbe** : cliquez sur le bouton, puis cliquez dans la page puis déplacez le pointeur. Pendant le tracé, cliquez à chaque point de courbure, terminez par un double-clic.

☐ **Forme libre** : cliquez sur le bouton, puis cliquez dans la page, puis déplacez le pointeur. Pendant le tracé chaque clic crée un angle, terminez par un double-clic (vous pouvez passer temporairement en *Dessin à main levée* en maintenant la pression sur le bouton de la souris).

☐ **Dessin à main levée** : cliquez sur le bouton, cliquez dans la page et maintenez le bouton gauche de la souris enfoncé. Le pointeur se transforme en crayon, faites glisser le crayon, le tracé est totalement libre, terminez en relâchant le bouton de la souris.

Pour modifier un tracé de ligne réalisé avec ces trois outils :

- Cliquez droit sur la forme, puis sur la commande contextuelle *Modifier les points*, ou Onglet **Outils de dessin/Format**>**Insérer des formes**, cliquez sur le bouton ⋰ **Modifier les points**, puis sur la commande *Modifier les points*.

Des points carrés noirs sont disposés sur le tracé à chaque angle ou point de courbure.
  - Pour déplacer un point : faites glisser le point à déplacer.
  - Pour insérer un point : cliquez et faites glisser le long d'un segment à l'endroit voulu.
  - Pour supprimer un point : appuyez sur Ctrl en cliquant sur le point.

Chaque segment entre deux points est soit droit, soit courbe. Cliquez droit sur un segment pour modifier le type de segment.
Chaque point peut être lisse, symétrique ou point d'angle, ou point automatique, cliquez droit sur le point pour changer le type de point.

INSÉRER DES DESSINS

UTILISER LES ZONES DE DESSIN

Une zone de dessin est recommandée si vous souhaitez inclure plusieurs formes pour constituer une illustration. Vous placez dans une zone de dessin les formes que vous voulez regrouper, déplacer, redimensionner ensemble, ou bien relier par des connecteurs. La zone de dessin permet aussi de rendre les parties de votre dessin indissociables, par exemple, si vous souhaitez créer un organigramme :

- Onglet **Insertion**>groupe **Illustrations**, cliquez le bouton **Formes**, puis sur la commande *Nouvelle zone de dessin*.

Une zone vierge est créée présentant uniquement ses délimitations. Dans cette zone, vous pouvez insérer des dessins et d'autres objets graphiques.

- Pour placer une forme dans la zone : copiez la forme dans le presse-papiers, cliquez droit sur la zone puis sur la commande contextuelle *Coller*.
- Pour redimensionner la zone : cliquez sur la zone, et faites glisser un délimiteur.
- Pour ajuster une zone à son contenu : cliquez droit dans la zone, puis sur la commande *Ajuster*.
- Pour réduire ou agrandir l'ensemble des dessins dans la zone dans la même proportion : cliquez droit dans la zone, puis sur la commande *Mettre le dessin à l'échelle*, faites glisser les poignées de redimensionnement.

UTILISER DES CONNECTEURS

Un connecteur est un trait qui se termine par des points de connexion et qui reste connecté aux formes auxquelles vous l'attachez. Il existe trois types de connecteurs : droits, en angle et en arc. Lorsque vous déplacez des formes reliées par des connecteurs, ceux-ci restent attachés et se déplacent avec ces formes.

Attention : les connecteurs ne fonctionnent que dans une zone de dessin.

- Deux formes au moins ayant été créées dans une zone de dessin.
- Dans la liste des formes automatiques, sous la rubrique *Lignes* choisissez la ligne qui servira de connecteur.
- Amenez le pointeur sur la première forme, cliquez sur un des points de connexion (couleur bleue) qui sont apparus, puis amenez le pointeur sur l'autre forme. Cliquez sur un point des points de connexion (couleur bleue) qui sont apparus sur la deuxième forme.

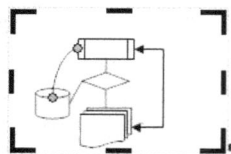

Lorsque vous amenez le pointeur sur une forme, les connecteurs non rattachés s'affichent sous la forme de points ronds bleus, les connecteurs rattachés sont des points ronds rouges.

Si vous avez réorganisé les formes, vous devrez peut-être replacer certains connecteurs pour qu'ils suivent le trajet le plus direct et ne traversent pas d'autres formes. Vous pouvez les modifier à la souris, mais cela se fait plus facilement par une commande :

- Onglet **Outils de dessin**/**Format**>groupe **Insérer des forme**s, cliquez sur le bouton **Modifier la forme**, puis sur la commande *Rediriger les connecteurs*.

METTRE DU TEXTE SUR UNE FORME

Vous pouvez insérer du texte sur toute forme :

- Cliquez droit sur la forme, puis sur la commande contextuelle *Ajouter du texte*, ou Onglet **Outils de dessin**/**Format**>groupe **Insérer des formes**, cliquez sur le bouton **Modifier le texte ❶**.
- Saisissez le texte

Le texte fait partie intégrante de la forme, il se déplace et il pivote avec la forme.

INSÉRER DES DESSINS

MODIFIER L'ASPECT D'UNE FORME

- Double-cliquez sur la forme, les outils de l'onglet **Outils de dessin**/**Format** apparaissent sur le Ruban.

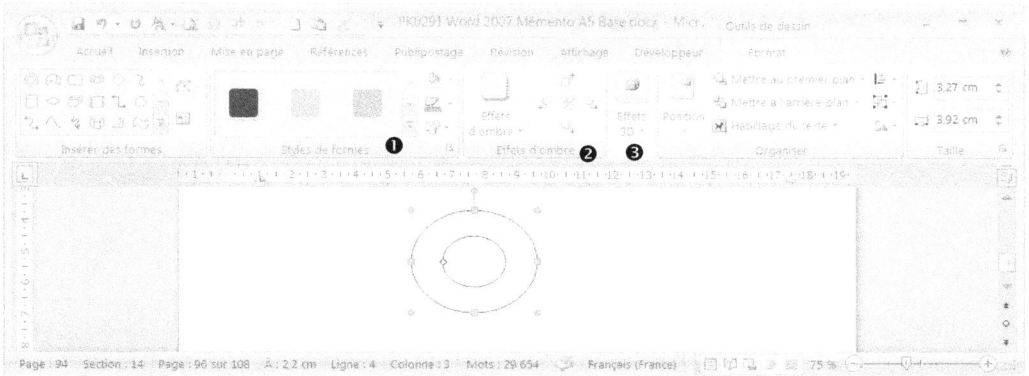

Utilisez les styles de formes

- Cliquez sur la forme dont vous souhaitez modifier l'aspect.
  Vous pouvez sélectionner plusieurs formes en cliquant sur les formes avec Ctrl appuyée.
- Dans le groupe **Styles de formes ❶**, sélectionnez un style dans la galerie. Le style est un ensemble d'attributs de remplissage, de contour et d'ombre. Vous pouvez ensuite affiner l'aspect avec les outils Remplissage de forme , Contour de forme .

Remplir avec une image

- Dans le groupe **Styles de formes ❶**, cliquez sur **Remplissage de forme**, puis sur la commande *Image*, sélectionnez le fichier image, puis cliquez sur [Insérer].

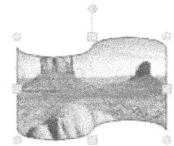

Transparence

- Dans le groupe **Styles de formes ❶**, cliquez sur **Remplissage de forme**, puis sur la commande *Autres couleurs de remplissage*. Au bas du dialogue *Couleurs*, déplacez le curseur *Transparence* ou entrez une valeur dans la zone à côté du curseur. Vous pouvez faire varier le pourcentage de transparence de 0 % (totalement opaque, la valeur par défaut) à 100 % (totalement transparent).

Ombrer ou Effet 3D

Ces deux formats sont exclusifs l'un de l'autre.

- Dans le groupe **Effets d'ombre ❷**, cliquez sur **Effets d'ombre** et choisissez dans la galerie une ombre sous les rubriques ombre portée, ombre de perspective... puis cliquez éventuellement pour ajuster la portée de l'ombre.
- Dans le groupe **Effets 3D ❸**, cliquez sur **Effets 3D** pour choisir le couleur, la profondeur, l'éclairage et la surface... puis cliquez sur les autres outils pour faire pivoter l'objet sous un angle de votre choix.

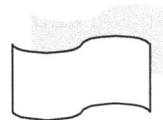

Substituer une autre forme

Vous pouvez substituer à la forme sélectionnée une autre forme automatique sans avoir à refaire le formatage ni à saisir à nouveau le texte inscrit sur la forme :

- Dans le groupe **Styles de formes ❶**, cliquez sur **Modifier la forme**, et choisissez la forme.

INSÉRER UN DIAGRAMME

Un diagramme inséré dans un document Word est créé avec Excel, sauf si vous n'avez pas installé Excel auquel cas il est créé avec MSGraph.

INSÉRER UN DIAGRAMME

- Onglet **Insertion**>groupe **Illustrations**, cliquez sur le bouton **Graphique**.

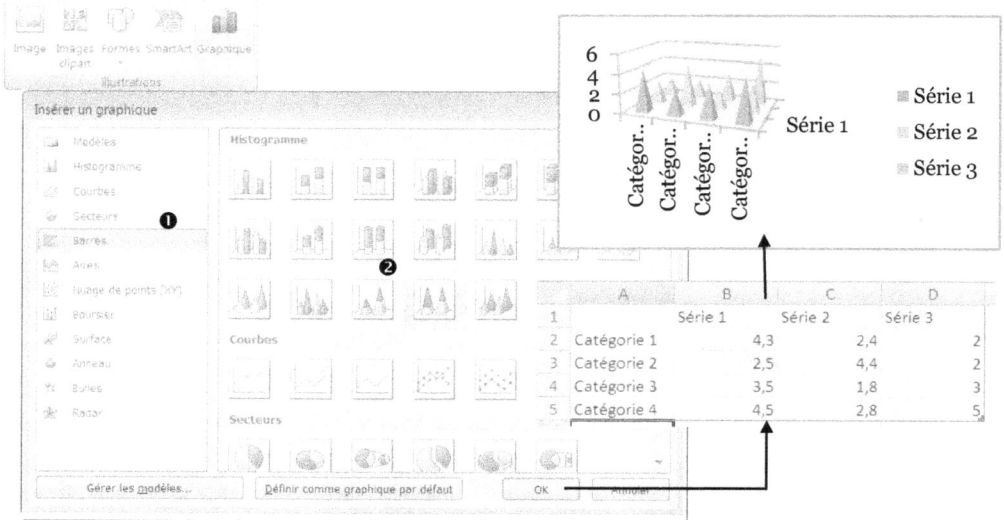

- Dans le dialogue *Insérer un graphique*, ❶ sélectionnez le type de diagramme, puis ❷ sélectionnez dans la galerie la vignette du diagramme souhaité, cliquez sur [OK].

Une feuille de calcul Excel s'ouvre avec un tableau de données exemple.

- Saisissez vos données à la place des données exemple. Vous pouvez ajouter des données en ajoutant des lignes et des colonnes, inversement vous pouvez faire glisser le coin inférieur droit de la plage de cellule pour diminuer le nombre de données à représenter.

Quand vous avez terminé la saisie de vos données, fermez le classeur Excel, sans enregistrer. Le diagramme créé incorpore les données dans le document Word.

MODIFIER UN DIAGRAMME

Pour modifier un diagramme :

- Double-cliquez sur la bordure du diagramme, puis utilisez les outils des trois onglets **Outils de graphique** :

- **Création** : pour modifier les données, le type du diagramme.
- **Disposition** : pour définir des étiquettes, les axes, l'arrière-plan et des courbes de tendance.
- **Mise en forme** : pour modifier les couleurs de remplissage, les contours, les effets.

L'onglet Outils de graphique/Création

- Groupe **Disposition du graphique** ❶, la galerie permet de choisir une disposition prédéfinie qui regroupe des mises en forme : espacement des formes, titre, étiquette, légende... que vous pourrez ensuite affiner avec les outils de l'onglet **Outils de graphique/Disposition** ❷.

- Groupe **Styles du graphique** ❷ : la galerie permet de choisir un style prédéfini qui regroupe des choix de couleur homogènes pour les séries, l'arrière-plan... que vous pourrez affiner avec outils de l'onglet **Outils de graphique/Mise en forme**>groupe **Styles de forme**.
- Groupe **Données** ❸ :
  Modifier les données : permet de modifier les données dans la feuille de calcul source
  Sélectionner des données : permet de spécifier quelles séries de données vous voulez représenter sans que les données de la feuille de calcul ne soient modifiées.

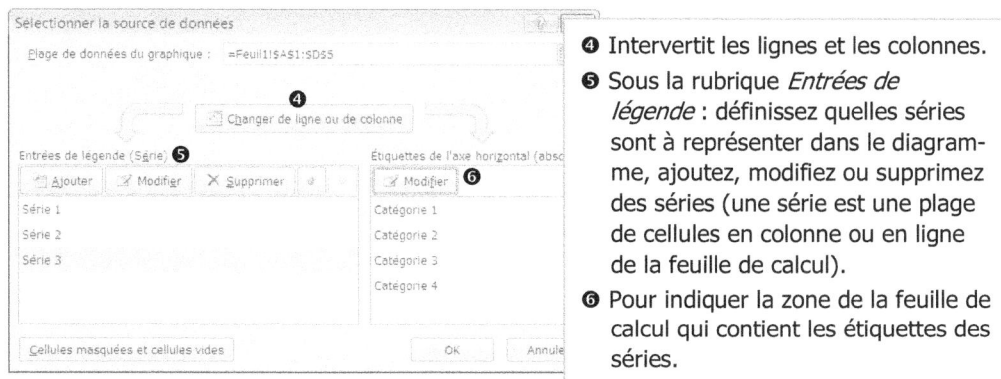

Sélectionner la source de données	❹ Intervertit les lignes et les colonnes.
Plage de données du graphique : =Feuil1!$A$1:$D$5	❺ Sous la rubrique *Entrées de légende* : définissez quelles séries sont à représenter dans le diagramme, ajoutez, modifiez ou supprimez des séries (une série est une plage de cellules en colonne ou en ligne de la feuille de calcul).
❹ Changer de ligne ou de colonne	
Entrées de légende (Série) ❺ / Étiquettes de l'axe horizontal (absc	
Ajouter / Modifier / Supprimer / Modifier ❻	
Série 1 / Catégorie 1	
Série 2 / Catégorie 2	
Série 3 / Catégorie 3	❻ Pour indiquer la zone de la feuille de calcul qui contient les étiquettes des séries.
Catégorie 4	
Cellules masquées et cellules vides / OK / Annuler	

L'onglet Outils de graphique /Disposition

- Groupe **Étiquettes** ❶ : les outils servent à insérer ou supprimer les titres du graphique, à définir des étiquettes de données, la légende.
- Groupe **Axes** ❷ : les outils servent à définir l'aspect des axes et le quadrillage.
- Groupe **Arrière-plan** ❸ : les outils servent à mettre en forme l'arrière-plan, les parois, le plancher du graphique, et faire une rotation 3D.
- Groupe **Analyse** ❹ : les outils servent à ajouter des courbes de tendance, des lignes de série….

L'onglet Outils de graphique /Mise en forme

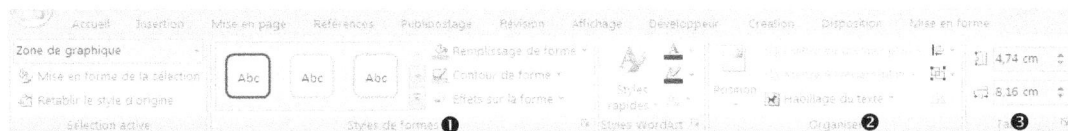

- Groupe **Style de forme** ❶ : les outils servent à modifier l'aspect des formes d'une série ou d'un élément de la série. Pour sélectionner une série : cliquez une fois sur un de ses éléments ; pour sélectionner un seul élément : cliquez deux fois sur l'élément.
- Groupe **Organiser** ❷ : les outils de ce groupe servent à définir l'habillage du diagramme par rapport au texte et sa position dans le document.
- Groupe **Taille** ❸ : ces outils servent à définir très exactement en cm la hauteur et la largeur de l'objet diagramme, vous pouvez aussi cliquer sur le lanceur du groupe pour afficher un dialogue *Taille* permettant de fixer précisément l'échelle de réduction ou d'agrandissement, de rétablir la taille initiale, ou d'effectuer un rognage.

INSÉRER UN ORGANIGRAMME

INSÉRER UN ORGANIGRAMME

Un organigramme est un objet SmartArt. Illustrons la création d'un organigramme par un exemple.

- Onglet **Insertion**>groupe **Illustrations**, cliquez sur le bouton **SmartArt**, dans le dialogue *Choisir un graphique SmartArt*, cliquez sur *Hiérarchie* dans le volet gauche, puis cliquez sur une vignette d'organigramme hiérarchique (ici *Hiérarchie libellée*), cliquez sur [OK].

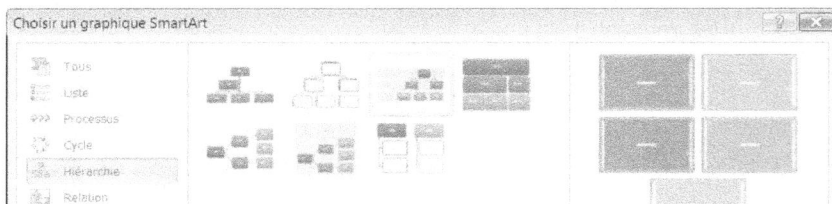

- Pour entrer vos textes : cliquez dans une forme du SmartArt puis tapez votre texte, ou dans le volet *Texte,* que vous faites apparaître en cliquant sur l'icône double-flèches sur le bord gauche de l'objet, cliquez sur [Texte], puis saisissez les textes.

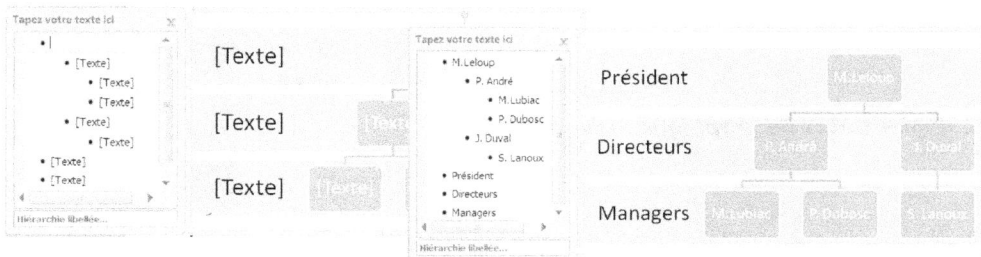

MODIFIER UN ORGANIGRAMME

Ajouter une personne au deuxième niveau à droite des personnes existantes

- Cliquez sur la dernière forme du niveau, puis sous l'onglet **Outils SmartArt/Création**>groupe **Créer un graphique**, cliquez sur ▢ **Ajouter une forme**, puis sur *Ajouter la forme après*, ou Cliquez droit sur la forme, puis sur *Ajouter une forme*, puis sur *Ajouter la forme après*.

Ajouter un niveau (ici quatrième niveau)

- Affichez le volet *Texte*, dans ce volet les dernier éléments sont les noms de niveaux, placez le point d'insertion à la fin du niveau 3 (Managers), tapez sur ⏎, saisissez le nom du quatrième niveau : Chefs d'équipe.

Ajouter une forme au quatrième niveau :

- Cliquez droit sur une forme du troisième niveau, puis sur *Ajouter une forme*, puis sur *Ajouter la forme au-dessous,* saisissez le nom de la personne dans la zone [Texte].

Promouvoir ou abaisser une forme

- Cliquez sur une forme, onglet **Outils SmartArt/Création**>groupe **Créer un graphique**, cliquez sur **Abaisser** ou **Promouvoir**, ou dans le volet *Texte*, utilisez ⭾ et ⇧+⭾.

Modifier l'aspect des formes et la couleur

- Onglet **Outils SmartArt/Création**>groupe **Styles SmartArt**, la galerie permet de choisir un aspect avec un entourage, des reliefs ou un effet 3D. Le bouton **Modifier les couleurs** sert à choisir des couleurs qui s'appliquent à toutes les formes.
- Onglet **Outils SmartArt/Format**>groupe **Styles de forme** ou groupe **Styles WordArt**, ces outils permettent de modifier le style et les caractères d'une ou plusieurs formes sélectionnées différemment du style de l'ensemble du SmartArt.

POSITIONNER ET HABILLER LES OBJETS

SÉLECTIONNER LES OBJETS

Sélectionner un objet

- Cliquez sur l'objet ou sur l'un de ses bords si c'est l'objet n'est pas plein. Il apparaît alors bordé de carrés, de cercles ou de traits : les poignées.

Sélectionner ensemble plusieurs objets

La sélection d'objets multiples de types différents (images, dessins, WordArt) n'est possible que dans une zone de dessin.

- Maintenez ⎣Ctrl⎦ appuyée et sélectionnez successivement les objets, ou
- Onglet **Accueil**>groupe **Rechercher**, cliquez sur le bouton **Sélectionner** ⬍ Sélectionner ⁻ puis sur la commande *Sélectionner les objets*, puis cliquez dans le document et faites glisser le pointeur de façon à encadrer les objets à sélectionner.

POSITIONNER UN OBJET

Un objet est soit aligné sur le texte (considéré comme un caractère dans un paragraphe), soit flottant (vous pouvez le faire glisser à la souris à toute position dans le document).

Pour positionner un objet flottant :

- Sélectionnez l'objet, puis faites-le glisser à une autre position.

Vous pouvez aussi positionner un objet avec plus de précision par l'outil **Position** :

- Sélectionnez l'objet, puis sous l'onglet **Format** (ou **Mise en forme** pour les graphiques), cliquez sur le bouton **Position**, et choisissez dans la galerie une position prédéfinie la plus proche de celle que vous souhaitez, ensuite vous pourrez ajuster la position.
- − Cliquez à nouveau sur le bouton **Position**, puis sur *Autres options de disposition*..., dans le dialogue : cliquez sur l'onglet **Positionnement de l'image**.

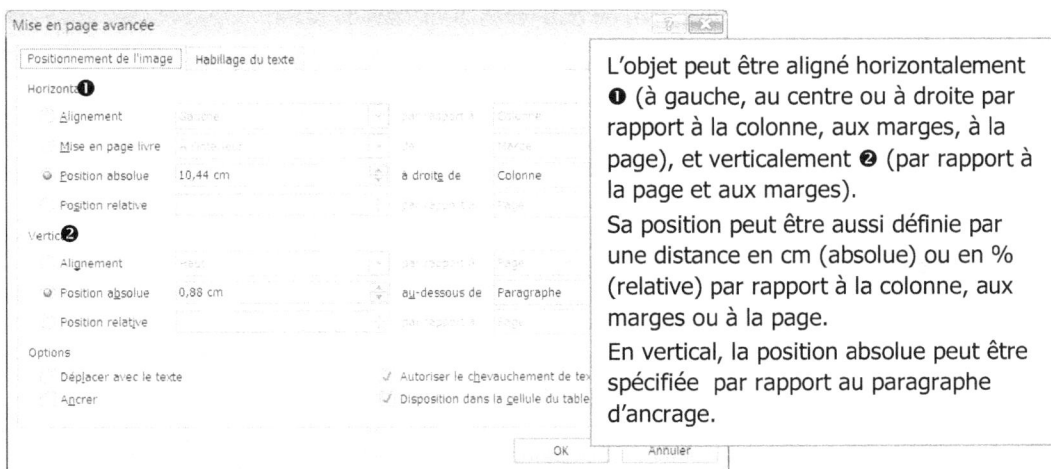

L'objet peut être aligné horizontalement ❶ (à gauche, au centre ou à droite par rapport à la colonne, aux marges, à la page), et verticalement ❷ (par rapport à la page et aux marges).

Sa position peut être aussi définie par une distance en cm (absolue) ou en % (relative) par rapport à la colonne, aux marges ou à la page.

En vertical, la position absolue peut être spécifiée par rapport au paragraphe d'ancrage.

REDIMENSIONNER UN OBJET

- Sélectionnez l'objet, puis faites glisser l'une des poignées de dimensionnement, ou
  Pour fixer une taille en cm: sous l'onglet **Outils de dessin/Format** ou l'onglet **Outils de dessin /Mise en forme** (pour les graphiques)>groupe **Taille**, spécifiez la hauteur et la largeur.

Utilisez les poignées situées dans les coins en appuyant sur ⎣⇧⎦ pour conserver les proportions.

SUPPRIMER UN OBJET

- Sélectionnez l'objet, appuyez sur ⎣Suppr⎦.

POSITIONNER ET HABILLER LES OBJETS

GROUPER/DISSOCIER DES OBJETS

Vous pouvez grouper des objets pour les rendre indissociables, avec la restriction qu'en dehors d'une zone de dessin seules les formes automatiques peuvent être groupées.

- Onglet **Format**>groupe **Organiser**, cliquez sur le bouton ⌗ **Grouper** puis sur la commande *Grouper*.

Vous pouvez modifier la mise en forme d'un objet groupé en le sélectionnant à l'intérieur du groupe : cliquez sur le groupe, puis cliquez sur l'objet, puis effectuez les modifications d'aspect.

- Pour déplacer / dimensionner un seul des objets d'un groupe, il faut dissocier les objets : sous l'onglet **Format**>groupe **Organiser**, cliquez sur le bouton ⌗ **Grouper**, puis sur *Dissocier*.

Pour regrouper les objets qui ont été dissociés, cliquez sur le bouton **Grouper** puis sur la commande *Regrouper*, cette commande regroupe les derniers objets qui ont été dissociés.

ORGANISER LA SUPERPOSITION DES OBJETS

Lorsque des objets sont superposés, un objet masque partiellement les objets situés dans son arrière-plan, vous pouvez organiser la superposition des objets :

- Cliquez droit sur l'objet, puis sur la commande contextuelle *Ordre*, et choisissez la commande de superposition.

Un objet mis au premier plan est par-dessus tous les autres, un objet mis à l'arrière-plan est par-dessous tous les autres. Les commandes *Avancer* ou *Reculer* permettent de monter ou de descendre d'un niveau. Par ailleurs, les objets peuvent être placés au-dessous du texte (filigrane) ou être remis au-dessus du texte.

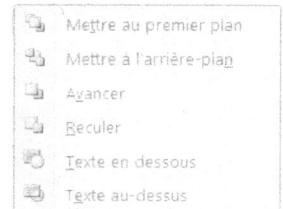

ALIGNER OU DISTRIBUER LES OBJETS

Vous pouvez aligner ou distribuer les objets à condition qu'ils soient flottants et de même type ; s'ils sont de types différents (dessins, images), vous pouvez le faire à condition qu'ils soient dans une zone de dessin.

- Sélectionnez les objets, puis sous l'onglet **Outils de dessin/Format** (pour les dessins) ou l'onglet **Outils de dessin/Mise en forme** (pour les graphiques)>groupe **Organiser**, cliquez sur le bouton ⌐ **Aligner**, puis sur la commande qui définit l'alignement ou la répartition que vous voulez.

La commande *Paramètres de la grille...* donne accès au dialogue *Grille de dessin* pour activer l'alignement des objets sur une grille, pour paramétrer la grille d'alignement, et pour la rendre visible à l'écran.

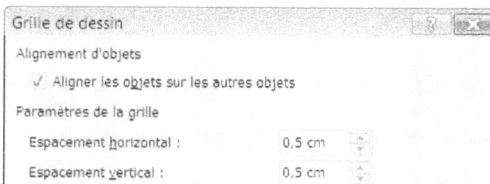

POSITIONNER ET HABILLER LES OBJETS

EFFECTUER DES ROTATIONS ET RETOURNEMENTS

Rotations

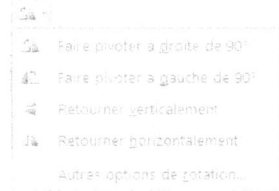

- Amenez le pointeur sur la poignée de rotation, point rond de couleur verte situé au-dessus, le pointeur se transforme, cliquez-glissez dans le sens de rotation voulue, ou
- Onglet **Format**>groupe **Organiser**, cliquez sur le bouton ⟲ **Rotation** et choisissez la commande de rotation.

Retournement horizontal ou vertical :

- Cliquez sur le bouton ⟲ **Rotation**, puis sur la commande de retournement.

ANCRAGE D'UN OBJET FLOTTANT

Tout objet graphique flottant est attaché à un paragraphe, on dit qu'il est ancré à un paragraphe. Lorsque vous supprimez, copiez, collez un paragraphe, tous les objets ancrés à ce paragraphe le sont aussi.

Pour visualiser l'ancre

Pour visualiser l'ancre en permanence, activez <☑ Ancrage d'objets> dans les options Word Affichage. Vous pouvez les voir ponctuellement en affichant les marques, pour cela : sous l'onglet **Accueil**>groupe **Paragraphe** cliquez sur le bouton ¶ ou Ctrl + ⇧ +8 (clavier principal).

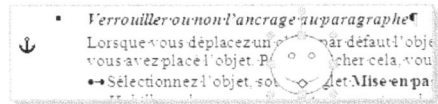

- Cliquez sur l'objet flottant, l'ancre apparaît dans la marge gauche en face du paragraphe sur lequel l'objet est ancré.

Pour ancrer l'objet sur un autre paragraphe

- Faites glisser l'ancre jusque devant cet autre paragraphe.

Verrouiller ou non l'ancrage au paragraphe

Lorsque vous déplacez un objet, par défaut l'objet s'ancre à un nouveau paragraphe, celui sur lequel vous avez placé l'objet. Pour empêcher cela, vous pouvez verrouiller l'ancrage sur le paragraphe.

- Sélectionnez l'objet, puis sous l'onglet **Mise en page**>groupe **Organiser**, cliquez sur le bouton **Habillage du texte**, puis sur *Autres options de disposition...*, dans le dialogue *Mise en page avancée*, sous l'onglet **Positionnement de l'image**, cochez l'option <☑ Ancrer>.

Si cette option est active pour un objet, vous pouvez toujours déplacer l'objet sur la p.age mais il reste ancré sur le même paragraphe ; par contre, vous ne pouvez plus déplacer l'objet sur une autre page que celle du paragraphe et vous ne pouvez plus déplacer l'ancre.

L'objet peut ou non se déplacer avec le paragraphe d'ancrage

Le paragraphe peut se trouver plus haut ou plus bas sur une page lorsque vous ajoutez ou supprimez des paragraphes avant lui. Par défaut, l'objet ancré sur le paragraphe n'est pas déplacé, il reste à la même position sur la page. Pour que l'objet soit déplacé avec le paragraphe en conservant la même position verticale par rapport au paragraphe :

- Sélectionnez l'objet, puis sous l'onglet **Mise en page**>groupe **Organiser**, cliquez sur le bouton **Habillage du texte**, puis sur *Autres options de disposition...* Dans le dialogue *Mise en page avancée*, sous l'onglet **Positionnement de l'image**, cochez l'option <☑ Déplacer avec le texte>.

POSITIONNER ET HABILLER LES OBJETS

HABILLAGE DE L'OBJET PAR LE TEXTE

Il y a habillage lorsque le texte se dispose autour de l'objet. Un objet peut être soit habillé par le texte, soit aligné sur le texte comme un caractère dans un paragraphe.

Une option de Word définit si un objet inséré ou collé est par défaut aligné sur le texte ou habillé par le texte : cliquez sur le **Bouton Office**, cliquez sur le bouton [🔲 Options Word], puis sur *Options avancées* dans la partie gauche, sous la section **Couper, Copier, Coller** dans la liste déroulante <Insérer/Coller en tant que> : sélectionnez l'option que vous voulez par défaut.

- Sélectionnez l'objet, puis sous l'onglet **Mise en page** selon l'objet dans le groupe **Organiser** cliquez sur le bouton **Habillage du texte**, puis choisissez une option d'habillage.

  - *Carré* : le texte se dispose autour d'un espace rectangulaire qui encadre l'objet.
  - *Rapproché* : le texte épouse la forme de l'objet.
  - *Au travers* : le texte se dispose autour de la bordure de l'objet.
  - *Haut et bas* : le texte se dispose au-dessus et au-dessous de l'objet mais pas latéralement.
  - *Devant le texte* : le texte reste disposé sous l'objet.
  - *Derrière le texte* : le texte reste disposé par-dessus l'objet.

Pour les objets images (photos, cliparts...), il existe une commande contextuelle *Habillage du texte*.

Pour régler la distance entre le texte et l'objet ou la gestion du renvoi à la ligne (de quel côté gauche ou droite se dispose le texte), choisissez la commande *Autres options de disposition...*

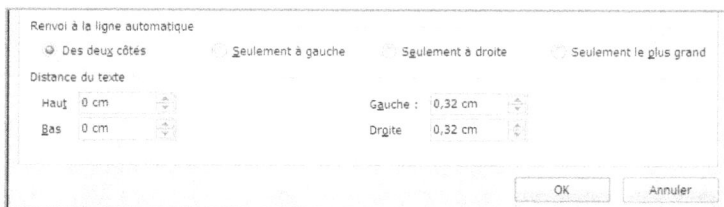

PARTIE 2

EXERCICES DE PRISE EN MAIN

Ergonomie
Word 2007

1

EXERCICE 1 : DÉMARRER ET QUITTER WORD

1-LANCEZ WORD À PARTIR DU MENU TOUS LES PROGRAMMES

- Cliquez sur le bouton ▣ *Démarrer* ❷ à gauche de la barre des tâches Windows, puis cliquez sur *Tous les programmes*, puis sur *Microsoft Office*, puis sur *Microsoft Office Word 2007*.
- Un document texte est ouvert, tapez votre nom et prénom.

2-ARRÊTEZ WORD

- Cliquez sur le **Bouton Office** ▣ ❶, puis au bas du menu sur le bouton [Quitter].

Comme le document que vous avez créé a été modifié, Word vous demande :

```
Microsoft Office Word                                    ⬜⬛

  ⚠   Voulez-vous enregistrer les modifications apportées à Document1 ?

       [   Oui   ]      [   Non   ]      [   Annuler   ]
```

- Cliquez sur le bouton [Annuler] revenir au document sans quitter Word.
- Tapez votre adresse sous votre nom, puis arrêtez Word à partir du **Bouton Office**.
- Cliquez sur le bouton [Ignorer] pour arrêter Word sans enregistrer le document.

3-AJOUTEZ WORD AU MENU DÉMARRER

Le menu *Démarrer* de Windows contient la liste des applications que vous lancez fréquemment. Pour ajouter le programme Word à cette liste, procédez comme précédemment à partir du bouton ▣ *Démarrer* de Windows, mais cliquez droit sur le nom du programme *Microsoft Office Word 2007*, puis sur *Ajouter au menu Démarrer* dans le menu contextuel.

Lorsque le nom du programme Word 2007 a été ajouté à cette liste, vous pouvez cliquer directement sur *Microsoft Office Word 2007* dans le menu *Démarrer* de Windows.

EXERCICES

→ Démarrez Word 2007 à partir du menu *Tous les programmes* de Windows, tapez le début de la fable de La Fontaine, `Le corbeau et le renard`. Le document Word porte le nom `DocumentN` ❸ tant qu'il n'a pas été enregistré sous un autre nom.

→ Arrêtez Word sans enregistrer.

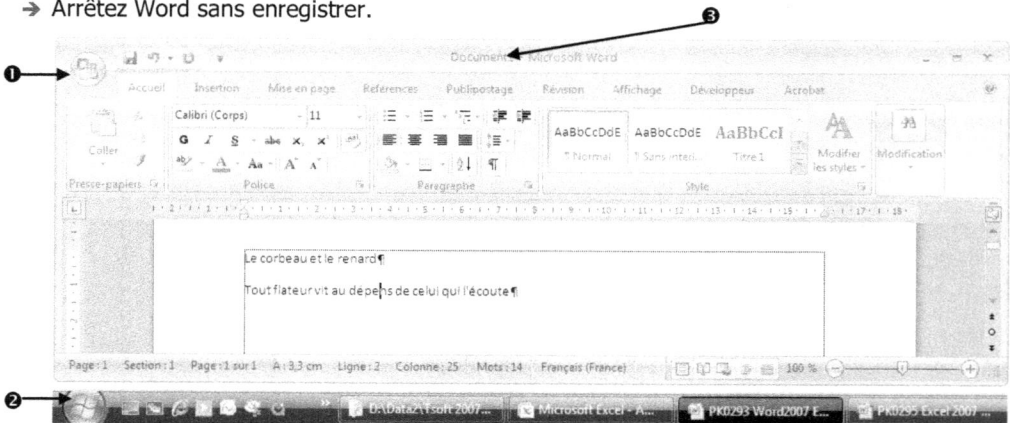

→ Démarrez à nouveau *Word 2007* cette fois-ci à partir du menu *Démarrer*, après avoir ajouté Word dans la liste des programmes du menu *Démarrer*, tapez `Le lion et le rat`, puis à la ligne `Patience et longueur de temps font plus que force ni que rage.`

→ Puis arrêtez Word sans enregistrer.

EXERCICE 2 : LA FENÊTRE WORD

❶ **Barre de titre** : affiche le nom du document en cours, `DocumentN` (Nième document créé) pour un nouveau document qui n'a pas encore été enregistré, à droite les cases *Réduire*, *Niveau inférieur/Agrandir*, *Fermer* la fenêtre _ ▭ ✕ .

❷ **Bouton Office** : permet d'accéder à un menu déroulant des commandes de fichier *Nouveau*, *Ouvrir*, *Fermer*, *Enregistrer* et *Imprimer*...

❸ **Barre d'outils Accès rapide** : dans laquelle vous placez les boutons des commandes que vous utilisez le plus fréquemment.

❹ **Ruban des onglets de commandes** : chaque onglet contient plusieurs groupes d'outils, l'onglet **Accueil** comprend les groupes **Presse-papiers**, **Police**, **Paragraphe**, **Style**, **Modification**.

❺ **Règle horizontale** : elle sert à placer avec la souris les taquets de tabulation, les retraits de paragraphes et à modifier la taille des marges. Pour la rendre visible ou la masquer : Onglet **Affichage**>groupe **Afficher/Masquer**, cochez ou décochez la case <☑ Règle>.

❻ **Barre de défilement vertical** : pour faire défiler le document dans la fenêtre.

❼ **Barre d'état** : affiche le numéro de la page en cours/nombre de pages, le nombre de mots..., dans sa partie droite les boutons permettant de changer le mode d'affichage du document et un curseur permettant d'ajuster le zoom d'affichage.

EXERCICES

Lancez Word, identifiez chaque partie de la fenêtre et expérimentez par vous-même :

→ Saisissez le texte `Le corbeau et le renard`, terminez par `⏎` puis à la ligne suivante `Tout flatteur vit aux dépens de celui qui l'écoute.`

→ Repérez les onglets sur le Ruban **Accueil**, **Insertion**..., et cliquez sur les onglets les uns après les autres pour afficher les commandes situées sous ces onglets, les commandes sont rassemblées par grandes tâches, chacune correspondant à un onglet.

→ Repérez sous l'onglet **Accueil** les noms des groupes **Presse-papiers**, **Police**, **Paragraphe**... à droite du nom de groupe une icône dite **lanceur** de dialogue, cliquez sur le **lanceur** du groupe **Police**, puis sur la touche `Echap` pour annuler, faites de même avec le lanceur du groupe **Paragraphe**.

→ Cliquez ensuite sur le **lanceur** du groupe **Style** qui affiche un volet des styles à droite de la fenêtre, fermez le volet des styles en cliquant sur la case *Fermer* de la barre de titre du volet.

→ Modifiez la taille de la fenêtre Word, en cliquant sur l'icône *Niveau inférieur/Agrandir* : amenez le pointeur sur l'icône et voyez apparaître une infobulle qui décrit l'icône, cliquez sur l'icône une fois, puis à nouveau pour remettre la fenêtre en affichage agrandi.

→ Fermez la fenêtre Word sans enregistrer, cliquez sur le **Bouton Office**, puis sur la commande *Fermer*, cliquez sur [Ignorer] pour ne pas enregistrer.

EXERCICE 3 : LES BOUTONS SUR LE RUBAN

1-LES COMMANDES SONT RASSEMBLÉS PAR ONGLET ET PAR GROUPE

Regardez comment les commandes sont disposées sous forme de boutons sur le Ruban : elles sont rassemblées par tâches sous des onglets et groupées par action au sein d'un même onglet.

- Cliquez sur l'onglet **Accueil**, vous y trouverez toutes les commandes servant à la tâche de mise en forme et de manipulation du texte.
- Les boutons sont regroupés selon les actions suivantes : agir avec le **Presse-papiers**, formater les caractères **Police**, formater les paragraphes **Paragraphe**, utiliser les styles **Style** et rechercher / remplacer ou sélectionner **Modification**.
- Amenez le pointeur sur divers boutons pour voir s'afficher une infobulle descriptive de l'usage du bouton
- Cliquez sur l'onglet **Insertion**, voici un autre onglet qui sert à tout ce qui peut s'insérer dans un document, repérez les différents groupes, **Illustrations**, **En-têtes et pied de page**, **Texte**.

2-CERTAINS BOUTONS DONNENT ACCÈS À UNE GALERIE DE CHOIX

- Sous l'onglet **Insertion**>groupe **Illustration**, cliquez sur le bouton **Forme**.
  Un menu propose des choix sous forme d'une galerie d'icônes, tapez sur Echap pour annuler
- Repérez aussi que sur certains boutons des flèches leur sont associés, par exemple sous l'onglet **Accueil**>groupe **Paragraphe**, cliquez sur la flèche associée au bouton **Bordures** : ceci affiche un menu présentant une galerie de choix de bordures prédéfinies et en bas la commande d'accès au dialogue *Bordure et trame...*, tapez sur Echap pour annuler.

EXERCICES

- → Ouvrez un nouveau document : cliquez sur le **Bouton Office**, puis sur la commande *Nouveau*, la création d'un document vierge est proposée, cliquez sur le bouton [Créer].
- → Saisissez le texte Le lion et le rat, terminez le paragraphe. Puis dans le paragraphe suivant, saisissez On a souvent besoin d'un plus petit que soi.
- → Cliquez droit sur le second paragraphe, puis sous l'onglet **Accueil**>groupe **Paragraphe** cliquez sur le bouton **Centrer** qui centre le paragraphe, essayez ensuite le bouton **Aligner à droite**, puis le bouton **Aligner à gauche**.
- → Cliquez sur le premier paragraphe, centrez-le.
- → Cliquez devant le titre, sous l'onglet **Insertion**>groupe **Symboles**, cliquez sur le bouton **Symbole** puis sur un symbole, par exemple 📖. Le symbole est inséré à l'endroit où vous avez cliqué, en cliquant à un endroit dans le texte vous placez le point d'insertion, tapez un espace au point d'insertion après le symbole.
- → Cliquez sur le paragraphe titre, cliquez sur la flèche du bouton **Bordures**, et dans la galerie choisissez *Bordures extérieures* : ceci encadre le paragraphe.

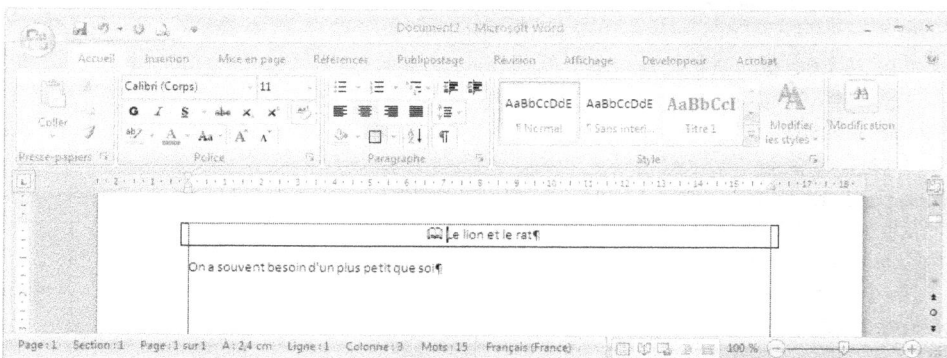

EXERCICE 4 : BARRE D'OUTILS ACCÈS RAPIDE

Dans la barre d'outils *Accès rapide*, située en haut à gauche de la fenêtre à côté du **Bouton Office**, placez les outils que vous voulez avoir sous la main en un seul clic.

1-ACTIVEZ OU MASQUEZ LES BOUTONS STANDARDS DE LA BARRE D'OUTILS ACCÈS RAPIDE

Par défaut, trois boutons standards sont affichés : *Enregistrer*, *Annuler* et *Rétablir*.

■ Cliquez sur la flèche à droite de la barre *Accès rapide*, puis cliquez sur *Nouveau* pour activer le bouton *Nouveau*, de la même façon activez les boutons *Ouvrir*, *Aperçu avant impression*, puis *Courrier électronique*.

■ Pour masquer un bouton standard, effectuez la même procédure que pour le rendre visible, ce qui a pour effet de le désactiver. Masquez le bouton *Courrier électronique*.

2-AJOUTEZ D'AUTRES BOUTONS "NON STANDARDS"

■ Ajoutez un bouton qui figure sur le Ruban : sous l'onglet **Insertion**>groupe **Symbole** cliquez droit sur le bouton **Symbole**, puis sur *Ajouter à la barre d'outils Accès rapide*.

■ Ajoutez un bouton qui ne figure pas sur le Ruban : cliquez sur la flèche située à droite de la barre *Accès rapide*, puis sur *Autres commandes*. Le dialogue *Options Word* s'affiche sur le choix *Personnaliser*.
Dans la zone <Choisir les commandes dans les catégories suivantes> : choisissez la catégorie *Toutes les commandes* puis sélectionnez la commande *Répéter frappe*, enfin cliquez sur (Ajouter>>), dans la zone <Personnaliser la barre d'outils rapide > : choisissez *Pour tous les documents (par défaut)*, puis cliquez sur [OK].

■ Ajoutez de la même façon le bouton *Collage spécial*, et le bouton *Correction automatique guillemets* qui sert à basculer entre les guillemets " " et « ».

3-SUPPRIMEZ UN BOUTON

■ Cliquez droit sur le bouton à supprimer dans la barre d'outils *Accès rapide*, par exemple *Collage spécial*, puis sur la commande *Supprimer de la barre d'outils Accès rapide*

EXERCICES

➔ Supprimez tous les boutons de la barre d'outils *Accès rapide*.

➔ Réactivez les trois boutons standards *Enregistrer*, *Annuler* et *Rétablir*.

➔ Activez ensuite les boutons *Aperçu avant impression*, et *Nouveau*.

➔ Ajoutez les boutons *Correction automatique guillemets*, *Enregistrer sous* et *Collage spécial*.

■ Changez l'ordre des boutons : cliquez sur la flèche située à droite de la barre *Accès rapide*, puis sur *Autres commandes*..., dans la partie droite cliquez sur le bouton à placer en premier, par exemple *Nouveau*, puis cliquez sur le bouton ▲ , puis cliquez sur [OK], continuez à placer les boutons dans l'ordre que vous voulez.

EXERCICE 5 : AFFICHAGE DU DOCUMENT

1-ESSAYEZ DIFFÉRENTS MODES D'AFFICHAGE : PAGE, BROUILLON, PLEIN ÉCRAN

- Sous Onglet **Affichage**>groupe **Affichages document**, utilisez les boutons d'affichage.
- Vous pouvez aussi changer le mode d'affichage à l'aide des icônes qui sont sur la barre d'état.

- Vous pouvez utiliser le raccourci clavier lorsqu'il existe.
- ❶ L'affichage *Page* (Alt + Ctrl +P) affiche le texte et les objets positionnés dans les pages du document tel qu'il apparaîtra à l'impression avec marges, les images flottantes, en-têtes/pieds de page...
- ❷ L'affichage *Lecture Plein écran* facilite la lisibilité d'un document à l'écran. Le texte est grossi et il n'est pas tenu compte de la mise en page du document.
- ❸ L'affichage *Web* (Alt + Ctrl +O) fait voir le texte comme il sera affiché dans une page Web en ligne. Le texte s'adapte automatiquement à la largeur de la fenêtre. Vous utiliserez ce mode pour préparer des pages Web.
- ❹ L'affichage *Brouillon* (Alt + Ctrl +N) ne visualise pas les en-têtes / pieds de page, ni les objets flottants.... Seule la mise en forme du texte reste visible.

2-RENDEZ VISIBLES LES CARACTÈRES DE CONTRÔLE NON IMPRIMABLES

Les caractères de contrôle non imprimables marquent la fin de paragraphe, l'espace, le saut de page forcé, la fin de section... En les affichant, vous pouvez vérifier par exemple qu'il n'y a pas deux espaces entre deux mots, ou sélectionner une fin de paragraphe ou une fin de section....

- Affichez les marques non imprimables (fin de paragraphe, espace...) en cliquant sur le bouton ¶ sous l'onglet **Accueil**>groupe **Paragraphe.** Masquez ces marques en cliquant à nouveau sur ce bouton. Utilisez le raccourci clavier Ctrl + ⇧ +8 (sur le clavier principal).

3-MODIFIEZ LE ZOOM D'AFFICHAGE

- Onglet **Affichage**>groupe **Zoom**, utilisez les outils de zoom ou vous pouvez aussi faire glisser le curseur de zoom situé sur la barre d'état à son extrémité droite.

EXERCICES

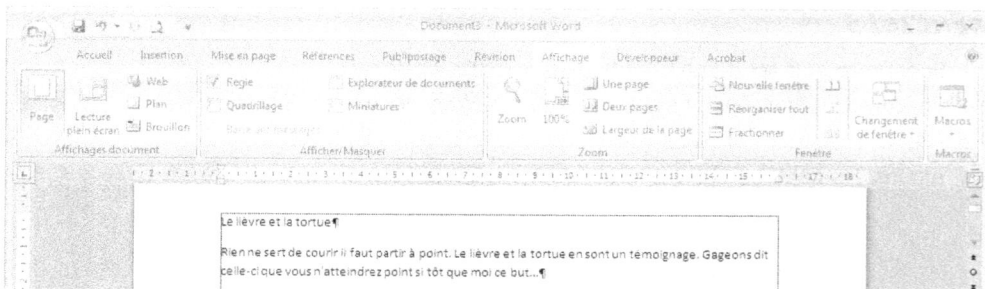

- → Créez un document texte, tapez le début de la fable Le lièvre et la tortue. Utilisez le bouton **Zoom** pour essayer le zoom à *200 %,* à *75 %,* puis à 85 %. Essayez en faisant glisser le curseur de zoom, un zoom à 60 % puis à 80 %. Enfin, essayez les boutons de zoom sur **Une page**, sur **Deux pages**, sur la largeur de page, puis cliquez sur le bouton **100%**.
- → Passez en affichage *Web*, puis réduisez la taille de la fenêtre que constatez-vous ? Le texte ne tient plus compte des marges, il s'étale sur toute la largeur de la fenêtre. Passez en affichage *Page*, le texte se réajuste entre les marges. Repassez en fenêtre agrandie.
- → Affichez les marques (caractères) non imprimables, puis masquez-les.
- → Passez en affichage *Brouillon*, puis repassez en affichage *Page*.

EXERCICE 6 : UTILISER L'AIDE

■ Cliquez sur l'icône ⓦ *Aide de Microsoft Office Word* à l'extrémité droite de la barre qui présente les onglets du ruban ou tapez sur la touche F1.

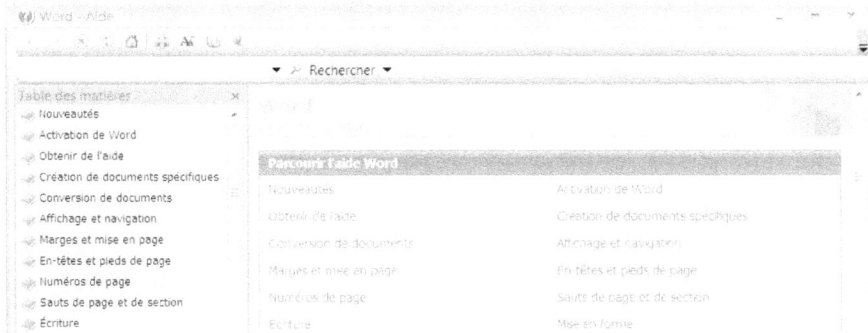

     Précédent :   article affiché précédemment.

     Suivant :   article suivant lorsque sur un article précédent.

     Accueil :   affiche la page d'accueil de l'aide.

     Imprimer :   imprime l'article en cours.

     Modifier taille de la police : pour choisir entre 5 tailles de police d'affichage.

     Masquer/Afficher la table des matières :   dans le volet de gauche.

     Maintenir sur le dessus : maintient l'aide au-dessus de la fenêtre Word même active.

■ Pour lancer une recherche : saisissez les mots dans la zone <Recherche>, puis cliquez sur le bouton *Rechercher,* le résultat de la recherche est la liste des noms d'articles trouvés.

■ Pour consulter la table des matières : cliquez sur une rubrique qui vous intéresse pour faire apparaître les titres des articles de la rubrique son listés, cliquez sur un titre d'article pour afficher cet article dans le volet de droite.

EXERCICES

➜ Affichez la fenêtre d'Aide.

➜ Masquez puis réaffichez la table des matières en utilisant le bouton approprié.

➜ Cliquez sur la rubrique <u>Écriture</u>, puis sur le titre d'article <u>Compter le nombre de mots</u>.

➜ Cliquez sur la rubrique <u>Création de documents spécifiques</u>, puis sur la sous-rubrique <u>Modèles</u>, et lisez comment on modifie le modèle `Normal.dotm`.

➜ Recherchez dans l'Aide sur le mot `Options` les articles qui contiennent le mot options, puis cliquez sur le lien vert l'article <u>Options Word (options avancées)</u>, sans cet article, dans le volet de droite, cliquez sur le lien <u>Couper, copier et coller</u> pour consulter l'aide sur les options de collage au sein d'un même document et entre plusieurs documents.

➜ Recherchez dans l'Aide, sur les mots : `mots de passe`, cliquez sur le titre d'article.

➜ Recherchez dans l'Aide, les articles qui traitent de `filigrane`, de `majuscule`.

➜ Naviguez dans les pages consultées en revenant sur les pages consultées précédemment puis cliquez sur la case *Fermeture* pour fermer l'Aide.

➜ Affichez la fenêtre d'Aide, redimensionnez la fenêtre d'Aide pour n'occuper qu'un quart de l'écran, masquez la table des matières puis cliquez sur le bouton pour maintenir la fenêtre d'Aide au-dessus du document Word pendant que vous travaillez sur le document. Pour voir toute la fenêtre Word, réduisez la fenêtre d'aide en un bouton sur la barre des tâches, puis restaurez la fenêtre d'Aide.

Créer, mettre en forme et imprimer

2

EXERCICE 7 : CRÉER DES DOCUMENTS

1-CRÉEZ UN NOUVEAU DOCUMENT VIERGE BASÉ SUR LE MODÈLE PAR DÉFAUT

Au démarrage de Word, un document vierge basé sur le modèle par défaut *Normal.dotm* est automatiquement créé et affiché à l'écran. Par la suite, pour créer un nouveau document :

■ Cliquez sur l'icône 🗋 dans la barre d'outils *Accès rapide*, ou [Ctrl]+N, ou sous cliquez sur le **Bouton Office**, puis sur *Nouveau*, sélectionnez le modèle *Document vierge*, puis cliquez sur [Créer].

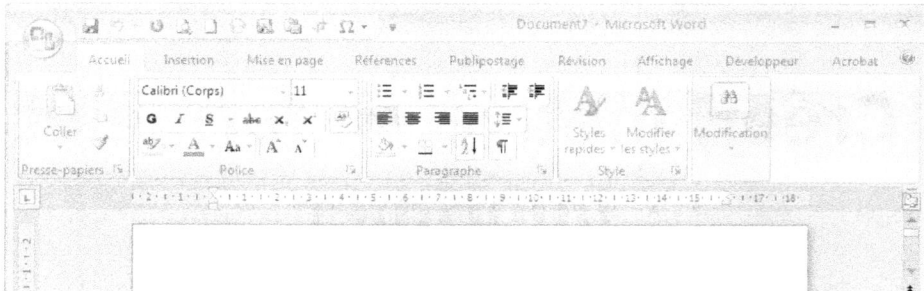

2-CRÉEZ UN DOCUMENT BASÉ SUR UN AUTRE MODÈLE

Il est possible de créer des modèles que vous pouvez ensuite utiliser pour créer des documents basés sur ces modèles. Voici comment créer un document texte basé sur un modèle existant.

■ Cliquez sur le **Bouton Office**, puis sur *Nouveau*, sélectionnez la rubrique *Modèle installés*, dans la galerie de choix sélectionnez le modèle par exemple *Télécopie (Equité)* s'il a été installé, puis cliquez sur [Créer].

EXERCICES

➔ Arrêter Word, s'il est démarré, sans enregistrer les modifications sur les documents en cours, puis redémarrez Word. Un document vierge est créé automatiquement, saisissez `Angleterre`.

➔ Créez un nouveau document à partir du **Bouton Office**. Tant qu'il n'a pas encore été enregistré, un nouveau document porte le nom provisoire `DocumentN`, où N est un numéro attribué automatiquement par Word. Saisissez `Italie`.

➔ Créez encore un autre document en utilisant le raccourci clavier [Ctrl]+N. Saisissez `Espagne`.

➔ Créez encore un autre document texte en utilisant le bouton de la barre d'outils accès rapide, Saisissez `Allemagne`.

➔ Si vous avez accès à Internet, vous allez utiliser un modèle à partir de Microsoft Office Online : cliquez sur le **Bouton Office**, puis sur *Nouveau*, sous la rubrique **Microsoft Office online** sélectionnez *Lettres*, puis à droite sélectionnez *Personnel*, cliquez sur le modèle *Confirmation de perte de carte bancaire*, cliquez sur [Télécharger]. Un document est créé basé sur ce modèle.

➔ Chaque document est ouvert dans une fenêtre Word, nous avons donc cinq documents. Passez d'un document à un autre en cliquant sur le bouton qui le représente sur la barre des tâches.

➔ Fermez les deux premiers documents, sans enregistrer, en cliquant sur la case *Fermeture* à l'extrémité droite de la barre de titre de la fenêtre.

➔ Réorganisez l'affichage des trois derniers documents : sous l'onglet **Affichage**>groupe **Fenêtre**, cliquez sur le bouton **Réorganiser tout**.

➔ Repassez la fenêtre qui contient la lettre modèle en affichage agrandi : pour cela cliquez sur la case 🗖 *Agrandir*, située au milieu des trois cases à droite de la barre de titre.

➔ Arrêter Word sans enregistrer les documents.

EXERCICE 8 : SAISIR DU TEXTE

Vous allez saisir un texte sans vous préoccuper des retours à la ligne qui se font automatiquement quand le curseur atteint la marge droite. Voici un rappel des touches utiles à la saisie.

1-FIN DE LIGNE FORCÉE, FIN DE PARAGRAPHE ET SAUT DE PAGE

- ↵   insère une fin de paragraphe, symbolisée par le caractère non imprimable ¶.
- ⇧ + ↵   insère une fin de ligne forcée au sein d'un paragraphe, symbolisée par ↵ .
- Ctrl + ↵   insère un saut de page.

Les caractères non imprimables : fins de paragraphes (¶), fins de lignes (↵) au sein du même paragraphe, espaces (.) ou tabulations (→), peuvent être visibles ou masquées à l'affichage : en cliquant sur le bouton ¶ , sous l'onglet **Accueil**>groupe **Paragraphe**.

2-EFFACEZ DU TEXTE

- ← / Suppr   efface le caractère à gauche / à droite du point d'insertion.
- Ctrl + ← / Ctrl + Suppr   efface le mot précédant / suivant la position du point d'insertion.
- Pour effacer un bloc de texte : sélectionnez le bloc de texte à effacer et appuyez sur Suppr.

3-MODE INSÉRER/MODE REFRAPPE

En mode *Insérer*, les caractères sont insérés à la position du point d'insertion et le texte à droite est repoussé. En mode *Refrappe*, les caractères tapés recouvrent le texte qui se trouve à la droite du point d'insertion. Pour que la barre d'état affiche un indicateur **Insérer** ou **Refrappe**, cliquez droit sur la barre d'état, et cliquez sur *Refrappe* pour activer l'indicateur.

Le mode *Insérer* est le mode par défaut, si vous voulez utiliser la touche Inser pour passer pouvoir passer du mode Insérer au mode refrappe : cliquez sur le **Bouton Office**, cliquez sur le bouton [Options Word], sélectionnez *Options avancées*, et cochez l'option <☑ Utiliser la touche Inser pour contrôler le mode refrappe>.

4-MAJUSCULES ET GUILLEMETS

Dans le texte ci-dessous que vous allez saisir, vous aurez à saisir des majuscules et des guillemets.

- Pour taper un caractère en majuscule : appuyez sur ⇧ en tapant le caractère.
- Dans les options Word vous pouvez faire le choix des apostrophes et des guillemets : Cliquez sur le **Bouton Office**, puis sur le bouton [Options Word], cliquez sur *Vérifications*, puis sur le bouton [Options de correction automatique], puis sous l'onglet *Lors de la frappe* :

☑ Guillemets ' ' ou " " par des guillemets ' ' ou « »

EXERCICES

→ Créez un nouveau document vierge, activez l'affichage des marques de fin de paragraphe (caractères non imprimables).

→ Saisissez le texte suivant.

Il existe huit planètes dans le système solaire, dans l'ordre à partir du Soleil : Mercure, Vénus, Terre, Mars, Jupiter, Saturne, Uranus, Neptune¶

Dans les années 2000, la découverte de plusieurs objets semblables à Pluton, entre autres, a soulevé la question de la définition du terme "planète".¶

On peut se souvenir de l'ordre des planètes grâce à une phrase mnémonique : ↵
- « Mon vaisseau te montera jusque sur une nouvelle planète » ↵
dont les initiales suivent l'ordre des astres de notre système solaire (de Mercure à Pluton).¶

→ Essayez les diverses touches de suppression, de refrappe.

EXERCICE 9 : ENREGISTRER LE DOCUMENT

- Cliquez sur le bouton 🖫 dans la barre d'outils *Accès rapide*, ou `Ctrl` +S, ou cliquez sur le **Bouton Office**, puis sur la commande *Enregistrer*.

Comme dans notre exercice, le document n'a pas encore jamais été enregistré, le dialogue E*nregistrer sous...* est affiché et vous invite à donner un nom au document.

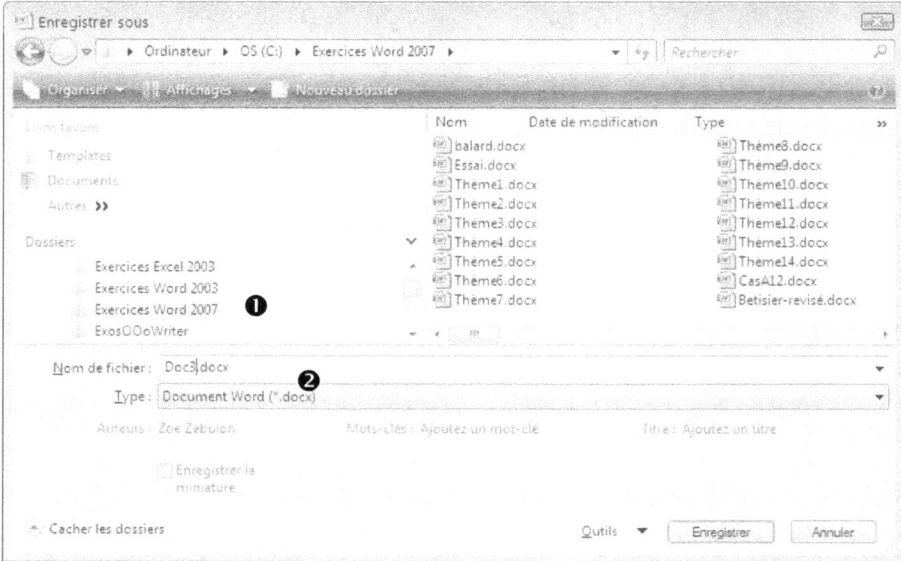

- Sélectionnez le dossier C:\Exercices Word 2007 dans le volet ❶ Dossiers, puis dans la zone ❷ <Nom de fichier> saisissez le nom Planètes et validez en cliquant sur [Enregistrer].

EXERCICES

→ Le document ayant été enregistré, ajoutez le paragraphe suivant au document.

> Classiquement, le terme "planète" s'oppose à celui d'"étoile". Planète et étoile diffèrent en ceci que l'énergie lumineuse rayonnée par une planète ne provient pas de son sein propre mais de l'étoile autour de laquelle elle gravite.¶

→ Enregistrez le document en cliquant sur le bouton *Enregistrer*, sur la barre d'outil *Accès rapide*, l'enregistrement est maintenant immédiat car le fichier a déjà été enregistré précédemment.
→ Enregistrez le document sous un autre nom : cliquez sur le **Bouton Office**, puis sur la commande *Enregistrer sous*, dans le dialogue saisissez le nom Système solaire, validez par [Enregistrer].
→ Effectuez une modification.

→ Fermez le document : cliquez sur le **Bouton Office** puis sur la commande *Fermer*, cette fois-ci cliquez sur [Oui] pour enregistrer et fermer le document... La fenêtre Word reste ouverte.
→ Fermez la fenêtre Word : cliquez sur la case de fermeture de sa fenêtre. Vous faites ainsi la différence entre fermer un document et fermer la fenêtre (ou arrêter l'application).

EXERCICE 10 : OUVRIR UN DOCUMENT

Ouvrez un des documents récemment utilisé, c'est le cas du fichier `Planètes` :

■ Cliquez sur le **Bouton Office**, le menu s'affiche avec dans la partie droite la liste des **Documents récents**, (le nombre de documents récents listés est paramétrable dans les options avancées Word sous la rubrique Afficher), cliquez sur le nom du document `Planètes`.

Ouvrez un document qui ne fait pas partie des documents récents, par exemple `Fable1` :

■ Cliquez sur le **Bouton Office** puis sur la commande *Ouvrir*,
ou sur le bouton 🖙 de la barre d'outils *Accès rapide*.

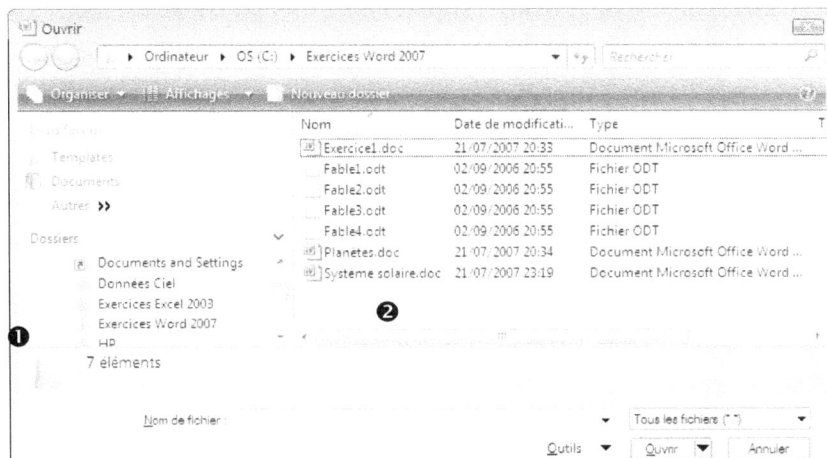

■ Choisissez dans l'arborescence le dossier ❶ `C:\Exercices Word 2007`.
■ Cliquez sur le nom `Fable1.docx` ❷ puis [Ouvrir], ou double-cliquez sur le nom du fichier.

Pour changer le dossier de travail par défaut :

■ Cliquez sur le **Bouton Office**, puis sur le bouton [Options Word], cliquez sur *Enregistrement* et dans la partie droite dans la zone <Dossier par défaut> sélectionnez le dossier `C:\Exercices Word 2007`, cliquez sur [OK] pour valider.

EXERCICES

→ Le fichier `Système solaire` est l'un des fichiers récemment utilisés. Ouvrez ce fichier à partir de la liste des documents récents, puis refermez ce document.

→ Ouvrez le document `Fable2` qui est dans le répertoire `C:\Exercices Word 2007`.

→ Ouvrez `Fable3`, puis `Fable4`, puis `Fable4` et refermez-les.

→ Enregistrez le fichier `Système solaire` et `Fable1` dans votre dossier `Documents`.

→ Redéfinissez comme dossier par défaut votre dossier `Mes Documents` (chemin d'accès sous Windows `C:\Users\<nom utilisateur>\ Documents`).

→ Arrêtez Word Cliquez sur le **Bouton Office**, puis sur le bouton [Quitter].

→ Démarrez Word, Cliquez sur le **Bouton Office** puis sur *Ouvrir*, vous constatez que le dialogue *Ouvrir* s'est ouvert sur le dossier `Documents` (défini précédemment par défaut).

→ Ouvrez le fichier `Fable2` : vous devez changer de dossier dans le volet de gauche du dialogue pour sélectionner le dossier `C:\Exercices Word 2007`, fermez le document `Fable2`.

→ Cliquez sur le **Bouton Office**, puis sur la commande *Ouvrir*, vous constatez que le dialogue *Ouvrir* s'est ouvert sur le dossier `C:\Exercices Word 2007` précédemment utilisé.

→ Ouvrez les fichiers `Fable2` et `Fable3` puis refermez ces documents sans arrêter Word.

EXERCICE 11 : SE DÉPLACER DANS LE DOCUMENT

1-UTILISEZ LES TOUCHES DE DÉPLACEMENT DU POINT D'INSERTION

- Essayez toutes les touches de déplacement du curseur sur le document de l'exercice, bien sûr vous pouvez toujours cliquer dans le texte pour placer le point d'insertion.
  - Déplacement d'un caractère $\boxed{→}$ $\boxed{←}$ $\boxed{↓}$ $\boxed{↑}$
  - Mot suivant ou précédent $\boxed{\text{Ctrl}}$+$\boxed{→}$ ou $\boxed{\text{Ctrl}}$+$\boxed{←}$
  - Début/Fin de ligne $\boxed{↖}$ ou $\boxed{\text{Fin}}$
  - Paragraphe suivant ou précédent $\boxed{\text{Ctrl}}$+$\boxed{↓}$ ou $\boxed{\text{Ctrl}}$+$\boxed{↑}$
  - Début ou fin du document $\boxed{\text{Ctrl}}$+$\boxed{↖}$ ou $\boxed{\text{Ctrl}}$+$\boxed{\text{Fin}}$
  - Écran suivant ou précédent $\boxed{⬇}$ ou $\boxed{⬆}$

2-FAITES DÉFILER LE DOCUMENT DANS LA FENÊTRE

Le défilement amène une autre partie du document dans la fenêtre, mais le point d'insertion n'est pas pour autant déplacé. Il faut donc cliquer dans le texte pour y insérer le point d'insertion.

- Réduisez la taille de la fenêtre puis essayez tous les défilements possibles.

Faites défiler le document :
- Ligne par ligne, vers le haut ou vers le bas : cliquez sur ❶ ou ❸.
- Défilement continu vertical : faites glisser le curseur de défilement ❷, notez que le numéro de page s'actualise au fur et à mesure dans une infobulle et que vous pouvez donc vous arrêter facilement sur une page dont vous connaissez le numéro.
- Fenêtre par fenêtre : cliquez en dessous ou au-dessus du curseur de défilement ❷.
- Page par page, vers le haut ou vers le bas : cliquez sur ❹.
- Défilement horizontal : faites glisser le curseur de défilement ❺.

3-PARCOUREZ LE DOCUMENT

- Affichez l'explorateur de document : sous l'onglet **Affichage**>groupe **Afficher/Masquer**, cochez la case <☑ Explorateur de document>. L'explorateur permet de voir la structure des titres dans le document et de cliquer directement sur un titre.
- Rendez-vous au début de la page 5 : cliquez sur le numéro de page dans la barre d'état, saisissez le numéro de page 5, validez par [OK].

EXERCICES

- → Ouvrez le document Exo11, et enregistrez-le sous le nom Tintin, réduisez la taille de la fenêtre.
- → Placez le point d'insertion au début de la dernière phrase du deuxième paragraphe .
- → Faites défiler le document jusqu'à voir le titre TINTIN AU CONGO : 1930.
- → Dans l'explorateur de document, cliquez sur différents titres, fermez l'Explorateur de document
- → Allez à la page 8 par la méthode décrite ci-dessus.
- → Fermez le document, passez en fenêtre agrandie.

EXERCICE 12 : TAILLE DU PAPIER ET DES MARGES

La taille du papier et la mise en page (marges, orientation...) déterminent comment le texte se dispose sur les pages. Si vous travaillez en affichage *Page*, vous aurez pendant la saisie et la mise en forme une vision proche du document imprimé.

1-SPÉCIFIEZ LA TAILLE DU PAPIER SUR LEQUEL VOUS ALLEZ IMPRIMER

- Onglet **Mise en page**>groupe **Mise en page**, cliquez sur le bouton **Taille**, une galerie de format de papier s'affiche : essayez le format A5, voyez le résultat à l'écran puis repassez au format A4.

2-CHANGEZ LES MARGES ET L'ORIENTATION

- Onglet **Mise en page**>groupe **Mise en page**, cliquez sur le bouton *Marges*, une galerie de marges prédéfinies s'affiche : si c'est un des choix prédéfinis qui est actuellement appliqué, c'est la vignette de ce choix qui est surlignée ❶. Si vous souhaitez en changer, choisissez une autre vignette de marges prédéfinies, par exemple *Étroites* ❷, voyez l'effet.
- Modifiez à nouveau les marges, choisissez *Marges personnalisées...* ❸ le dialogue *Mise en page* s'affiche : spécifiez les marges comme suit :

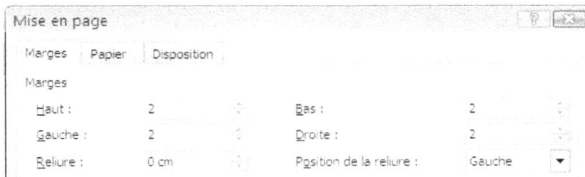

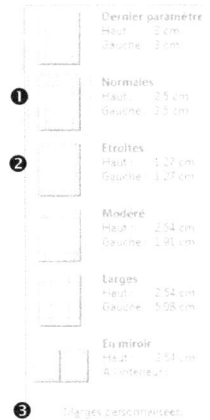

- Changez l'orientation en *Paysage* : sous l'onglet **Mise en page**>groupe **Mise en page**, cliquez sur le bouton **Orientation**, cliquez sur *Paysage* .

Notez que vous pouvez définir plusieurs sections dans un document, chaque section pouvant avoir une mise en page (marges, orientation...) qui lui est propre.

EXERCICES

→ Fermez le document `Tintin` sans l'enregistrer, puis ouvrez à nouveau ce document et passez en affichage *Page* si ce n'est déjà fait.

→ Changez la taille du papier en A5, vous voyez sur la règle (que vous affichez si ce n'est pas déjà fait) la largeur de la page qui est de 14,8 cm. Repassez en taille de papier A4.

→ La règle horizontale comporte à gauche et à droite des zones grisées de la taille des marges, 2,5 cm. Cliquez sur le bouton **Marges**, vous voyez s'afficher la galerie des marges prédéfinies et la présence d'un surlignage sur la vignette *Normales* signifie que c'est ce choix prédéfini qui est appliqué. Terminez sans changer le choix de marges : il suffit de cliquer dans le document.

→ Affichez les limites de la zone de texte pour mieux visualiser les limites texte/marges : cliquez sur le **Bouton Office**, puis sur *Options avancées*, puis sous la rubrique *Afficher le contenu du document* cochez l'option <☑ Afficher les limites d'un texte>.

→ Appliquez le choix de marges *Modérées*, voyez le résultat, puis appliquez des marges personnalisées de même taille identique à gauche, à droite, en haut et en bas : 3 cm.

→ Cliquez sur le **Bouton Marges**, la vignette en haut de la galerie et marquée d'une étoile est le dernier paramétrage personnalisé qui a été spécifié précédemment sur ce document ou un autre document. Dans le cas présent, c'est celui que vous venez de faire (marges de 3 cm).

→ Vérifiez que l'orientation par défaut est le mode *Portrait*, passez en mode *Paysage* et voyez l'effet, zoomez l'affichage à 40 % puis revenez en mode *Portrait*, repassez à l'affichage à 100 %.

EXERCICE 13 : APERÇU AVANT IMPRESSION

1-AFFICHEZ L'APERÇU AVANT IMPRESSION

■ Pour visualiser le document tel qu'il sera imprimé, cliquez sur le bouton 🔍 (si ce bouton a été ajouté à la barre d'outils *Accès rapide*), ou cliquez sur le **Bouton Office**, amenez le pointeur sur la commande *Imprimer*, puis cliquez sur *Aperçu avant impression*.

■ Réglez la mise à l'échelle à 45 % par le bouton ❶, puis visualisez l'aperçu quatre pages à la fois en utilisant le curseur de zoom ❷, puis choisissez ensuite un aperçu à une seule page à la fois sur toute la largeur de page ❸, puis revenez à l'aperçu à deux pages en cliquant sur ❹.

2-L'ONGLET APERÇU AVANT IMPRESSION

Cet onglet ne s'affiche que lorsque vous êtes passé en aperçu avant impression, repérez les groupes et essayez les boutons :

Groupe **Imprimer** : **Imprimer** (Ctrl +P) affiche le dialogue *Imprimer*, **Options** donne accès directement aux Options Affichage de Word.

Groupe **Mise en page** : **Marges** affiche les choix de marge, **Orientation** paysage ou portrait, **Taille** la taille du papier, Mise en page donne accès au dialogue *Mise en page*.

Groupe **Zoom** : affichage **Une page**, **Deux pages** à la fois, ou **Largeur de page**, **100%** un zoom à 100 % et **Zoom** pour accéder au dialogue Zoom.

Groupe **Aperçu** : masquez puis réaffichez la règle ❺, transformez le pointeur en loupe permettant d'agrandir à 100 % par un simple clic par❻. Le document fait 10 pages, cliquez sur **Ajuster** pour essayer de réduire le document d'une page en jouant sur la taille et l'espacement du texte : le document s'est un peu tassé sur neuf pages. Feuilletez les pages à l'aide des boutons **Page précédente** et **Page suivante**.

EXERCICES

→ Fermez le document Tintin sans enregistrer les modifications.

→ Ouvrez le document Planètes créé à l'exercice 11, ou ouvrez le document Exo13.

→ Effectuez l'aperçu avant impression, fermez l'aperçu en cliquant sur le bouton ❎ .

→ Ouvrez le document Tintin, et effectuez l'aperçu avant impression.

→ Effectuez un zoom à 50 %, affichez une page entière à la fois.

→ Allez à la première page en faisant glisser le curseur de défilement, puis allez de la même façon à la dernière page, puis allez à la page 6 en vous repérant par le numéro de page dans l'infobulle.

→ Effectuez un zoom de 25 %, vous obtenez une vue d'ensemble de toutes les pages.

→ Passez en plein écran, consultez le document, revenez à l'affichage en fenêtre.

→ Fermez le document sans enregistrer, fermez aussi les autres documents.

EXERCICE 14 : IMPRIMER LE DOCUMENT

1-ACCÉDEZ AU DIALOGUE IMPRIMER

- Ouvrez le fichier `Tintin` qui est un document de 10 pages.
- Cliquez sur le **Bouton Office** puis sur la commande *Imprimer*.

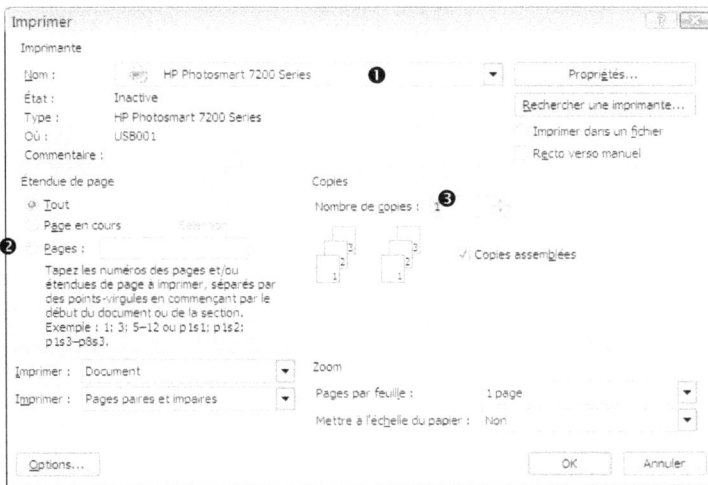

- ❶ Sélectionnez l'imprimante à utiliser.
- ❷ Activez <⊙ Pages> : puis saisissez 3;6-8 pour imprimer la page 3 et les pages 6 à 8 (lisez le descriptif de spécification des pages à imprimer dans le dialogue).
- ❸ Spécifiez le nombre d'exemplaires à imprimer.
- Repérez les autres zones du dialogue, puis comme il n'est pas vraiment utile maintenant de lancer l'impression, annulez le dialogue. Ensuite, essayez le raccourci clavier Ctrl+P pour ouvrir le dialogue *Imprimer*, puis annulez à nouveau le dialogue.

2-POUR IMPRIMER DIRECTEMENT SANS AFFICHER LE DIALOGUE IMPRIMER

- Activez le bouton *Impression rapide* dans la barre d'outils *Accès rapide*.
- Ouvrez le document `Planètes` qui est un document d'une page que vous avez créé
- Cliquez sur le bouton 🖨 *Impression rapide*.

L'impression du document démarre (si votre imprimante est connectée), sur l'imprimante définie par défaut ou spécifiée lors de la précédente impression.

EXERCICES

- → Fermez puis ouvrez à nouveau le document `Tintin`, puis ouvrez le dialogue *Imprimer*...
- → Cochez la case <☑ Imprimer dans un fichier>, spécifiez d'imprimer les pages 4 et 5, cliquez sur [OK], il vous est demandé un nom pour le fichier d'impression, entrez `Tintin.prn`. Le fichier d'impression est créé dans le dossier d'enregistrement actuel.
- → Fermez le document.
- → Ouvrez le document `Exo13` et enregistrez-le sous le nom `Planètes`.
- → Utilisez le bouton 🖨 de la barre d'outils *Accès rapide* pour lancer l'impression sans passer par le dialogue, il vous est demandé un nom de fichier (puisque cette option du précédent enregistrement a été conservée), entrez `Planètes.prn`.
- → Si vous disposez d'une imprimante connectée, imprimez le document sur cette imprimante et non plus dans un fichier, puis fermez le document.

EXERCICE 15 : SÉLECTIONNER DU TEXTE

De nombreuses commandes nécessitent que l'on sélectionne au préalable le texte sur lequel elles doivent s'appliquer : le texte sélectionné apparaît alors surligné. Voici un rappel des actions pour sélectionner du texte à la souris. Essayez-les sur le document de l'exercice.

Une partie du texte : cliquez et faites glisser le pointeur sur la partie du document.

Des mots : double-cliquez dans le premier mot, puis faites glisser le pointeur.

Des lignes : cliquez entre le bord gauche de la fenêtre et le texte (zone de sélection) au niveau de la première ligne, puis faites glisser vers le bas.

Des phrases : en pressant Ctrl, cliquez dans la première phrase et faites glisser.

Des paragraphes : double-cliquez dans l'espace entre le bord gauche de la fenêtre et le texte au niveau du premier paragraphe, puis faites glisser le pointeur.

Tout le document : cliquez trois fois dans l'espace entre le bord gauche de la fenêtre et le texte (zone de sélection), ou Onglet **Accueil**> groupe **Modification**, cliquez sur **Sélectionner** puis sur *Sélectionner tout*, ou Ctrl+A.

Un bloc vertical : maintenez Alt enfoncée, faites glisser le pointeur.

1-SÉLECTIONNEZ PLUSIEURS BLOCS DE TEXTE DISTINCTS

■ Sélectionnez le premier bloc de texte, appuyez et maintenez enfoncée la touche Ctrl et sélectionnez les autres blocs de texte.

2-ANNULEZ UNE SÉLECTION

■ Cliquez n'importe où dans le texte.

EXERCICES

→ Ouvrez le document Exo15 et enregistrez-le sous le nom Climat.

→ Sélectionnez la 1ère phrase du paragraphe ❶, puis le premier paragraphe, annulez la sélection.

→ Sélectionnez en même temps le paragraphe ❶ et ❸, annulez la sélection.

→ Sélectionnez la totalité du document, puis annulez la sélection.

→ Sélectionnez simultanément les occurrences de XX ème siècle, puis annulez la sélection.

→ Expérimentez la sélection avec la touche F8 (mode extension) : cliquez au début de texte à sélectionner, tapez sur F8, placez le point d'insertion à la fin du texte à sélectionner. Tapez sur Echap pour quitter le mode extension. Annulez la sélection.

→ Expérimentez la sélection avec la touche ⇧ : cliquez au début de texte à sélectionner, puis maintenez ⇧ enfoncée, placez le point d'insertion à la fin du texte à sélectionner.

EXERCICE 16 : COPIER OU DÉPLACER DU TEXTE

En premier lieu, il faut sélectionner le bloc de texte à copier, déplacer ou supprimer : utilisez pour cela les diverses techniques de l'exercice précédent. Ensuite, vous allez essayer les différentes façons de copier ou déplacer la sélection. Entraînez-vous sur le document de l'exercice.

1-GLISSEZ-DÉPLACEZ LA SÉLECTION DE TEXTE

- Pour déplacer : faites simplement glisser la sélection jusqu'à la nouvelle position.
- Pour copier : maintenez la touche Ctrl appuyée, faites glisser la sélection jusqu'à la nouvelle position, puis relâchez la touche Ctrl.

2-UTILISEZ LE COPIER/COUPER/COLLER

- Déplacer : cliquez sur le bouton **Couper** (onglet **Accueil**>groupe **Presse-papiers**) ou Ctrl+X. Copier : cliquez sur le bouton **Copier** (onglet **Accueil**>groupe **Presse-papiers**), ou Ctrl+C.
- Collez : cliquez sur le bouton **Coller** ou Ctrl+V.

Le formatage d'un paragraphe est contenu dans la marque de fin du paragraphe. La copie ne conserve le format de paragraphe que si la sélection contient la marque de fin du paragraphe.

Si vous voulez que le texte collé adopte la mise en forme du texte dans lequel il est inséré, alors utilisez la commande *Collage spécial...* en cliquant sur la flèche associée au bouton *Coller*, et choisissez *Texte sans mise en forme*.

EXERCICES

→ Ouvrez le document Exo16 et enregistrez-le sous le nom Betisier.

→ Sélectionnez les deux premiers paragraphes et déplacez les sous le cinquième en faisant glisser la sélection, annulez cette action en cliquant sur l'outil *Annuler* dans la barre d'outils *Accès rapide* (si ce bouton n'y figure pas, activez-le).

→ Déplacez à nouveau les deux premiers paragraphes sous le septième par Couper/Coller, annulez cette action.

→ Recopiez le premier paragraphe sous le quatrième en faisant glisser la sélection tout en maintenant appuyée la touche Ctrl, annulez cette action et recommencez par Copier/Coller.

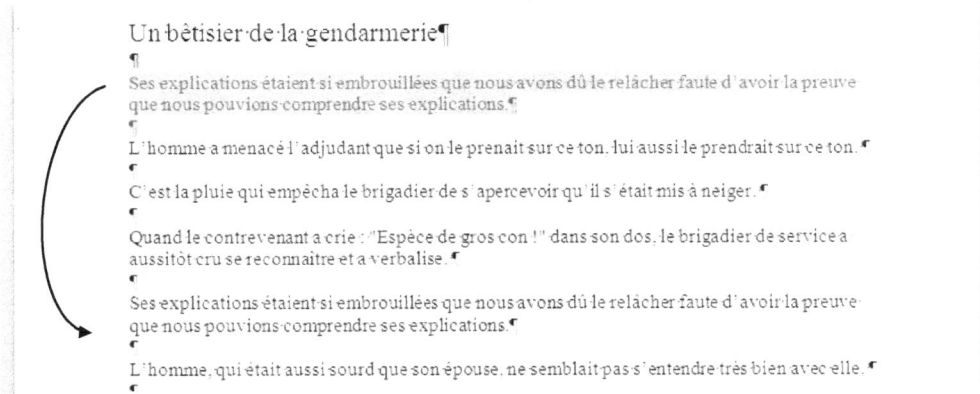

→ Sélectionnez le paragraphe copié avec la marque de paragraphe suivante, et supprimez-le.

→ Placez le point d'insertion devant le deuxième paragraphe, maintenez appuyée la touche ⇧ et cliquez devant le sixième paragraphe, faites glisser la sélection à la fin du document pour déplacer les paragraphes.

→ Fermez le document.

EXERCICE 17 : METTRE EN FORME LES CARACTÈRES

Le formatage des caractères s'applique au mot sur lequel se trouve le point d'insertion ou à tous les mots de la sélection en cours s'il y en a une. Il s'applique par dessus le style de caractère.

1-UTILISEZ LES OUTILS DU RUBAN OU LE DIALOGUE POLICE

- Sous l'onglet **Accueil**>groupe **Police**, amenez le pointeur sur les différents boutons pour lire l'infobulle descriptive, notez que les raccourcis clavier sont indiqués pour la plupart.
- Pour appliquer une mise en forme, cliquez sur le bouton ou cliquez sur le lanceur du groupe *Police* ❶ et choisissez les attributs de mise en forme.

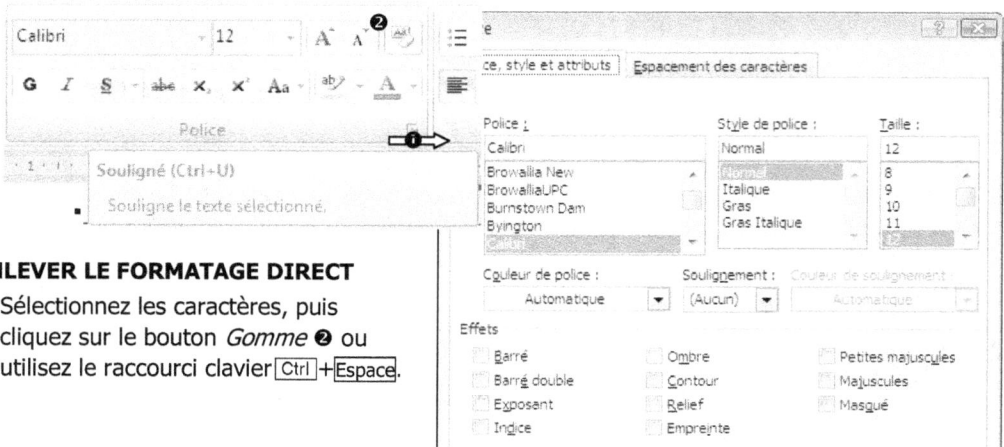

2-ENLEVER LE FORMATAGE DIRECT

- Sélectionnez les caractères, puis cliquez sur le bouton *Gomme* ❷ ou utilisez le raccourci clavier Ctrl + Espace.

EXERCICES

→ Ouvrez le fichier Exo17 et enregistrez-le sous le nom Bureautique.
→ Sélectionnez tout le texte, mettez la totalité du texte dans la police *Tahoma*.
→ Mettez le titre en taille 16 et en gras, soulignez des caractères ❶, mettez des mots en italique ❷ et mettez en gras ❸, surlignez en jaune ❹, mettez des caractères (encadrés) en rouge ❺.

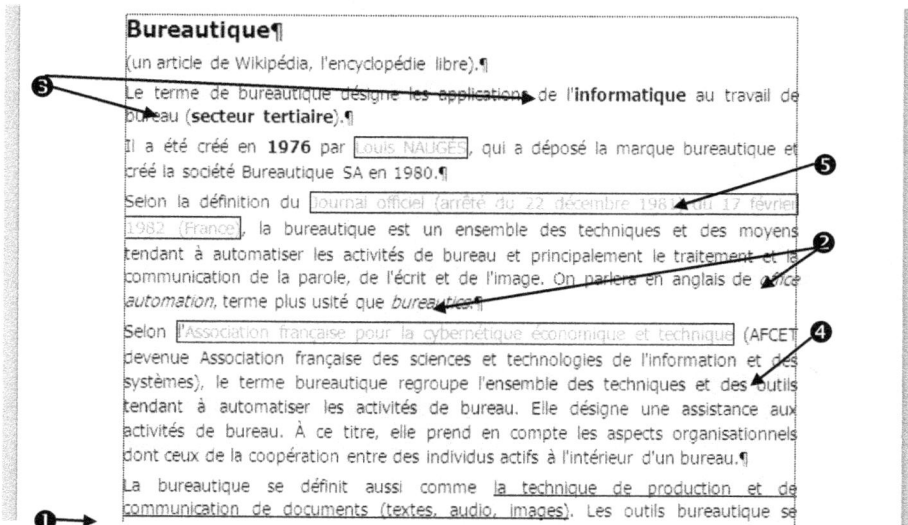

→ Annulez (gommez) toutes les couleurs de caractères et le surlignage (❹ ❺).
→ Enregistrez le document et fermez-le.

EXERCICE 18 : SYMBOLES SPÉCIAUX

Vous allez insérer des symboles spéciaux dans le document que vous avez créé lors de l'exercice précédent. Ouvrez le document que vous avez nommé `Bureautique`.

1-SYMBOLES SPÉCIAUX

■ Cliquez devant le 1er caractère du titre, puis sous l'onglet **Insertion**>groupe **Symboles**, cliquez sur le bouton **Symboles**, puis sur la commande *Autres symboles*...

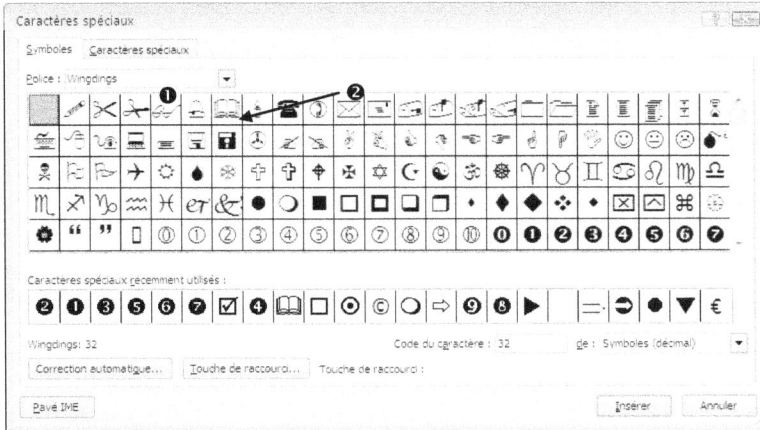

■ Sélectionnez la police de caractères en ❶ : choisissez *Wingdings*, *Webdings* ou *Symbol* pour insérer des symboles, puis sélectionnez un symbole en ❷.

■ Cliquez sur le bouton [Insérer] ou double-cliquez sur le symbole.

2-MAJUSCULES ACCENTUÉES

Pour obtenir des majuscules accentuées, tapez la minuscule accentuée, puis sélectionnez le caractère accentué et formatez-le en majuscule, via le dialogue *Police* ou par ⇧+F3.

EXERCICES

→ Insérez le symbole du livre avant le titre (le 6 ^{ème} symbole dans la police *Wingdings*).

→ Insérez le symbole © (police *Arial*) dans *Bureautique© SA* ❶, mettez ce caractère en exposant.

→ Insérez le sous-titre *définition* ❷ en gras, et formatez ce mot en majuscule (avec ⇧+F3), insérez devant un caractère *Windings* (le 9ème de la 2ème ligne), formatez ce caractère en taille 20.

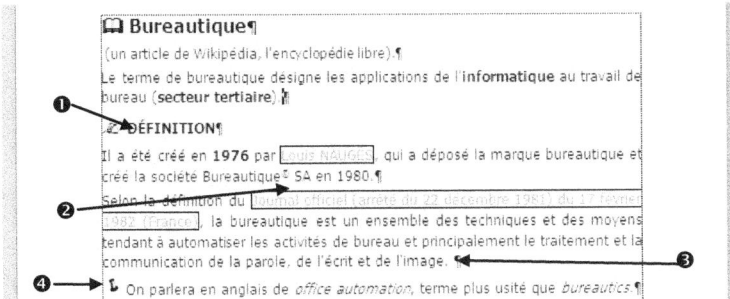

→ Insérez une fin de paragraphe après le mot `image` ❸.

→ Entraînez-vous à insérer d'autres caractères spéciaux de la police *Webdings*, par exemple 🕯 ❹ et mettez-les dans une taille suffisante.

EXERCICES 19 : FORMATER LES PARAGRAPHES

Le formatage des paragraphes s'applique au paragraphe dans lequel se trouve le point d'insertion ou à tous les paragraphes de la sélection en cours s'il y en a une.

1-UTILISEZ LES OUTILS DU RUBAN OU LE DIALOGUE PARAGRAPHE

- Sous l'onglet **Accueil**>groupe **Orthographe**, amenez le pointeur sur les différents boutons pour lire l'infobulle descriptive, notez que les raccourcis clavier sont indiqués pour la plupart.
- Pour appliquer une mise en forme au paragraphe, cliquez sur le bouton ou cliquez sur le lanceur du groupe *Paragraphe* ❶ et choisissez les attributs de mise en forme.

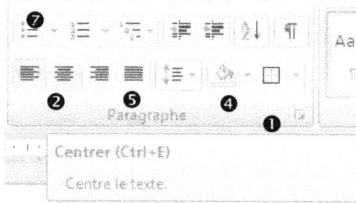

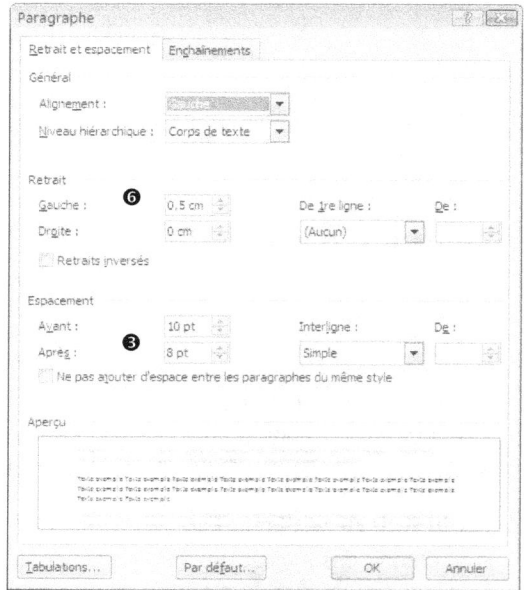

2-ENLEVEZ LE FORMATAGE DE PARAGRAPHE

- Sélectionnez les paragraphes, puis utilisez le raccourci clavier Ctrl+Q qui supprime toute mise en forme directe de paragraphe.

Le paragraphe reprend le format du style qui lui est appliqué.

Vous verrez ultérieurement les styles que l'on peut appliquer aux paragraphes, le style par défaut étant le style *Normal*.

EXERCICES

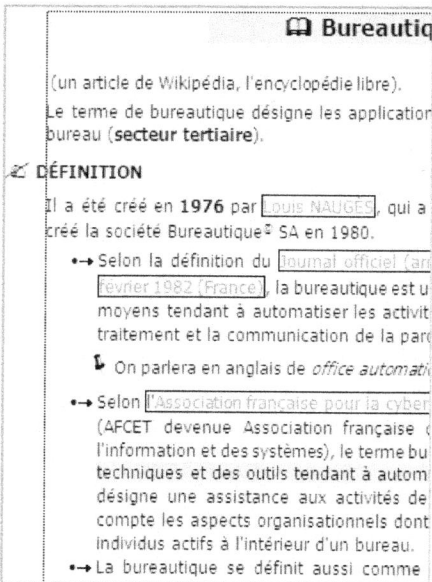

- Centrez le titre principal (bouton ▦ ❷).
- Appliquez un espace après le titre de 20 pt (par le dialogue *Paragraphe* ❸).
- Appliquez un fond gris au paragraphe du titre principal (bouton ◇ ❹).
- Appliquez un retrait gauche de 4 cm et un retrait droit de 4 cm au titre principal (en faisant glisser les marques de retrait du paragraphe sur la règle ou par le dialogue).
- Justifiez le corps du texte sauf les titres (bouton ▦ ❺).
- Placez en retrait de -1 cm le titre *DÉFINITION* (par le dialogue ❻ ou en faisant glisser la marque de retrait gauche du paragraphe)
- Appliquez des puces sur les trois paragraphes définissant la bureautique (bouton ⋮≣ ❼).
- Mettez en retrait de 1 cm le paragraphe précédé de ↳.

EXERCICE 20 : UTILISER LA RÈGLE HORIZONTALE

La règle indique le positionnement des marges (gauche et droite), les retraits du paragraphe sélectionné par rapport aux marges et les taquets de tabulation. Vous pouvez faire glisser ces marques pour modifier les marges, les retraits et les positions de tabulation.

1-REPÉREZ ET DÉPLACEZ LES MARQUES SUR LA RÈGLE

- ❶ Limite de la marge gauche et ❷ limite de la marge droite (la partie grisée indique l'espace de marge, la partie blanche indique la zone de texte). Amenez le pointeur sur la limite, le pointeur se transforme et une infobulle s'affiche indiquant Marge de gauche ou Marge de droite, cliquez et faites glisser la limite.
- ❸ Marque le retrait de gauche (par rapport à la marge gauche), ❹ marque le retrait de droite (par rapport à la marge droite) du paragraphe dans lequel se trouve le point d'insertion. Amenez le pointeur sur la marque de retrait, une infobulle s'affiche indiquant Retrait de gauche ou Retrait de droite, cliquez et faites glisser la marque.
- ❺ Marque le retrait de la première ligne du paragraphe dans lequel se trouve le point d'insertion. Amenez le pointeur sur la marque, une infobulle s'affiche indiquant Retrait de la première ligne, cliquez et faites glisser la marque.

2-POSEZ DES TAQUETS DE TABULATION

La frappe d'une tabulation sert à aligner le texte qui suit sur la position de tabulation suivante. Vous pouvez définir les positions de tabulation pour un paragraphe et les modifier directement avec la souris sur la règle.

- ■ Cliquez dans le paragraphe, puis cliquez sur la case ❻ jusqu'à obtenir le type de tabulation voulue (*Gauche*, *Droite*, *Centrée*...), puis cliquez dans la règle à la position où vous voulez créer un taquet de tabulation ❼ (à 6,5 cm de la marge gauche). Cliquez à nouveau sur la case ❻ jusqu'à obtenir une tabulation décimale, puis cliquez dans la règle ❽ (à 10,5 cm de la marge).
- ■ Une fois les taquets de tabulation créés, vous pouvez les déplacer à la souris. Faites glisser le taquet de tabulation gauche puis celui de tabulation décimale.

EXERCICES

- – Créez un document vierge, saisissez les cinq paragraphes (les caractères de tabulation s'affichent sous forme d'une flèche).
- – Augmentez de 1 cm la marge gauche et la marge droite en faisant glisser les marques sur la règle.
- – Dans le deuxième paragraphe, posez des tabulations centrées à 6 cm et 9 cm, dans les trois derniers paragraphes des tabulations décimales à 6 cm et 9 cm.
- – Sélectionnez les 4 derniers paragraphes, faites glisser le retrait gauche de 1 cm vers la droite, cliquez sur la flèche associée au bouton *Bordures* choisissez *Bordure intérieure horizontale*.
- – Cliquez dans le premier paragraphe, centrez-le puis cliquez sur le bouton *Trame de fond*. Cliquez sur la couleur de thème noir, sélectionnez le dernier paragraphe et mettez les caractères en gras.

EXERCICE 21 : ANNULER OU RÉPÉTER DES ACTIONS

Les actions précédentes peuvent être annulées. Vous pouvez aussi répéter la dernière action effectuée.

1-ANNULEZ LA DERNIÈRE ACTION

■ Après avoir effectué une action quelconque (saisie d'un mot, mise en forme...), cliquez sur le bouton ⟲ ▾ *Annuler* de la barre d'outils *Accès rapide* (raccourci clavier Ctrl+Z).

si le bouton n'apparaît, activez-le sur la barre d'outils *Accès rapide*

2-ANNULEZ LES N DERNIÈRES ACTIONS

■ Cliquez sur la flèche du bouton ⟲ ▾ *Annuler*.

La liste des actions précédemment s'affiche apparaît dans un menu, la première affichée est la plus récente et les autres suivent par ordre d'ancienneté.

■ Cliquez sur l'action précédente à partir de laquelle vous souhaitez annuler (par exemple les quatre dernières)

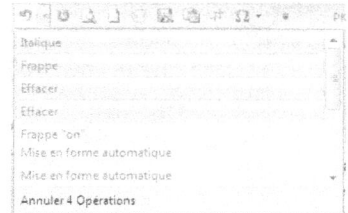

3-RÉTABLIR LES DERNIÈRES ACTIONS ANNULÉES (OU RÉPÉTEZ LA DERNIÈRE ACTION)

Si vous venez d'annuler des actions, vous pouvez les rétablir en utilisant le bouton ⟳ *Rétablir* (activez-le sur la barre d'outils *Accès rapide* si ce n'est pas fait).

Notez que si votre dernière action n'est pas une annulation, le bouton ⟳ *Rétablir* se transforme en ⟳ *Répéter*, et il sert à répéter la dernière action.

EXERCICES

➔ Ouvrez le document Exo21 puis enregistrez le sous le nom Fable8.

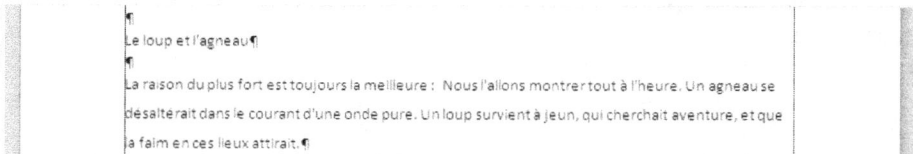

> ¶
> Le loup et l'agneau¶
> ¶
> La raison du plus fort est toujours la meilleure : Nous l'allons montrer tout à l'heure. Un agneau se désaltérait dans le courant d'une onde pure. Un loup survient à jeun, qui cherchait aventure, et que la faim en ces lieux attirait.¶

➔ Supprimez le paragraphe vide avant le titre Le loup et l'agneau, et le paragraphe vide après, appliquez au paragraphe du titre un espace après de 20 pts.

➔ Cliquez sur le mot loup. Puis via le dialogue *Police*, appliquez la police *Verdana* en taille 14 en italique avec les attributs contour et ombre (*loup*), puis sélectionnez le mot agneau et cliquez sur le bouton ⟳ *Répéter* de la barre d'outils *Accès* rapide (répète la dernière action).

➔ Insérez des sauts de ligne après meilleure:, après heure, après désaltérait , après pure., après aventure. Cliquez sur chaque mot en début des nouvelles lignes et tapez ⇧ +F3 pour mettre l'initiale en majuscule. Via le dialogue *Paragraphe*, appliquez un interligne de 1,5 ligne.

➔ Cliquez sur la flèche associée au bouton ⟲ ▾ *Annuler* et annulez les cinq dernières actions.

➔ Comme vous venez d'annuler des actions, le bouton ⟳ *Répéter* s'est transformé en ⟳ *Rétablir*, cliquez sur ce bouton pour rétablir la dernière action annulée, le bouton *Rétablir* reste encore actif (car vous aviez annulé cinq actions et vous n'en avez rétabli qu'une), cliquez à nouveau sur le bouton pour rétablir la suivante.

➔ Fermez le document sans enregistrer, puis ouvrez le même document. Vous retrouvez la version antérieure du document, c'est la bonne façon de procéder si vous voulez annuler toutes les modifications depuis le précédent enregistrement.

PARTIE 3
CAS PRATIQUES

CAS 1 : CRÉER UN COURRIER

CAP International - S.A. au capital de 900.000 € - 45, rue Paul Deslieux, 75016 Paris.
Tél : 01 45 12 78 45/48 - Fax : 01 45 12 78 69 - Télex : 212458F

Parfumerie SOHO
Mdame Sarragossa
56, rue Jean Marceau
75001 Paris

Paris, le 29/07/2007

V/Réf : GL256-03

Madame,

Nous vous remercions de l'accueil que vous avez réservé à notre représentant, Monsieur DUBOIS.

Comme convenu, nous allons vous faire parvenir le matériel nécessaire à notre prochaine campagne de promotion concernant la nouvelle gamme de produits solaires Sun Light.

Cette campagne sera lancée simultanément en France, en Suisse et en Belgique à compter du 15 décembre prochain.

Veuillez agréer, Madame, l'expression de nos sentiments distingués.

Olivier Sigolet
Chef de produit

CAS 1 : CRÉER UN COURRIER

Fonctions utilisées

- *Mise en page*
- *Saisie de texte*
- *Police et taille des caractères*
- *Date automatique*

- *Retrait de paragraphe*
- *En-tête de page*
- *Enregistrement du document*
- *Impression du document*

15 mn

Vous allez créer une lettre comportant l'adresse et la date en retrait, une référence, un texte et le nom du signataire également en retrait.

1-CRÉEZ UN NOUVEAU DOCUMENT

Si vous venez de lancer Word 2007, un nouveau document vierge est automatiquement affiché à l'écran. Si vous n'êtes pas dans ce cas :

- Cliquez sur le **Bouton Office**, puis sur la commande *Nouveau*, cliquez sur l'icône *Document vierge* (qui correspond au modèle par défaut *Normal.dotm*) ou appuyez sur [Ctrl]+N.

Notez le format de caractère par défaut : police Calibri de taille 11 et le format de paragraphe par défaut : espace après 10 pt, espace avant 0 pt, interligne Multiple 1,15 li. Pour voir ces valeurs, ouvrez le dialogue *Police* puis annulez et le dialogue *Paragraphe* puis annulez.

2-DÉFINISSEZ L'AFFICHAGE EN LARGEUR DE PAGE AUTOMATIQUE

- Passez en affichage sur la largeur de page : sous l'onglet **Affichage**>groupe **Zoom**, cliquez sur le bouton **Largeur de la page**.

Avec cet affichage, quelque soit la taille de la fenêtre Word, le zoom s'adapte automatiquement pour que la page entière soit affichée. Vérifiez en réduisant la taille de la fenêtre, puis agrandissez la fenêtre.

3-DÉFINISSEZ LA MISE EN PAGE

- Sous l'onglet **Mise en page**>groupe **Mise en page**, cliquez sur le bouton **Marges** la galerie des marges prédéfinies s'affiche, mais les marges que nous voulons n'y figurent pas
- Cliquez alors sur *Marges personnalisées...* au bas de la galerie, saisissez les valeurs suivantes pour les marges (il est inutile de taper l'unité *cm*, c'est l'unité implicite), validez par [OK].

Mise en page		
Marges Papier Disposition	Haut : *3,5 cm*	Gauche : *4,5 cm*
Marges	Bas : *1,5 cm*	Droite : *2,5 cm*
Haut : 3,5 cm Bas : 1,5 cm		
Gauche : 4,5 cm Droite : 2,5 cm		
Reliure : 0 cm Position de la reliure : Gauche		

Notez que la valeur de 3,5 cm pour la marge du haut est grande pour que l'en-tête de page que vous définirez tienne dans la marge du haut. Ou bien, si vous utilisez un papier en-tête avec un logo en haut de page, il faut que la marge du haut réserve un espace suffisant pour l'emplacement du logo. Le même raisonnement vaut pour la marge du bas et le pied de page.

4-CRÉEZ LE RETRAIT DE L'ADRESSE

- Affichez la règle si elle n'apparaît pas : sous l'onglet **Affichage**>groupe **Afficher/Masquer**, cochez la case <☑ Règle>. Dans la règle, faites glisser à la position 6,5 cm (à droite de la marge gauche) la marque de retrait gauche du paragraphe ❶.

❶

CAS 1 : CRÉER UN COURRIER

5-SAISISSEZ L'ADRESSE AVEC CE RETRAIT

■ Activez l'attribut gras : cliquez sur le bouton G sur le Ruban sous l'onglet **Accueil**>groupe **Police** ou Ctrl +G, saisissez Parfumerie SOHO, puis désactivez le gras : cliquez sur G ou Ctrl +G.

■ Terminez la ligne sur ⇧ + ⏎ (fin de ligne dans un même paragraphe).

■ Saisissez les deux lignes suivantes de l'adresse en terminant par ⇧ + ⏎ .

■ Saisissez la dernière ligne de l'adresse en terminant par ⏎ (fin de paragraphe).

■ Tapez à nouveau ⏎ (fin de paragraphe) pour insérer un paragraphe vide.

6-INSÉREZ LA DATE DU JOUR AUTOMATIQUE

■ Tapez Paris, le, puis tapez un espace.

■ Sous l'onglet **Insertion**>groupe **Texte**, cliquez sur le bouton **Date et heure**, le dialogue *Date et heure* s'affiche : sélectionnez le format de la date, cliquez sur [OK] pour valider.

Le texte de la date fixe du jour actuel qui est insérée, elle ne sera pas modifiée lorsque mettrez à jour le document un jour suivant (sauf si vous avez coché la case <□ Mise à jour automatique> auquel cas c'est un champ date qui est inséré).

```
Parfumerie SOHO↵
Madame SARAGOSSA↵
56, rue Jean Marceau↵
75001 PARIS¶

¶

Paris, le 29/07/2007¶

¶
```

■ Appuyez sur ⏎ pour terminer le paragraphe contenant la date.

7-METTEZ FIN AU RETRAIT DE PARAGRAPHE

■ Dans la règle, faites glisser à la position *0 cm* la marque de retrait gauche du paragraphe.

■ Appuyez sur ⏎ pour insérer un paragraphe vide.

Notez que l'espace entre les lignes d'un même paragraphe (qu'on appelle l'interligne) n'est pas le même que l'espace avant ou après un paragraphe. Lorsque vous créez un document vierge, le style de paragraphe par défaut (Normal) définit l'interligne et l'espace avant/après le paragraphe.

8-SAISISSEZ ET METTEZ EN FORME LA RÉFÉRENCE

■ Tapez V/Réf : GL256-03, tapez sur ⏎ pour terminer le paragraphe.

■ Tapez sur ⏎ pour insérer un paragraphe vide.

■ Sélectionnez les caractères GL256-03, cliquez sur le bouton *I* ou tapez Ctrl +I.

■ Sélectionnez les caractères V/Réf cliquez sur le bouton S ou tapez Ctrl +U.

■ Tapez sur Ctrl + Fin pour placer le point d'insertion en fin du document.

Il est la plupart du temps préférable de saisir le texte sans se préoccuper de la mise en forme, puis de sélectionner les mots ou les portions de texte pour les mettre en gras, italique ou souligné. C'est ce que vous venez de faire.

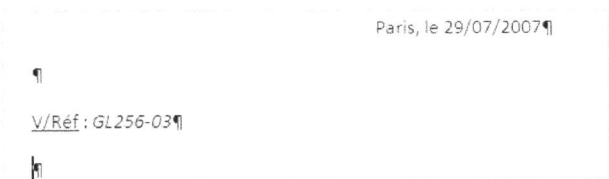

```
                              Paris, le 29/07/2007¶

¶

V/Réf : GL256-03¶

¶
```

CAS 1 : CRÉER UN COURRIER

9-SAISISSEZ LE CORPS DU TEXTE

On veut que les paragraphes du corps du document soient justifiés (aligné à la fois sur les marges gauche et droite) :

- Activez la justification : cliquez sur le bouton ≡ sur le Ruban sous l'onglet **Accueil**>groupe **Paragraphe** ou tapez `Ctrl`+J.
- Insérez un paragraphe vide, puis saisissez les paragraphes du courrier en les terminant par `↵` (qui insère un caractère de contrôle de fin de paragraphe).

Notez que les paragraphes s'espacent naturellement du fait de l'espace après de 10 pt du style par défaut, il n'est donc pas utile de les espacer par des paragraphes vides.

Notez aussi que lorsque vous insérez un caractère fin de paragraphe, le paragraphe suivant adopte la mise en forme du paragraphe précédent. Dans notre cas, tous les paragraphes sont justifiés.

V/Réf : GL256-03¶

¶

Madame,¶

Nous vous remercions de l'accueil que vous avez réservé à notre représentant, Monsieur DUBOIS.¶

Comme convenu, nous allons vous faire parvenir le matériel nécessaire à notre prochaine campagne de promotion concernant la nouvelle gamme de produits solaires Sun Light.¶

Cette campagne sera lancée simultanément en France, en Suisse et en Belgique à compter du 15 décembre prochain.¶

Veuillez agréer, Madame, l'expression de nos sentiments distingués.¶

> Pour éviter d'avoir à saisir le texte, vous le trouverez dans le fichier `SOHO1`, vous pouvez donc le copier-coller.

10-SAISISSEZ LE NOM DU SIGNATAIRE

Le curseur étant à la fin du texte :

- Tapez deux fois `↵` pour insérer deux paragraphes vides.
- Dans la règle, faites glisser à la position *7,5 cm* la marque de retrait gauche du paragraphe.
- Saisissez le nom du signataire, terminez la ligne en tapant `⇧`+ `↵`.
- Activez l'italique : cliquez sur le bouton *I* ou tapez `Ctrl`+I, saisissez la fonction `Chef de produit`, désactivez l'italique en cliquant à nouveau sur le bouton *I* ou tapez `Ctrl`+I.
- Terminez le paragraphe par `↵` qui ajoute un paragraphe vide au-dessous.

Veuillez agréer, Madame, l'expression de nos sentiments distingués.¶

¶

Olivier Sigolet↵
Chef de produit¶

¶

11-CHANGEZ LA POLICE ET LA TAILLE DES CARACTÈRES

- Sélectionnez tout le texte : sous l'onglet **Accueil**>groupe **Modification**, cliquez sur le bouton **Sélectionner** puis sur la commande *Sélectionner tout*, ou tapez sur `Ctrl`+A.
- Dans le Ruban sous l'onglet **Accueil**>groupe **Police** : sélectionnez police *Tahoma* et taille *12*.
- Cliquez n'importe où dans le document pour annuler la sélection.

CAS 1 : CRÉER UN COURRIER

12-Enregistrez le document

- Cliquez sur la bouton ![icône] dans la barre d'outils *Accès rapide*, ou cliquez sur le **Bouton Office** puis sur *Enregistrer*, ou tapez ⌈Ctrl⌉+S.
- Sélectionnez le lecteur `C:\`, puis double-cliquez sur le dossier `Exercices Word 2007`.
- Dans la zone <Nom de fichier> : tapez `Courrier SOHO`.
- Cliquez sur le bouton [Enregistrer].

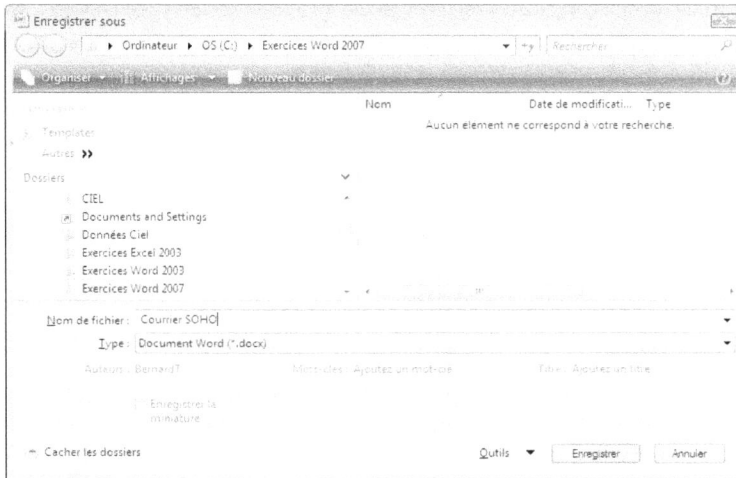

13-Ajoutez un en-tête

- Passez en affichage *Page* si ce n'est pas déjà fait : cliquez sur l'icône *Page* dans partie droite de la barre d'état de Word ![barre].
- Double-cliquez dans la zone d'en-tête dans la marge du haut, et saisissez le texte :
`CAP International – S.A. au capital de 900.000 €. 45, rue Paul Deslieux, 75016  Paris` ⌈⇧⌉+ ⌈↵⌉ `Tél : 01 45 12 78 45/48 – Fax : 01 45 12 78 69 – Télex : 212458F` ⌈↵⌉ ⌈↵⌉.

14-Mettez en forme l'en-tête

- Sélectionnez les lignes d'en-têtes puis appliquez la police *Arial* et la taille *8*.

- Cliquez sur le bouton centré ![icône] sous l'onglet **Accueil**>groupe **Paragraphe** pour centrer les deux lignes d'en-tête, puis dans la règle, faites glisser la marque de retrait - 2 cm (retrait négatif par rapport à la marge gauche). En effet, la marge gauche de la page est 4,5 cm soit 2 cm de plus que la marge droite, or nous voulons le texte de l'en-tête centré par rapport à la page et non par rapport aux marges. Il faut donc appliquer un retrait gauche négatif de - 2 cm à l'en-tête.

15-Insérez un logo dans l'en-tête

Vous utiliserez l'image `logo.wmf` présente dans le dossier `C:\Exercices Word 2007`.

- Cliquez dans le dernier paragraphe vide de l'en-tête, puis sous l'onglet **Insertion**>groupe **Illustrations**, cliquez sur le bouton **Images**, puis

CAS 1 : CRÉER UN COURRIER

- Si le dossier affiché n'est pas le dossier `C:\Exercices Word 2007`, double-cliquez sur le lecteur `C:\`, puis double-cliquez sur le dossier `Exercices Word 2007`.
- Dans la liste des fichiers qui s'affiche : sélectionnez le fichier `logo.wmf`, cliquez sur [Insérer].

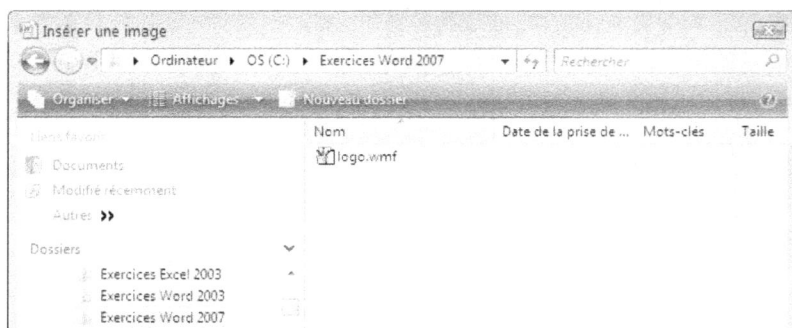

L'image apparaît dans le document, elle est insérée comme unique contenu du paragraphe dans lequel se trouvait le point d'insertion, donc elle est centrée sur la page puisque le paragraphe est centré.

16-RÉDUISEZ LA TAILLE DE L'IMAGE

- Cliquez sur l'image, amenez le pointeur sur la poignée du coin inférieur droit, maintenez la touche ⇧ enfoncée pendant que vous faites glisser la poignée du coin inférieur droit pour réduire l'image de façon proportionnelle jusqu'à 25 % de la taille d'origine.

Pour vérifier l'échelle : cliquez droit sur l'image, puis sur la commande contextuelle *Taille*... le dialogue *Taille* permet de spécifier l'échelle exacte en pourcentage.

17-IMPRIMEZ LE DOCUMENT

Visualiser l'aperçu avant impression

- Cliquez sur le **Bouton Office**, puis amenez le pointeur sur *Imprimer* (sans cliquer), puis cliquez sur *Aperçu avant impression* ou cliquez sur le bouton 🔍 dans la barre d'outils *Accès rapide*
- Cliquez sur le bouton **Fermer l'aperçu avant impression** sur le Ruban.

Imprimez le document.

- Cliquez sur 🖨 dans la barre d'outils *Accès rapide* pour lancer l'impression sans passer par le dialogue.

Fermez le document en enregistrant.

- Cliquez sur le **Bouton Office** puis sur la commande *Fermer*.
  Répondez [Oui] pour enregistrer les récentes modifications, comme le fichier existe déjà l'enregistrement va écraser le fichier précédent.

CAS 2 : MODÈLE DE COURRIER

CAP International - S.A. au capital de 900.000 € - 45, rue Paul Deslieux, 75016 Paris.
Tél : 01 45 12 78 45/48 - Fax : 01 45 12 78 69 - Télex : 212458F

Parfumerie SOHO
Mdame Sarragossa
56, rue Jean Marceau
75001 Paris

Paris, le 29/07/2007

V/Réf : GL256-03

Madame,

Nous vous remercions de l'accueil que vous avez réservé à notre représentant, Monsieur DUBOIS.

Comme convenu, nous allons vous faire parvenir le matériel nécessaire à notre prochaine campagne de promotion concernant la nouvelle gamme de produits solaires Sun Light.

Cette campagne sera lancée simultanément en France, en Suisse et en Belgique à compter du 15 décembre prochain.

Veuillez agréer, Madame, l'expression de nos sentiments distingués.

Olivier Sigolet
Chef de produit

CAS 2 : MODÈLE DE COURRIER

La méthode recommandée pour réaliser des courriers qui ont la même mise en forme consiste à créer un modèle, puis à l'utiliser pour créer les documents courrier. Un modèle contient la mise en page et les styles associés aux divers éléments du courrier (l'adresse, le corps du texte et le nom du signataire dans notre exemple). Pour définir ces différents styles, vous partirez du document identique à celui créé lors de l'exercice précédent.

1-Ouvrez le fichier

Le document `Courrier SOHO` a été récemment utilisé donc vous pourrez le retrouver dans la liste des derniers documents utilisés :

■ Cliquez sur le **Bouton Office**, dans la partie droite du menu s'affichent la liste des **Documents récents**, cliquez ensuite sur `Courrier SOHO`.

En fait, nous n'allons pas travailler sur ce document, refermez-le et ouvrez le fichier `Cas2`, qui se trouve dans le dossier `C:\Exercices Word 2007`.

■ Cliquez sur le **Bouton Office** puis sur la commande *Ouvrir*, ou tapez `Ctrl`+O ou cliquez sur le bouton *Ouvrir* de la barre d'outils *Accès rapide*.

■ Double-cliquez sur le lecteur `C:\` puis sur le nom de dossier `C:\Exercices Word 2007`, dans la liste des fichiers sélectionnez le fichier `Cas2`, cliquez sur [Ouvrir].

2-Modifiez le style Normal

Le style *Normal* est le style par défaut des paragraphes. Si vous voulez que la police de caractère par défaut soit *Arial* dans votre document et non Calibri, vous pouvez modifier le style *Normal*. Vous allez modifier le style *Normal* en *Arial*, en taille *11* et justifié.

■ Dans le volet des styles, cliquez droit sur le nom de style *Normal*, puis sur *Modifier...*
Le dialogue *Modifier le style* s'affiche.

■ Cliquez sur le bouton *Justifier* et choisissez la police *Arial* et la taille *11*.

■ Cliquez sur [OK] pour valider la modification du style.

Le style de paragraphe *Normal* étant modifié (police et taille de caractère et alignement). Cette modification s'applique à tous les paragraphes de style *Normal* du document, ainsi qu'à tous les autres styles basés sur le style *Normal*.

CAS 2 : MODÈLE DE COURRIER

3-Créez un style pour l'adresse

Le but est d'enregistrer sous un nom le formatage du paragraphe de l'adresse (ici son retrait de 6,5 cm), pour le réutiliser.

- Affichez le volet *Styles* : Sous l'onglet **Accueil**>groupe **Styles**, cliquez sur le lanceur du groupe **Style**.
- Cliquez dans une ligne de l'adresse, vous apercevez que le paragraphe est justifié, puisque son style est *Normal*, ce que vous voyez dans le volet *Styles* (le style du paragraphe courant est encadré).
- Alignez le paragraphe à gauche, en cliquant sur le bouton ≡ sur le Ruban sous l'onglet **Accueil**>groupe **Paragraphe**.
- Cliquez sur l'icône ⚏ *Nouveau Style* ❶.

Le dialogue *Créer un style à partir de la mise en forme* s'affiche.

- Saisissez le nom du nouveau style : `Adresse`, cliquez sur [OK].

Le style *Adresse* qui vient d'être créé contient tous les paramètres de format du paragraphe dans lequel se trouvait le point d'insertion au moment de cliquer sur l'icône ⚏.

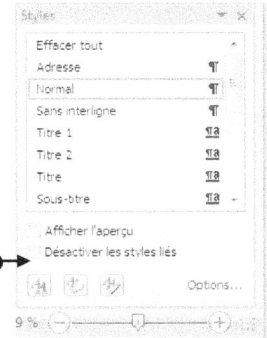

4-Créez un style pour le nom du signataire

Le but est d'enregistrer sous un nom de style la mise en forme de cette partie de la lettre, en l'occurrence son retrait de 7,5 cm.

- Affichez le volet *Styles* si ce n'est pas déjà fait : sous l'onglet **Accueil**>groupe **Styles**, cliquez sur le lanceur du groupe **Style**.
- Cliquez dans la ligne du signataire, alignez le paragraphe à gauche, puis cliquez sur l'icône ⚏ *Nouveau Style*.

Le dialogue *Créer un style à partir de la mise en forme* s'affiche.

- Saisissez le nom du nouveau style : `Signataire`, cliquez sur [OK].

Le style *Signataire* est créé. Il contient tous les paramètres de format du paragraphe dans lequel se trouvait le curseur au moment du clic sur l'icône ⚏.

5-Effacez le contenu de la lettre

Le modèle à créer un modèle servira pour produire des courriers. Ce modèle pourrait contenir un texte de base, mais dans cet exercice nous ne mettrons pas de texte, sauf l'en-tête. Vous allez effacer le corps du document :

- Cliquez dans la zone du texte et non dans la zone de l'en-tête, tapez `Ctrl`+A pour sélectionner la totalité du document, puis appuyez sur `Suppr`.

Le document apparaît maintenant vide sauf un premier paragraphe vide (la marque de paragraphe) de style *Normal*. Les styles *Adresse* et *Signataire* existent toujours.

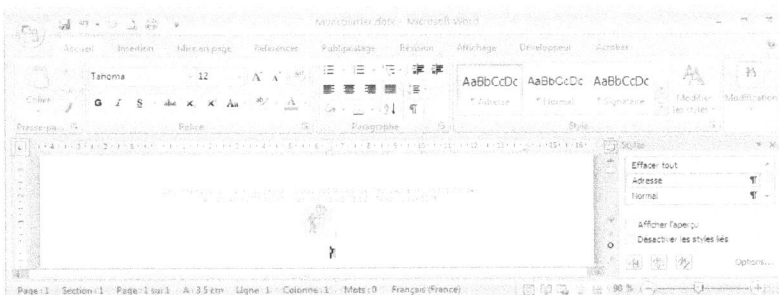

CAS 2 : MODÈLE DE COURRIER

6-Appliquez un style à un paragraphe

On désire maintenant appliquer le style *Adresse* au premier paragraphe vide qui reste dans le document, puisqu'un courrier commence par une adresse.

- Cliquez dans le paragraphe, dans le volet des styles, cliquez sur le nom de style *Adresse*.

7-Enregistrez en tant que modèle

- Cliquez sur le **Bouton Office**, puis amenez le pointeur sur *Enregistrer sous* (sans cliquer), cliquez sur *Modèle Word*.

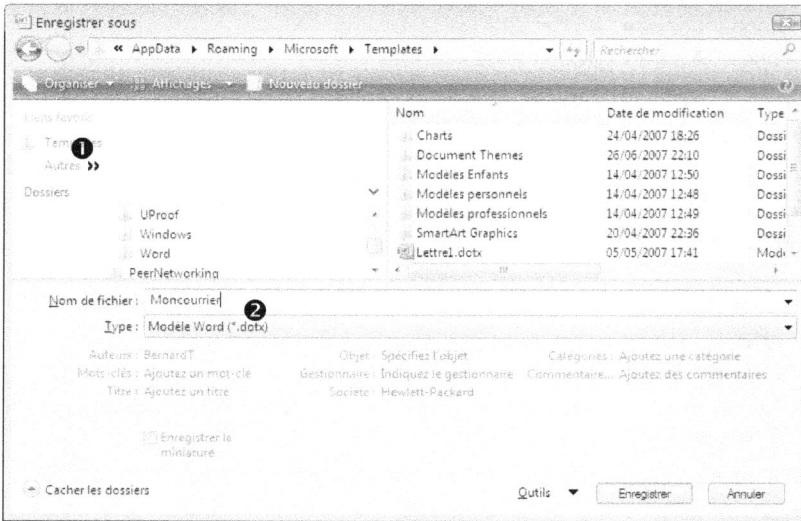

- Sous *Liens favoris*, cliquez sur le lien favori *Templates* ❶, dans la zone <Nom de fichier> : saisissez le nom du modèle `MonCourrier` ❷.
  Dans Word 2007, le dossier par défaut qui contient les modèles de document est :
  `C:\Utilisateurs/nom_utilisateur/AppData/Roaming/Microsoft/Templates`.
  Pour utiliser accéder facilement à ce dossier, Word a créé un lien favori nommé *Templates* vers ce dossier vers ce dossier dans les liens favoris.
- Cliquez sur [Enregistrer].

Le modèle `MonCourrier` est enregistré dans le dossier des modèles qui s'appelle `Templates`, par défaut dans l'installation de Word 2007.

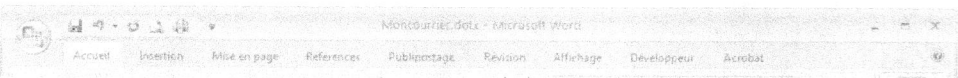

Maintenant que le modèle `MonCourrier` a été créé à partir du document `Cas2`, observez que le nom de la fenêtre est devenu `MonCourrier.dotx`.

Les modèles ont pour extension `.dotx` ou `.dotm`. Les modèles `.dotx` ne peuvent pas contenir de macros, les modèles `.dotm` peuvent prendre en charge les macros. Par défaut, le modèle créé est un `.dotx`. Dans la zone <Type>, vous pouvez choisir un Modèle Word (`*.dotm`).

- Fermez le document `MonCourrier.dotx`.

CAS 3 : COURRIER AVEC LISTE TABULÉE

GRAD S.A.
Monsieur Pierre WALTER
78, rue des fainéants
75019 Paris

Paris, le 29 juillet 2007

N/Réf : AP1023

Monsieur,

Suite à notre récente conversation téléphonique, veuillez trouver ci-joint une documentation sur les produits que nous distribuons.

Et voici la liste des promotions du mois :

Ordinateur Compaq Pressario XP720 .... 2 250 € HT
Imprimante HP Laserjet 5MP .... 1 480 € HT
Microsoft Office .... 475 € HT

Notre équipe reste à votre disposition pour toute information complémentaire et peut organiser une démonstration sur les produits de votre choix.

Veuillez agréer, Monsieur, l'expression de mes sentiments distingués.

Alain Parker
Directeur commercial

CAS 3 : COURRIER AVEC LISTE TABULÉE

Fonctions utilisées

– *Utilisation d'un modèle*   – *Tabulations et points de suite*
– *Saisie de texte*   – *Utilisation des styles*
– *Attributs des caractères*   – *Autotexte*

15 mn

Vous allez créer un courrier comportant une liste avec tabulations définies avec des points de suite. Pour ce courrier, vous utiliserez le modèle *MonCourrier* créé dans le cas N°2.

1-CRÉEZ UN DOCUMENT À PARTIR DU MODÈLE DE COURRIER

■ Cliquez sur le **Bouton Office** puis sur *Nouveau*.

Le dialogue *Nouveau document* s'affiche.

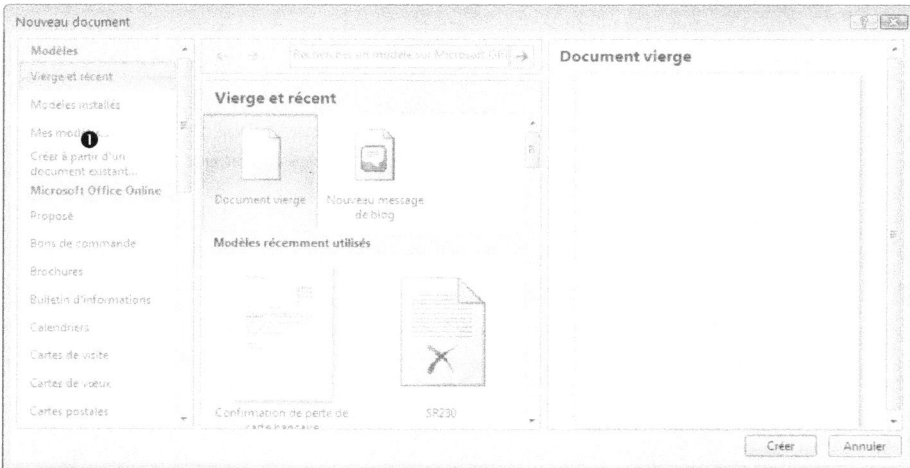

Sous **Modèles**, cliquez sur *Mes modèles...* ❶ (qui représente les modèles enregistrés dans le dossier `Templates`), sélectionnez le modèle créé : `MonCourrier.dotx` ❷, laissez l'option <⊙ Document> ❸ active car vous voulez créer un document, cliquez sur [OK].

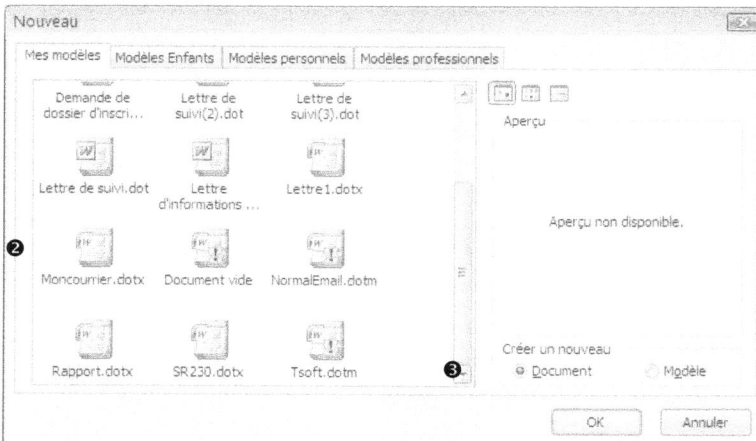

CAS 3 : COURRIER AVEC LISTE TABULÉE

Le nouveau document créé apparaît avec la mise en page et l'en-tête définis, le premier paragraphe est du style *Adresse* en retrait de 7,5 cm. Le document est nommé DocumentN.

- Affichez le volet *Styles* si ce n'est déjà fait, dans la zone du bas de ce volet cliquez sur *Options...*, puis dans la zone <Sélectionner les styles à afficher> : sélectionnez *Dans le document actif*.

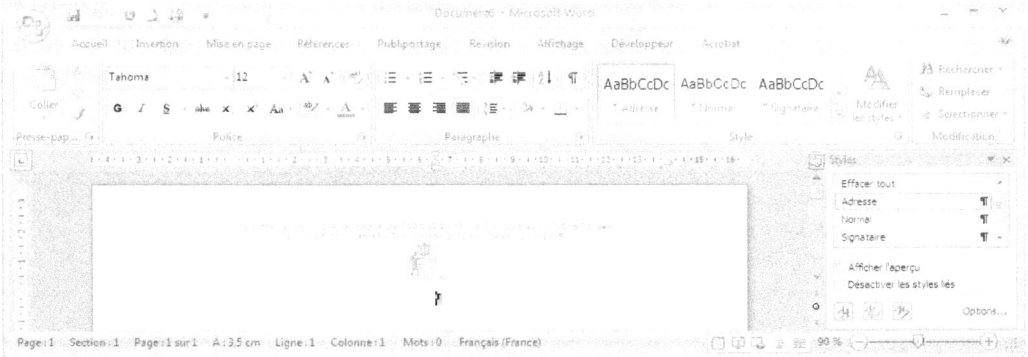

2-SAISISSEZ LE DÉBUT DU COURRIER

- Le point d'insertion est dans le premier paragraphe de style *Adresse* tel que dans le modèle.
- Tapez les trois premières lignes de l'adresse que vous terminez chacune par ⇧+ ⏎ et la dernière que vous terminez par ⏎.
- Tapez sur ⏎ pour insérer un paragraphe vide (qui hérite du style *Adresse*).
- Tapez Paris, le puis un espace, puis sous l'onglet **Insertion**>groupe **Texte** cliquez sur le bouton **Date et heure**, puis cliquez sur le format que vous souhaitez et validez par [OK].
- Tapez sur ⏎ pour insérer un paragraphe.

- Appliquez le style *Normal* au dernier paragraphe : placez le point d'insertion dans le paragraphe, puis cliquez sur *Normal* dans le volet *Styles*.
- Tapez sur ⏎ pour insérer un paragraphe vide du même style *Normal*.
- Saisissez la référence N/Réf : AP1023, terminez par ⏎.
- Tapez sur ⏎ pour insérer un paragraphe vide de style *Normal*.
- Saisissez le texte, jusqu'à la liste (pour éviter d'avoir à saisir ce texte, vous pouvez le copier/coller à partir du fichier GRAD1).

CAS 3 : COURRIER AVEC LISTE TABULÉE

3-POSEZ DES TAQUETS DE TABULATION

Vous allez définir les positions (taquets) de tabulation pour la liste.

- Cliquez dans le dernier paragraphe, insérez un paragraphe vide pour espacer avec le précédent.
- Dans la règle, cliquez à la position *1 cm* ❶ pour y placer une tabulation gauche.

- Cliquez plusieurs fois de suite sur la case ❷ à l'extrémité gauche de la règle jusqu'à faire apparaître un symbole de tabulation droite ⌐, puis cliquez sur la graduation 11 cm ❸ pour y placer un taquet de tabulation droite.

4-DÉFINISSEZ DES POINTS DE SUITE POUR LE DEUXIÈME TAQUET

- Ouvrez le dialogue *Paragraphe* en cliquant sur le Lanceur du groupe *Paragraphe* sous l'onglet *Accueil*, puis cliquez sur le bouton [Tabulations].
- Dans la zone <Position> ❶ : cliquez sur la position *11 cm*, puis notez l'alignement <⊙ À droite> ❷, activez l'option <⊙ 2...> ❸ pour définir des points de remplissage, cliquez sur [Définir] pour valider par [OK].

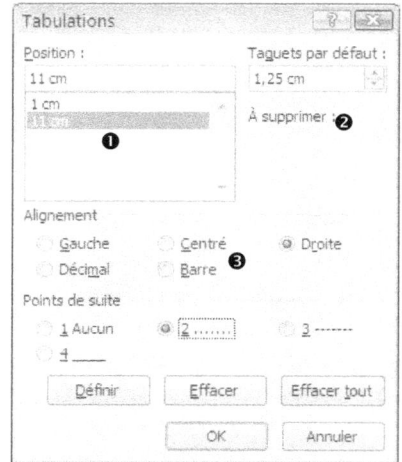

5-SAISISSEZ LA LISTE AVEC TABULATIONS

- Tapez sur ⇥, puis saisissez `Ordinateur Compaq`, tapez sur ⇥, puis saisissez *2 250 € HT* (pour insérer € le symbole de l'euro : AltGr+E), terminez la ligne par ↵.
- Procédez de la même façon pour créer les deux autres lignes, chaque nouvelle ligne hérite du formatage, donc des positions de tabulation, de la précédente.

6-COMPLÉTEZ LE DOCUMENT

- Dans le paragraphe sous la liste, appliquez le format *Normal*.
- Saisissez les deux derniers paragraphes séparés par un paragraphe vide, puis insérez un paragraphe vide.

- Cliquez sur le dernier paragraphe, Insérez un paragraphe, appliquez le style *Signataire* : cliquez sur le style *Signataire* dans le volet des Styles.
- Tapez le nom du signataire `Alain Parker`, puis tapez sur ⇧+↵.
- Saisissez l'intitulé de la fonction : `Directeur Commercial` puis tapez sur ↵.
- Sélectionnez cet intitulé et mettez-le en italique : cliquez sur *I* sur le Ruban ou Ctrl+I.

CAS 3 : COURRIER AVEC LISTE TABULÉE

7-Enregistrez le document

- Cliquez sur ⬚ dans la barre d'outils *Accès rapide*, ou tapez Ctrl +S, dans la zone <Nom de fichier> : saisissez `Courrier GRAD`, cliquez sur [Enregistrer].

8-Imprimez le document

- Visualisez l'aperçu avant impression : cliquez sur le **Bouton Office** puis amenez le pointeur sur *Imprimer* (sans cliquer) et cliquez sur **Aperçu avant impression**, ou cliquez sur ⬚ dans la barre d'outils *Accès rapide*.
- Imprimez le document : cliquez sur ⬚ dans la barre d'outils *Accès rapide* pour lancer l'impression sans passer par le dialogue.
- Cliquez sur le bouton **Fermer l'aperçu avant impression** sur le Ruban.

9-Créez un style pour le paragraphe avec tabulation

Pour pouvoir réutiliser facilement ce format de paragraphe avec tabulation, définissez un style que vous nommerez *Tab2ps* (par exemple pour signifier 2ème tabulation avec point de suite).

- Placez le curseur dans un paragraphe de la liste, dans le volet *Styles* : cliquez sur l'icône ⬚ *Nouveau Style*.

Le dialogue *Créer un style à partir de la mise en forme* s'affiche.

- Saisissez le nom du nouveau style : `Tab2ps`, et activez l'option < ⊙ Nouveaux documents basés sur ce modèle> situées dans le bas du dialogue.
- Cliquez sur [OK] pour valider la création du style.

Le style *Tab2ps* qui vient d'être créé contient tous les paramètres de format du paragraphe dans lequel se trouvait le point d'insertion au moment de cliquer sur l'icône ⬚.

10-Enregistrez le nouveau style dans le modèle MonCourrier

Word vous proposera d'enregistrer ce nouveau style *Tab2ps* dans le modèle du document lorsque vous enregistrerez le document (c'est l'effet de l'option que vous avez activée).

- Enregistrez le document `Courrier GRAD`.

- Cliquez sur [Oui] pour enregistrer la création du style dans le au modèle de document.

Notez que cette méthode est plus simple que celle que vue avez employée dans le cas n°2, à savoir effacer tout le contenu du document actuel et puis enregistrer ensuite en tant que modèle en remplaçant le fichier modèle `MonCourrier` dans le dossier `Templates`.

- Fermez le document `Courrier GRAD`.

CAP International - S.A. au capital de 900.000 € - 45, rue Paul Deslieux, 75016 Paris.
Tél : 01 45 12 78 45/48 - Fax : 01 45 12 78 69 - Télex : 212458F

MOORS et Associés
Monsieur Paul Baudouin
Sq Jean Jaurès
75387 Paris cedex 12

Paris, le 30 septembre 2007

Objet : commande par téléphone du 5/09/07.

Monsieur,

Suite à notre entretien téléphonique du 5 septembre, je vous prie de bien vouloir me confirmer par fax ou par courrier vos deux dernières commandes. Ce document devra obligatoirement comporter les mentions suivantes :

1) Votre numéro de client. Si vous n'êtes pas encore référencé chez nous, contactez Mme Cardwell au service clientèle (☎ ☐☐ 01 45 12 36 89).

2) La liste des articles commandés, en précisant la référence, le titre de l'œuvre, la quantité et le prix unitaire.

3) Votre mode de règlement. Pour tout paiement par carte bancaire, précisez son numéro et sa date d'expiration.

Je vous prie d'agréer, Monsieur, l'expression de mes sentiments distingués.

Guillaume Davino
Res

CAS 4 : COURRIER AVEC LISTE NUMÉROTÉE

Fonctions utilisées

– Utilisation d'un modèle
– Saisie de texte
– Attributs des caractères

– Numérotation d'une liste
– Caractères spéciaux
– Utilisation de styles

15 mn

Vous allez créer un courrier comportant une suite de paragraphes numérotés. Pour ce courrier, vous utiliserez le modèle *MonCourrier* créé dans le cas n°2.

1-Créez un document à partir du modèle de courrier

■ Cliquez sur le **Bouton Office** puis sur *Nouveau*.

Le dialogue *Nouveau document* s'affiche.

■ Sous **Modèles**, cliquez sur *Mes modèles...* ❶ (qui représente les modèles enregistrés dans le dossier `Templates`), sélectionnez le modèle créé : `MonCourrier.dotx` ❷, laissez l'option <⊙ Document> ❸ active car vous voulez créer un document, cliquez sur [OK].

Le nouveau document est créé avec la mise en page et l'en-tête du modèle, le premier paragraphe est du style *Adresse* en retrait de 7,5 cm. Le document est nommé `DocumentN`.

■ Affichez le volet *Styles* si ce n'est déjà fait, cliquez sur *Options... situé* au bas de ce volet, puis dans la zone <Sélectionner les styles à afficher> : choisissez *Dans le document actif* pour n'afficher que les styles personnalisés du document actif.

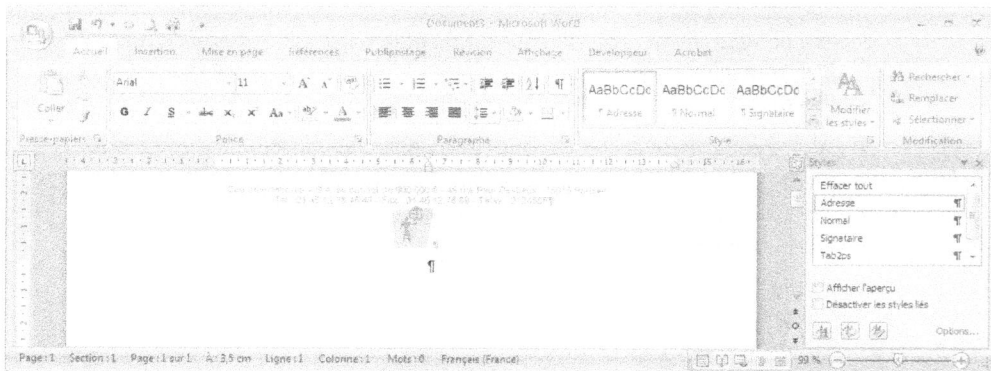

2-Saisissez le texte du courrier

Dans un premier temps, ne vous occupez pas des attributs (gras, italique, soulignement).

■ Tapez les trois premières lignes de l'adresse terminées par ⇧+⏎, la dernière par ⏎.

■ Tapez ⏎ pour ajouter un paragraphe vide.

■ Tapez `Paris, le` puis un espace, puis insérez la date du jour, terminez le paragraphe par ⏎.

■ Appliquez le style *Normal* au paragraphe: cliquez sur Normal dans le volet des styles.

■ Tapez ⏎ pour insérer un paragraphe vide qui conserve le style *Normal*.

■ Tapez le texte `Objet commande du...`, insérez la date, terminez le paragraphe par ⏎.

■ Tapez ⏎ pour insérer un paragraphe vide.

■ Saisissez les paragraphes jusqu'au mot *expiration* sans vous préoccuper ni de la numérotation ni du symbole du téléphone, terminez les paragraphes par ⏎ (pour éviter d'avoir à saisir ce texte, vous pouvez le copier/coller à partir du fichier `MOORS1`).

■ Insérez un paragraphe vide, puis saisissez la formule de politesse.

CAS 4 : COURRIER AVEC LISTE NUMÉROTÉE

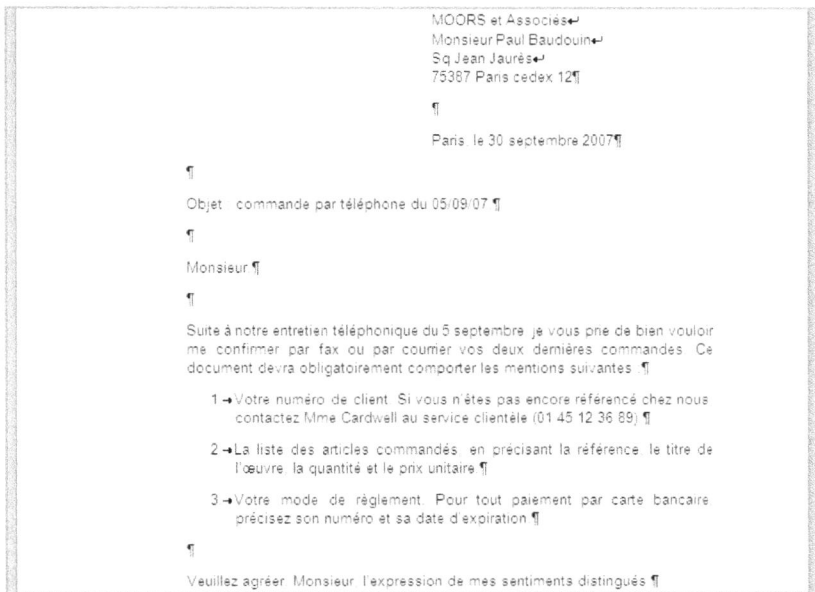

MOORS et Associés
Monsieur Paul Baudouin
Sq Jean Jaurès
75387 Paris cedex 12

Paris, le 30 septembre 2007

Objet : commande par téléphone du 05/09/07

Monsieur

Suite à notre entretien téléphonique du 5 septembre, je vous prie de bien vouloir me confirmer par fax ou par courrier vos deux dernières commandes. Ce document devra obligatoirement comporter les mentions suivantes :

1 → Votre numéro de client. Si vous n'êtes pas encore référencé chez nous contactez Mme Cardwell au service clientèle (01 45 12 36 89)

2 → La liste des articles commandés en précisant la référence, le titre de l'œuvre, la quantité et le prix unitaire.

3 → Votre mode de règlement. Pour tout paiement par carte bancaire précisez son numéro et sa date d'expiration

Veuillez agréer, Monsieur, l'expression de mes sentiments distingués

3-CRÉEZ UNE INSERTION AUTOMATIQUE

Au lieu de ressaisir la formule de politesse dans vos différents courriers, vous pouvez en faire une insertion automatique et la réutiliser rapidement par la suite.

- Sélectionnez le paragraphe de la formule de politesse, puis appuyez sur ⌗Alt⌗+⌗F3⌗.

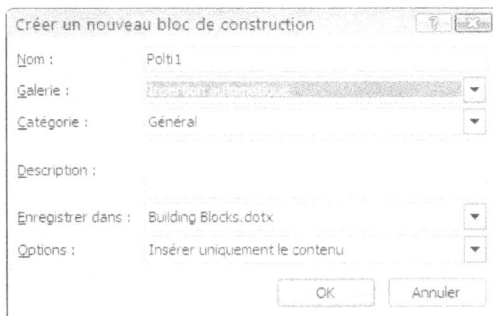

Créer un nouveau bloc de construction

Nom : Polit1
Galerie :
Catégorie : Général
Description :
Enregistrer dans : Building Blocks.dotx
Options : Insérer uniquement le contenu

OK   Annuler

- Dans la zone <Nom> : tapez l'abréviation à lui associer : Polit1, dans la zone <Galerie> : choisissez *Insertion automatique*, cliquez sur [OK] pour valider.

Notez que cette insertion automatique est enregistrée dans un modèle nommé Building Blocks.dotx. Dorénavant, il sera possible d'insérer cette formule de politesse dans n'importe quel document. Faites-en l'essai.

- Effacez la formule de politesse à la fin du courrier, puis à sa place, tapez l'abréviation Polit1 et appuyez sur ⌗F3⌗.

La formule de politesse est réinsérée.

- Insérez un paragraphe vide sous la formule de politesse.
- Sur le dernier paragraphe, appliquez le style *Signataire.*
- Saisissez le nom du signataire, terminez le paragraphe par ⌗⇧⌗+⌗↵⌗, saisissez la fonction, terminez par ⌗↵⌗, puis, sélectionnez le texte de la fonction et mettez-le en italique.

CAS 4 : COURRIER AVEC LISTE NUMÉROTÉE

> Veuillez agréer, Monsieur, l'expression de mes sentiments distingués.¶
>
> ¶
>
> Guillaume Davino↵
> *Responsable de clientèle*¶

4-APPLIQUEZ LA NUMÉROTATION AUTOMATIQUE DES PARAGRAPHES

- Sélectionnez l'ensemble des trois paragraphes à numéroter.
- Sous l'onglet **Accueil**>groupe **Paragraphe**, cliquez sur le bouton **Numérotation**.

Les paragraphes sélectionnés sont alors automatiquement numérotés.

- Cliquez n'importe où dans le texte pour annuler la sélection.

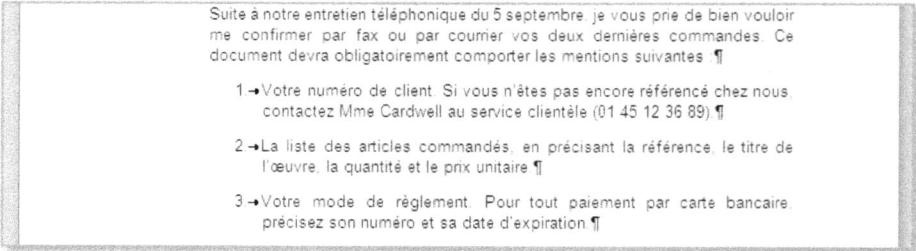

> Suite à notre entretien téléphonique du 5 septembre, je vous prie de bien vouloir me confirmer par fax ou par courrier vos deux dernières commandes. Ce document devra obligatoirement comporter les mentions suivantes :¶
>
> 1 → Votre numéro de client. Si vous n'êtes pas encore référencé chez nous, contactez Mme Cardwell au service clientèle (01 45 12 36 89).¶
>
> 2 → La liste des articles commandés, en précisant la référence, le titre de l'œuvre, la quantité et le prix unitaire.¶
>
> 3 → Votre mode de règlement. Pour tout paiement par carte bancaire, précisez son numéro et sa date d'expiration.¶

5-FAITES VARIER LA NUMÉROTATION

- Sélectionnez les paragraphes numérotés, puis cliquez sur la flèche du bouton **Numérotation**

Un menu présente une galerie de vignettes numérotation prédéfinie.

- Amenez le pointeur (sans cliquer) sur certaines des sept dernières vignettes de la galerie
Vous visualisez dans le document l'effet que donnerait cette numérotation, faites différents essais, cliquez dans le document pour faire disparaître la galerie.
- Recommencez et cliquez sur la vignette servant à appliquer une numérotation du type a) b) c).
- Recommencez et cliquez sur la vignette servant à appliquer une numérotation du type 1) 2) 3).

6-RETRAITS DES PARAGRAPHES LORS DE LA NUMÉROTATION AUTOMATIQUE

- Cliquez sur un paragraphe numéroté, vous constatez que des retraits ont été appliqués automatiquement : retrait gauche de 0,63 cm et retrait négatif de première ligne de -0,63 cm.

Si vous modifiez ces retraits, puis que vous réappliquez la numérotation en cliquant sur le bouton *Numérotation* ou sur sa flèche, les retraits automatiques par défaut de 0,63 cm se rétablissent.

Pour éviter cela qui peut être un inconvénient, vous pouvez changer la valeur des retraits qui sont appliqués automatiquement par le bouton **Numérotation**. Pour cela :

- Cliquez sur la flèche associée au bouton suivant **Liste à plusieurs niveaux**, puis cliquez sur la commande *Définir une nouvelle liste à plusieurs niveaux...*, sélectionnez le niveau 1, puis définissez par exemple les valeurs de retrait suivantes <Alignement> = 0, <Retrait du texte à > = 0,5 et <Alignement des numéros> : Gauche.

> Position
>
> Alignement des numéros : Gauche ▼   Alignement : 0 cm
>
> Retrait du texte à : 0,5 cm   Définir pour tous les niveaux...
>
> Plus >>   OK   Annuler

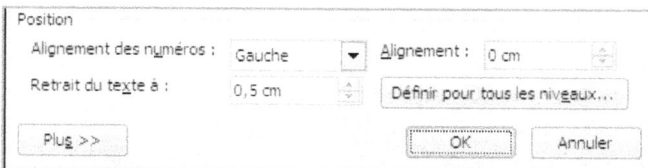

Ces valeurs sont ensuite celles que Word prend, dans ce document, pour les retraits automatiques appliqués par la numérotation des paragraphes.

CAS 4 : COURRIER AVEC LISTE NUMÉROTÉE

7-Insérez des symboles spéciaux

Pour agrémenter vos documents, vous pouvez utiliser des symboles spéciaux : par exemple le symbole du téléphone (☎).

■ Cliquez devant le numéro de téléphone, puis sous l'onglet **Insertion**>groupe **Symboles**, cliquez sur le bouton **Symboles** puis sur *Autres symboles*.... Sélectionnez la police *Windings* puis double-cliquez sur le symbole ☎ (le 9ème sur la première ligne), cliquez sur [Fermer] pour fermer le dialogue.

■ Tapez ensuite un espace entre le caractère spécial et le texte qui suit.

> 1 → Votre numéro de client Si vous n'êtes pas encore référencé chez nous
> contactez Mme Cardwell au service clientèle (☎ 01 45 12 36 89) ¶

8-Changez l'espacement entre des paragraphes

■ Sélectionnez les trois paragraphes numérotés, via le dialogue *Paragraphe* : définissez un espace avant de 0,5 cm et un espace après de 0 ,5 cm, cliquez sur [OK].

Vous pouvez constater sur le deuxième et troisième paragraphe numéroté que l'espace avant un paragraphe ne s'ajoute pas à l'espace après le paragraphe qui le précède.

C'est une option de Word qu'il est conseillé de conserver (elle est définie dans les options avancées, cliquez sur ⊞ *Options de mise en page* situé au bas de la liste, <□ Ne pas utiliser l'espacement automatique de paragraphe HTML> ne doit pas être cochée pour ne pas cumuler les espaces avant et après).

9-Mettez en forme les caractères

■ Mettez le nom de la société en gras, soulignez le mot `Objet`.

10-Enregistrez le document

■ Cliquez sur 🖬 dans la barre d'outils *Accès rapide*, ou tapez ⌨Ctrl+S. Dans la zone <Nom de fichier> : saisissez `Courrier MOORS`, cliquez sur [Enregistrer].

11-Imprimez et fermez le document

■ Visualisez l'aperçu avant impression : cliquez sur le **Bouton Office** puis amenez le pointeur sur *Imprimer* (sans cliquer) et cliquez sur *Aperçu avant impression,* ou cliquez sur ⬚ dans la barre d'outils *Accès rapide*.

■ Imprimez le document : cliquez sur ⬚ dans la barre d'outils *Accès rapide* pour lancer l'impression sans passer par le dialogue.

■ Cliquez sur le bouton **Fermer l'aperçu avant impression** sur le Ruban.

■ Fermez le document.

CAS 5 : COURRIER AVEC UN TABLEAU

CAP International - S.A. au capital de 900.000 € - 45, rue Paul Deslieux, 75016 Paris.
Tél : 01 45 12 78 45/48 - Fax : 01 45 12 78 69 - Télex : 212458F

ALR Consultants
Monsieur Paul Salomon
78, Bd de la Seine
75016 Paris

Paris, le 30 septembre 2007

Réf : *DF/JJP/52.*

Monsieur,

Nous avons le plaisir de vous adresser ci-joint un chèque n° 967532 tiré sur la Société Générale, en règlement de l'avance sur droits dérivés de l'édition russe de l'ouvrage suivant :

[Le traitement de texte du XXIème siècle].

TOTAL DES DROITS DÉRIVÉS	3 560,80 €
Votre part 60%	1 780,40 €
Retenue Agessa	122,85 €
Retenue C.S.G	18,60 €

MONTANT À RÉGLER	

Vous en souhaitant bonne réception, nous vous prions d'agréer, Monsieur, l'expression de nos sentiments distingués.

Delphine Merlier

CAS 5 : COURRIER AVEC UN TABLEAU

Fonctions utilisées

- *Utilisation d'un modèle*
- *Saisie de texte*
- *Attributs des caractères*

- *Création de tableau*
- *Calcul d'une somme*
- *Utilisation des styles*

15

Vous allez créer un courrier comportant un tableau. Ce courrier sera basé sur le modèle que vous avez créé *MonCourrier*.

1-Créez un document à partir du modèle de courrier

- Cliquez sur le **Bouton Office** puis sur *Nouveau*.

Le dialogue *Nouveau document* s'affiche.

- Sous **Modèles**, cliquez sur *Mes modèles...* ❶ (qui représente les modèles enregistrés dans le dossier `Templates`), sélectionnez le modèle créé : `MonCourrier.dotx` ❷, laissez l'option <⊙ Document> ❸ active car vous voulez créer un document, cliquez sur [OK].

Le nouveau document est créé avec la mise en page et l'en-tête du modèle, le premier paragraphe est du style *Adresse* en retrait de 7,5 cm. Le document est nommé `DocumentN`.

- Affichez le volet *Styles* si ce n'est déjà fait, cliquez sur *Options... situé* au bas de ce volet, puis dans la zone <Sélectionner les styles à afficher> : choisissez *Dans le document actif* pour n'afficher que les styles personnalisés du document actif.

2-Saisissez le texte du courrier

Dans un premier temps, ne vous occupez pas des attributs (gras, italique, soulignement).

- Tapez les trois premières lignes de l'adresse terminées par ⇧+↵, la dernière par ↵.
- Tapez ↵ pour ajouter un paragraphe vide.

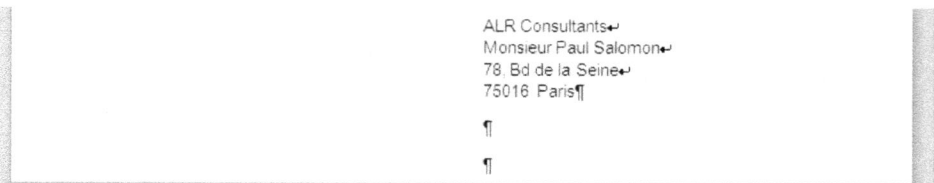

```
ALR Consultants↵
Monsieur Paul Salomon↵
78. Bd de la Seine↵
75016 Paris¶

¶

¶
```

- Tapez *Paris, le* puis un espace, puis insérez la date du jour, terminez le paragraphe par ↵.
- Appliquez le style *Normal* au paragraphe : cliquez sur *Normal* dans le volet des styles.
- Tapez ↵ pour insérer un paragraphe vide qui conserve le style *Normal*.
- Saisissez le texte `Réf : DF/JJP/52.`, terminez le paragraphe par ↵.

CAS 5 : COURRIER AVEC UN TABLEAU

```
                              ALR Consultants↵
                              Monsieur Paul Salomon↵
                              78, Bd de la Seine↵
                              75016 Paris¶

                              ¶

                              Paris, le 30 septembre 2007¶

         ¶

         Réf : DF/JJP/52.¶

         ¶
```

- Tapez ⏎ pour insérer un paragraphe vide.
- Saisissez les paragraphes jusqu'à l'expression XXIème siècle, terminez ce paragraphe par ⏎.

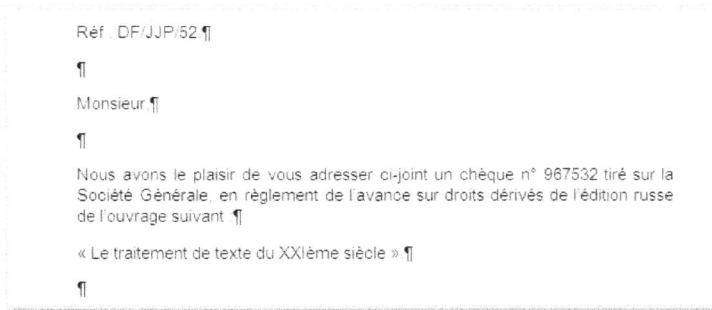

```
         Réf : DF/JJP/52.¶

         ¶

         Monsieur ¶

         ¶

         Nous avons le plaisir de vous adresser ci-joint un chèque n° 967532 tiré sur la
         Société Générale, en règlement de l'avance sur droits dérivés de l'édition russe
         de l'ouvrage suivant : ¶

         « Le traitement de texte du XXIème siècle » ¶

         ¶
```

– Pour éviter d'avoir à saisir ce texte, vous pouvez le copier/coller à partir du fichier ALR0.

Les guillemets à chevrons « » s'obtiennent par la frappe de la touche 3 du clavier principal. Si cette touche génère le caractère ", activez l'option des guillemets typographiques « » :

- Cliquez sur le **Bouton Office**, puis sur [Options Word], sélectionnez *Vérification* dans la partie gauche du menu, puis cliquez sur le bouton [Options de correction automatique] dans la partie droite du menu, cliquez sur l'onglet *Lors de la frappe*, et cochez l'option ❶.

```
 Correction automatique                                              ?  ❌

  Correction automatique   AutoMaths   Lors de la frappe   Mise en forme automatique   Balises actives

  Remplacer      ❶
   ✓ Guillemets ' ' ou " " par des guillemets ' ' ou « »       ✓ Ordinaux (1er) en exposant
   ✓ Fractions (1/2) par caractère de fraction (½)             ✓ Traits d'union (--) avec tiret demi-cadratin (—)
```

3-INSÉREZ LE TABLEAU

- Placez le curseur en fin de document par Ctrl+Fin.
- Insérez un paragraphe vide, puis sous l'onglet **Insertion**>groupe **Tableaux**, cliquez sur le bouton **Tableau**, puis sur la commande *Insérer un tableau*...
- Spécifiez que vous voulez deux colonnes et six lignes.
- Cliquez sur [OK] pour insérer le tableau.

Les cellules du tableau créé sont bordées par un trait d'épaisseur *1 pt* ; c'est une option par défaut de Word d'appliquer une bordure aux cellules à la création d'un tableau.

```
 Insérer un tableau                          ?  ❌

  Taille du tableau

   Nombre de colonnes :              2      ⬍
   Nombre de lignes :                6      ⬍

  Comportement de l'ajustement automatique

   ⦿ Largeur de colonne fixe :       Auto   ⬍
   ○ Ajuster au contenu
   ○ Ajuster à la fenêtre

   ☐ Mémoriser les dimensions pour les nouveaux tableaux

              OK          Annuler
```

CAS 5 : COURRIER AVEC UN TABLEAU

4-SAISISSEZ DANS UN TABLEAU

- Cliquez dans la première cellule du tableau, saisissez `Total des droits dérivés`.
- Sélectionnez le contenu de la cellule en cliquant trois fois dans la cellule, puis tapez ⇧+F3 jusqu'à ce que tous les caractères soient mis en majuscules, cliquez à nouveau dans la cellule pour désélectionner.

Vous constatez que le é minuscule a été changé en É majuscule accentuée, l'utilisation des majuscules accentuées est une option de Word : dans les options de Vérification, <☑ Majuscules accentuées en français>.

Les caractères majuscules accentués ne pouvant pas être frappés au clavier, la bonne méthode consiste à les taper en minuscule et à leur appliquer l'attribut Majuscule.

- Tapez sur ⭾ pour passer à la cellule suivante, saisissez *3560,80 €* (€ s'obtient par AltGr+E).
- Appuyez sur ⭾ pour passer à la cellule suivante.

5-DÉFINISSEZ L'ALIGNEMENT DU TEXTE DANS LES CELLULES

L'alignement par défaut est à gauche, vous pouvez modifier l'alignement des cellules.

- Sélectionnez la deuxième colonne : amenez le pointeur sur la bordure du haut de la deuxième colonne, lorsque le pointeur s'est transformé en ↓, cliquez sur cette bordure.
- Sous l'onglet **Accueil**>groupe **Paragraphe**, cliquez sur le bouton **Aligner à droite**.

6-DÉFINISSEZ LES MARGES DANS LES CELLULES

Le texte dans les cellules est trop proche de la bordure du haut des cellules, vous pouvez définir une marge à l'intérieur des cellules :

- Sous l'onglet **Outils de tableau/Disposition**>groupe **Alignement**, cliquez sur l'outil **Marges de la cellule**, puis saisissez *0,19 cm* dans la zone <Haut>.

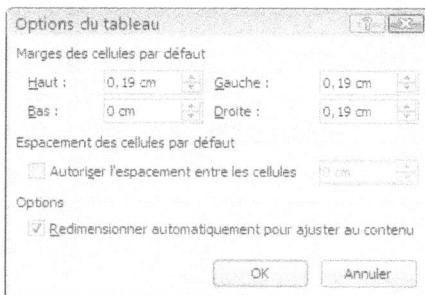

- Saisissez le reste des données, sauf dans la dernière cellule, ne saisissez pas la valeur du montant à régler car nous allons ensuite demander à Word de la calculer lui-même :

CAS 5 : COURRIER AVEC UN TABLEAU

7-UTILISEZ UNE FORMULE DE CALCUL DANS UN TABLEAU

Pour effectuer un calcul dans un tableau, nous allons créer une formule en utilisant les références des cellules. Comme dans une feuille de calcul d'un tableur, les colonnes sont représentées par des lettres et les lignes par des nombres.

■ Cliquez dans la dernière cellule de la deuxième colonne qui doit contenir la formule.

■ Sous l'onglet **Outils de tableau/Disposition**>groupe **Données**, cliquez sur fx Formule .

■ Dans la zone <Formule> : saisissez =B1-B2-B3-B4, dans la zone <Format de nombre> : choisissez le format *# ##0,00* , puis cliquez sur [OK].

Le résultat de la formule s'affiche en grisé car il s'agit d'un champ et pas d'une valeur, cliquez après le champ et insérez un espace et le symbole €.

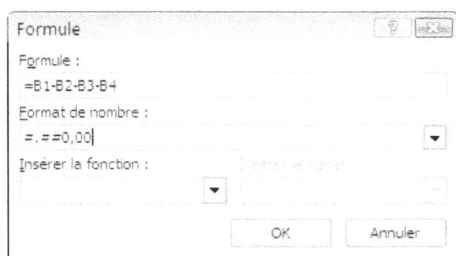

Formule	
Formule :	
=B1-B2-B3-B4	
Format de nombre :	
#.##0,00	
Insérer la fonction :	
OK Annuler	

3560.80 €
1780.40 €
122.85 €
18.60 €
----
1 638.95 €

Notez que le calcul est dynamique : si vous changez les nombres dans la deuxième colonne, la formule est recalculée automatiquement.

8-DÉFINISSEZ LES LARGEURS DE COLONNE

Modifiez la largeur de la deuxième colonne :

■ Placez le curseur dans la deuxième colonne, puis sous l'onglet **Outils de tableau/Disposition**>groupe **Taille de la cellule**, cliquez dans la zone <Largeur de colonne> ❶ et spécifiez 3 .

0,88 cm	
3 cm ❶	
Ajustement automatique	
Taille de la cellule	

Vous constatez que le tableau a diminué sa largeur d'autant.

■ Essayez un autre procédé : faites glisser la séparation entre les deux colonnes, vous changez la largeur de chaque colonne (l'une devient plus large, l'autre moins), avec ce procédé le tableau conserve sa largeur globale.

Ajustez automatiquement les largeurs de colonne :

■ Cliquez sur le bouton **Ajustement automatique**, puis cliquez sur :

– *Ajustement automatique de la fenêtre* : pour agrandir à tout l'espace entre les marges,

– *Ajustement automatique au contenu* : pour ajuster chaque colonne à son contenu.

Finalement, définissez la largeur de la première colonne à 6 cm, et celle de la deuxième à 3 cm.

9-SUPPRIMEZ L'ENCADREMENT DU TABLEAU

■ Sélectionnez tout le tableau : cliquez dans la première cellule et faites glisser le pointeur jusque sur la dernière cellule, puis

■ Sous l'onglet **Accueil**>groupe **Paragraphe**, cliquez sur la flèche du bouton **Bordures**, puis sur *Aucune bordure*

CAS 5 : COURRIER AVEC UN TABLEAU

10-METTEZ EN FORME L'EXPOSANT

Ce document contient un terme dont une partie doit être mise en exposant : XXIème.

- Sélectionnez les trois caractères à mettre en exposant : ème, puis sous l'onglet **Accueil**>groupe **Police** cliquez sur le bouton **Exposant**.

11-TERMINEZ LA SAISIE DU DOCUMENT

- Appuyez sur $\boxed{\text{Ctrl}}$+$\boxed{\text{Fin}}$ pour aller à la fin du document.
- Insérez un paragraphe vide par $\boxed{\hookleftarrow}$.
- Insérez la formule de politesse que vous avez enregistrée en tant qu'insertion automatique dans le cas n° 4 : saisissez Polit1 puis tapez $\boxed{\text{F3}}$.
- Insérez un paragraphe vide par $\boxed{\hookleftarrow}$.
- Appliquez le style *Signataire*.
- Saisissez le nom du signataire Delphine Merlier, tapez sur $\boxed{\hookleftarrow}$.

12-ENREGISTREZ LE DOCUMENT

- Cliquez sur ⊞ dans la barre d'outils *Accès rapide*, ou tapez $\boxed{\text{Ctrl}}$+S.
  Dans la zone <Nom de fichier> : saisissez Courrier ALR, cliquez sur [Enregistrer].

13-IMPRIMEZ ET FERMEZ LE DOCUMENT

- Visualisez l'aperçu avant impression : cliquez sur le **Bouton Office** puis amenez le pointeur sur *Imprimer* (sans cliquer) et cliquez sur *Aperçu avant impression,* ou cliquez sur ⊞ dans la barre d'outils *Accès rapide*.
- Imprimez le document : cliquez sur ⊞ dans la barre d'outils *Accès rapide* pour lancer l'impression sans passer par le dialogue.
- Cliquez sur le bouton **Fermer l'aperçu avant impression** sur le Ruban.
- Fermez le document.

MÉMO

Date : 25 septembre 2007

Objet : Préparation réunion du 25 novembre 2007

Émetteur : Jean-Paul MARTIN

Destinataires : Comité de Direction

Copies : Président

Le planning de la campagne devra impérativement être présenté lors de notre prochaine réunion du 25 novembre. Aussi, veuillez préparer pour cette date :

- La maquette de la plaquette promotionnelle.
- Une estimation des délais de production.
- Un devis pour un tirage de 20 000 exemplaires.

Merci.

CAS 6 : MÉMO

Fonctions utilisées

- *Mise en page*
- *Saisie de texte*
- *Attributs des caractères*

- *Tableaux et bordures*
- *Création d'un modèle*
- *Insertion de puces*

15 mn

Un mémo étant un document susceptible d'être produit très régulièrement, vous allez créer puis utiliser un modèle de mémo qui contiendra déjà la mise en page, le cartouche de présentation du mémo et le filet horizontal.

1-CRÉEZ LE DOCUMENT ET SA MISE EN PAGE

Vous allez commencer par créer un document vierge.

- Cliquez sur le bouton *Nouveau* dans la barre d'outils *Accès rapide*, ou utilisez [Ctrl]+N.
- Sous l'onglet **Mise en page**>groupe **Mise en page**, cliquez sur le bouton **Marges**, cliquez sur *Marges personnalisées...* et spécifiez les valeurs suivantes pour les marges :
  - Gauche : 3 cm – Haut : 2,5 cm
  - Droite : 3 cm – Bas : 2,5 cm
- Cliquez sur [OK].

2-MODIFIEZ LA POLICE DU STYLE NORMAL

- Affichez le volet *Styles* si ce n'est pas déjà fait, constatez que le paragraphe initial est du style *Normal*, appliquez à ce paragraphe une mise en forme : sélectionnez le paragraphe (y compris le caractère de fin de paragraphe) appliquez la police *Arial* ❷, et la taille de caractère *11* ❸.

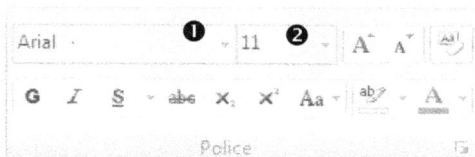

Le paragraphe est toujours du style *Normal*, mais il a maintenant en plus une mise en forme directe qui s'ajoute à celle du style : police Arial de taille 121 Nous voulons modifier le style *Normal* de façon qu'il intègre la mise en forme directe du paragraphe actuel.

- Cliquez dans le paragraphe, cliquez droit sur le nom de style *Normal* dans le volet *Styles*, puis cliquez sur la commande contextuelle *Mettre à jour Normal pour correspondre à la sélection*

3-CRÉEZ LE TITRE

- Saisissez le titre Mémo et tapez sur [↵].
- Sélectionnez le texte saisi Mémo, tapez sur [⇧]+F3 jusqu'à avoir les caractères en majuscules, puis à l'aide des boutons sur le Ruban, appliquez la police *Times New Roman*, la taille *36*, le gras et l'italique.
- Posez un taquet de tabulation alignée droite dans la règle à 15 cm, soit sur la limite de marge droite, cliquez juste après Mémo, tapez une tabulation, insérez une image (logo.wmf qui se trouve dans le dossier C:\Exercices Word 2007), réduisez la taille de l'image à 25 %.

©Eyrolles/Tsoft – Word 2007 Initiation

CAS 6 : MÉMO

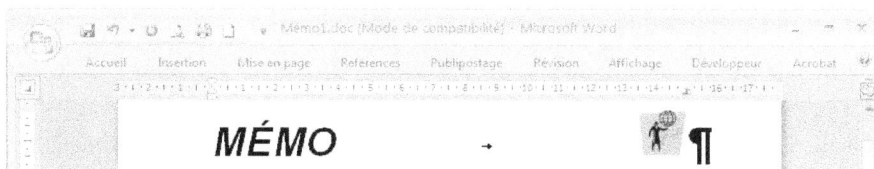

4-Réduisez le Ruban pour laisser plus d'espace à l'affichage du document

Vous remarquerez que, dans l'image écran précédente, le Ruban est réduit simplement à ses onglet, vous ne voyez plus en permanence les boutons sous les onglets. De cette façon, le Ruban occupe moins d'espace sur l'écran, et laisse plus d'espace pour afficher le document.

- Réduisez le Ruban : cliquez droit sur un onglet du Ruban puis sur *Réduire le ruban*.

Pour accéder aux boutons d'un onglet du Ruban, il faut cliquer sur l'onglet, vous pouvez alors utiliser les boutons de commande, mais dès que la commande est exécutée le Ruban se réduit à nouveau à ses onglets.

- Faites trois essais de mise en forme de caractère, puis annulez ces trois essais en utilisant le bouton *Annuler* de la barre d'outils *Accès rapide*.

5-Créez un tableau pour le cartouche de présentation

- Appuyez sur Ctrl + Fin pour aller à la fin du document.
- Appuyez sur ↵ pour insérer un paragraphe vide.
- Insérez un tableau de 5 lignes et deux colonnes, pour cela : Sous l'onglet **Insertion**>groupe **Tableaux**, cliquez sur le bouton **Tableau**, un menu affiche une grille amenez le pointeur sur la case deuxième colonne et cinquième ligne.

Le tableau s'affiche à l'écran, ce qui vous permet de visualiser le résultat avant d'effectuer la commande.

- Cliquez sur la case pour effectuer la commande d'insertion du tableau.

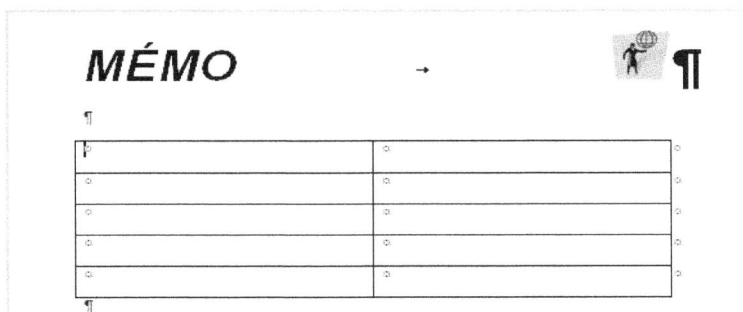

6-Modifiez la largeur des colonnes et la hauteur des lignes

- Amenez le pointeur sur le trait vertical séparant les colonnes : il change de forme.
- Faites glisser ce pointeur vers la gauche jusqu'à la position *4 cm* (dans la règle) pour la première colonne.
- Sélectionnez toute la première colonne : cliquez dans une cellule de la colonne, puis sous l'onglet **Outils de tableau/Disposition**>groupe **Tableau**, cliquez sur le bouton **Sélectionner**, puis sur la commande *Sélectionner la colonne*.
- Sous l'onglet **Outils de tableau/Disposition**>groupe **Taille de la cellule**, cliquez dans la zone **Tableau Hauteur de ligne** et spécifiez *1 cm*.

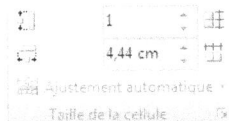

CAS 6 : MÉMO

7-METTEZ EN GRAS LA PREMIÈRE COLONNE

■ Sélectionnez la première colonne, cliquez sur le bouton **G** (onglet **Accueil**>groupe **Police**) puis sur *I* , puis dans la zone *Taille de police* spécifiez *14* .

■ Cliquez dans la première cellule de la colonne et saisissez `Date :`, dans la deuxième `Objet :`, dans la troisième `Émetteur` et appliquez la casse Majuscule au è, dans la quatrième `Destinataires :`, dans la cinquième `Copies :`.

8-INSÉREZ UN CHAMP DATE

■ Placez le point d'insertion dans la cellule à droite de *Date*.

■ Sous l'onglet **Insertion**>groupe **Texte**, cliquez sur le bouton **Date et heure**, puis sélectionnez le format, et cochez la case <☑ Mettre à jour automatiquement> et validez en cliquant sur [OK].

Date et heure		? ✖
Formats disponibles :	**Langue :**	
30/09/2007	Français (France)	▼
dimanche 30 septembre 2007		
30 septembre 2007		
30/09/07		
2007-09-30		
	☑ Mettre à jour automatiquement	
Par défaut...	OK	Annuler

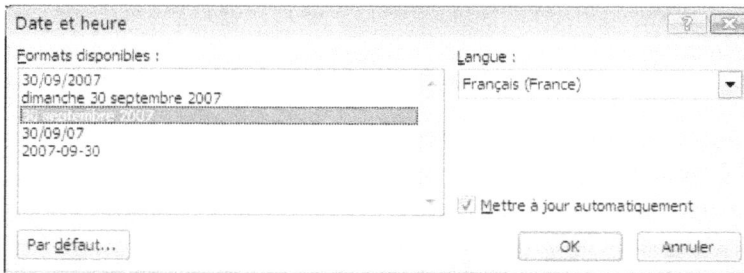

■ En regard de *Émetteur*, tapez votre nom et celui de votre service.

■ Laissez vide les autres cellules de la deuxième colonne.

9-SUPPRIMEZ LES BORDURES DU TABLEAU

■ Sélectionnez tout le tableau : amenez le pointeur sur le tableau (sans cliquer) la poignée du tableau apparaît en haut à gauche, vous pouvez cliquer sur cette poignée pour sélectionner tout le tableau.

Date :□	30 septembre 2007○	○
Objet :□	○	○

■ Sous l'onglet **Accueil**>groupe **Paragraphe**, cliquez sur la flèche du bouton **Bordures**, puis sur *Aucune bordure*.

Les bordures disparaissent, un quadrillage en pointillé est affiché pour visualiser les limites des cellules du tableau. Si ce quadrillage n'est pas visible, rendez-le visible :

■ Cliquez dans le tableau, puis sous l'onglet **Outils de tableau/Disposition**,>groupe **Tableau** cliquez sur le bouton **Afficher le quadrillage**.

Date :□	30 septembre 2007○	○
Objet :□	○	○
Emetteur :□	Jean-Paul MARTIN○	○
Destinataires :□	○	○
Copies :□	○	○

¶

CAS 6 : MÉMO

10-Définissez une bordure sur le bas du tableau

- Sélectionnez la dernière ligne du tableau : faites glisser le pointeur de la première à la dernière cellule de cette ligne ou cliquez dans la marge en regard de cette ligne.
- Sous l'onglet **Accueil**>groupe **Paragraphe**, cliquez sur la flèche du bouton **Bordures**, puis sur *Bordure inférieure*, cliquez n'importe où dans le document pour annuler la sélection.
- Pour obtenir une bordure plus épaisse, sélectionnez la dernière ligne, cliquez sur la flèche du bouton **Bordures**, puis sur la commande *Bordure et trame...*, dans le dialogue sélectionnez l'épaisseur *2 ¼ pt*, puis cliquez sur la bordure basse de la vignette, puis validez par [OK].
- Appuyez sur ⌜Ctrl⌝+⌜Fin⌝ pour aller à la fin du document, insérez un paragraphe vide.

11-Enregistrez en tant que modèle

- Cliquez sur le **Bouton Office**, puis amenez le pointeur sur *Enregistrer sous* (sans cliquer), cliquez sur *Modèle Word*.

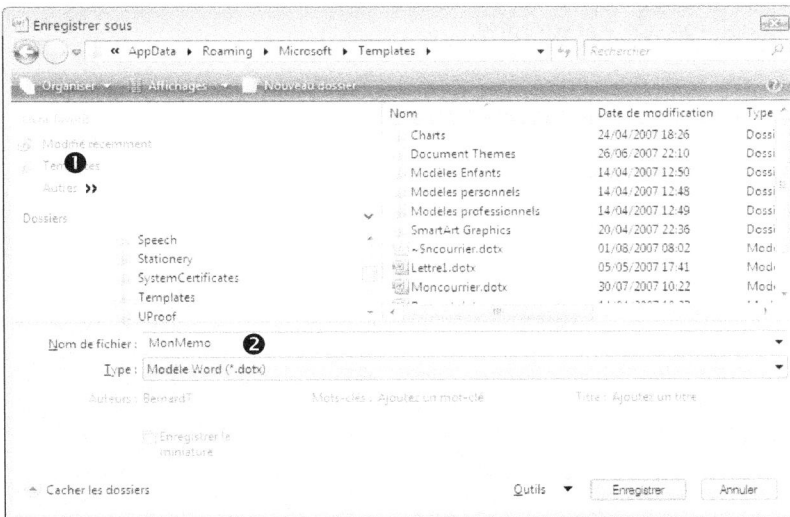

- Sous **Liens favoris**, cliquez sur le lien favori *Templates* ❶ , dans la zone <Nom de fichier> : saisissez le nom du modèle MonMemo ❷.

  Dans Word 2007, le dossier par défaut qui contient les modèles de document est : C:\Utilisateurs/nom_utilisateur/AppData/Roaming/Microsoft/Templates Pour utiliser accéder facilement à ce dossier, Word a créé un lien favori nommé *Templates* vers ce dossier.

- Cliquez sur le bouton [Enregistrer], le modèle MonMemo est enregistré dans le dossier des modèles qui s'appelle Templates, par défaut dans l'installation de Word 2007.

Maintenant que le modèle MonMemo a été créé, observez que le nom de la fenêtre est devenu MonMemo.dotx. Si vous faites maintenant d'autres modifications et que vous enregistrez le document, les modifications sont enregistrées dans le modèle.

- Fermez le document actuel (le modèle créé).

CAS 6 : MÉMO

12-Créez un document à partir du modèle de mémo

- Cliquez sur le **Bouton Office** puis sur *Nouveau*.

Le dialogue *Nouveau document* s'affiche.

- Sous **Modèles**, cliquez sur *Mes modèles...* (qui représente les modèles enregistrés dans le dossier `Templates`), sélectionnez le modèle créé : `MonMemo.dotx`, laissez l'option <⊙ Document> active car vous voulez créer un document, cliquez sur [OK].

Le nouveau document est créé avec la mise en page et le contenu du modèle.

13-Complétez votre mémo

- Saisissez l'objet, les destinataires et les copies dans la deuxième colonne du tableau, puis appuyez sur Ctrl+Fin pour aller à la fin du document, saisissez le texte du mémo sans vous préoccuper des puces.

- Sélectionnez les trois lignes à faire précéder d'une puce, cliquez sur l'icône ⊟ sur le Ruban sous l'onglet **Accueil**>groupe **Paragraphe**.

Date :¤	30 septembre 2007¤	¤
Objet :¤	Préparation réunion du 25 novembre 2007¤	¤
Emetteur :¤	Jean-Paul MARTIN¤	¤
Destinataires :¤	Comité de Direction¤	¤
Copies :¤	Président¤	¤

¶

Le planning de la campagne devra impérativement être présenté lors de notre prochaine réunion du 25 novembre. Aussi, veuillez préparer pour cette date :¶

¶

- → La maquette de la plaquette promotionnelle.¶

- → Une estimation des délais de production.¶

- → Un devis pour un tirage de 20 000 exemplaires.¶

¶

Merci.¶

14-Enregistrez le document

- Cliquez sur ⊟ dans la barre d'outils *Accès rapide*, ou tapez Ctrl+S.
  Dans la zone <Nom de fichier> : saisissez `Mémo1`, cliquez sur [Enregistrer].

15-Imprimez et fermez le document

- Visualisez l'aperçu avant impression : cliquez sur le **Bouton Office** puis amenez le pointeur sur *Imprimer* (sans cliquer) et cliquez sur *Aperçu avant impression,* ou cliquez sur ⊟ dans la barre d'outils *Accès rapide*.

- Imprimez le document : cliquez sur ⊟ dans la barre d'outils *Accès rapide* pour lancer l'impression sans passer par le dialogue.

- Cliquez sur le bouton **Fermer l'aperçu avant impression** sur le Ruban.

- Fermez le document

TÉLÉCOPIE

	CAP International 45, rue Paul Deslieux 75016 Paris France Standard : 01 45 12 78 45

A :	M. Laplace	**De :**	Jean-Paul MARTIN
Société :	TSOFT	**Télécopie :**	01 45 12 78 69
Télécopie :	01 45 51 30 55	**Téléphone :**	01 45 12 78 47
Téléphone :	01 45 51 30 54		
Date :	30 septembre 2007		
Nombre de pages :	1, cette page comprise		
Objet :	Commande de cinq supports de formation Linux		

Message :

Nous vous confirmons notre commande de cinq supports de formation Linux.

CAS 7 : TÉLÉCOPIE

Fonctions utilisées

– *Mise en page*
– *Saisie et attributs*
– *Insertion d'une image*

– *Utilisation d'un tableau*
– *Bordure de page*
– *Utilisation d'un modèle*

15 mn

Une télécopie est un document qui sert fréquemment, qui doit contenir un certain nombre d'informations à ne pas oublier de mentionner. Vous allez donc créer un modèle puis l'utiliser pour créer les documents télécopie. Le modèle contiendra la mise en page, le titre, les libellés de zone da saisie et l'illustration (un logo par exemple).

1-CRÉEZ LE DOCUMENT ET SA MISE EN PAGE

Vous allez commencer par créer un document vierge.

- Cliquez sur le bouton *Nouveau* dans la barre d'outils *Accès rapide*, ou utilisez Ctrl +N.
- Sous l'onglet **Mise en page**>groupe **Mise en page**, cliquez sur le bouton **Marges** et choisissez les marges *Étroites* prédéfinies.

2-CRÉEZ UNE BORDURE DE PAGE

Lorsque vous créez une bordure de page, vous pouvez choisir de la faire pour toutes les pages du document (par défaut) ou pour les pages de la section en cours, ou pour la première page ou encore pour toutes les pages sauf la première.

- Sous l'onglet **Mise en page**>groupe **Arrière-plan de page**, cliquez sur le bouton **Bordures de page**, sélectionnez ❶ la <Largeur> de bordure, ❷ la <Couleur> de bordure, cliquez ensuite ❸ sur le type de bordure (*Encadré*, *Ombre*, *3D* ou *Personnalisé*, *Aucun* pour enlever toute bordure), ❹ choisissez d'appliquer la bordure à tout le document, à la section ou à la première page ou à toutes les pages sauf la première.

Dans notre cas, créez une bordure d'épaisseur *1 ½ pt*, de couleur gris foncé encadrant toutes les pages de la section.

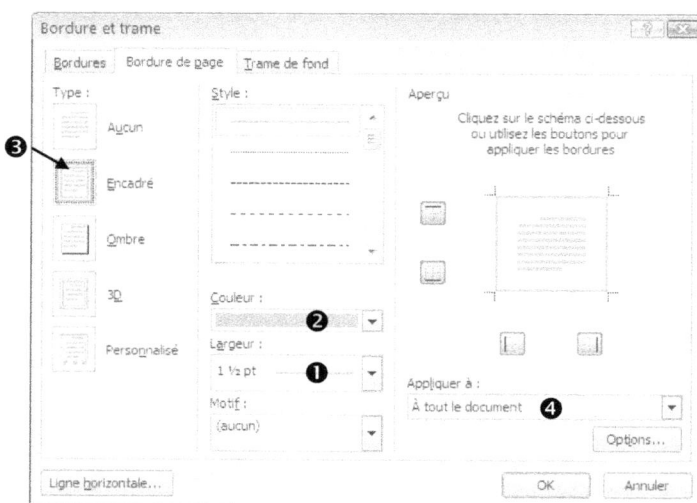

- Cliquez sur [OK] pour valider.

CAS 7 : TÉLÉCOPIE

3-CRÉEZ LE TITRE

- Tapez le titre `Télécopie`, terminez le paragraphe par ⏎.
- Tapez sur ⏎ pour insérer un paragraphe vide.
- Sélectionnez le titre `Télécopie`, formatez les caractères en majuscule TÉLÉCOPIE.
- Formatez les caractères avec la police *Arial*, la taille *28*, le gras et l'italique.

4-CRÉEZ UNE BORDURE AU-DESSUS DU TITRE

- Cliquez sur le titre TÉLÉCOPIE, puis sous l'onglet **Accueil**>groupe **Paragraphe**, cliquez sur le bouton **Bordures**, cliquez sur la commande *Bordure et trame...*, sélectionnez une épaisseur de *2 ¼ pt*, de couleur automatique, et cliquez sur la bordure supérieure de la vignette, validez en cliquant sur [OK].

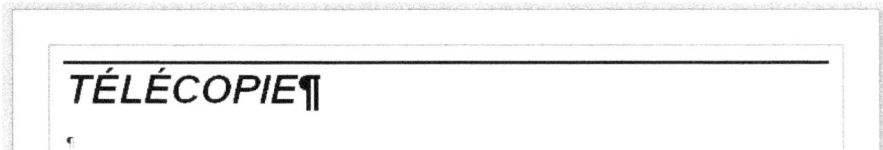

5-CRÉEZ UN TABLEAU POUR DISPOSER L'IMAGE ET L'ADRESSE DE VOTRE SOCIÉTÉ

- Appuyez sur Ctrl + Fin pour aller à la fin du document.
- Insérez un tableau de deux colonnes et une ligne.
- Cliquez dans la deuxième cellule de la ligne.
- Saisissez les cinq lignes d'adresse en les terminant chacune par ⏎, vous constatez que la hauteur de la cellule du tableau s'accroit en fonction du contenu.
- Mettez le nom de la société en gras.
- Sélectionnez la cellule : amenez le pointeur (sans cliquer) sur le coin inférieur gauche de la cellule, il se transforme en une flèche oblique, cliquez pour sélectionnez la cellule.
- Sous l'onglet **Accueil**>groupe **Paragraphe**, cliquez sur le **lanceur** du groupe **Paragraphe**, spécifiez un espace après paragraphe à 0, cliquez sur [OK] pour valider.
  Notez que le format de paragraphe a été appliqué à tous les paragraphes qui ont été sélectionnés ensemble lorsque vous avez sélectionné la cellule.

6-INSÉREZ L'ILLUSTRATION

- Cliquez dans la première cellule du tableau.
- Insérez l'image `Course.jpg` qui se trouve dans le dossier `C:\Exercices Word 2007`.
- Réduisez la taille de l'image à l'échelle: cliquez sur l'image, amenez le pointeur sur la poignée du coin inférieur droit, maintenez la touche ⇧ enfoncée et faites glisser la poignée du coin inférieur droit pour réduire l'image de façon que la hauteur de l'image soit la même que celle du texte de la deuxième cellule.

CAS 7 : TÉLÉCOPIE

7-CRÉEZ UN TABLEAU POUR DISPOSER LES INFORMATIONS

Vous allez commencer par construire un tableau de six lignes et quatre colonnes, pour ensuite à titre d'exercice insérer une colonne et ajouter une ligne.

- Appuyez sur ⌈Ctrl⌉+⌈Fin⌉ pour aller à la fin du document, puis insérez un paragraphe vide
- Insérez un tableau le tableau: cliquez sur le bouton **Tableau**, puis sur la commande *Insérer un tableau...*, spécifiez 6 lignes et 4 colonnes, validez par [OK].
- Annulez la dernière action (ce qui fait disparaître le tableau), recommencez à créer le tableau par l'autre procédé : cliquez sur le bouton **Tableau**, puis cliquez sur la case de la 6ème ligne et de la 4ème colonne.
- Saisissez les informations dans le tableau, et dans la cellule qui doit contenir la date insérez un champ **Date** avec l'option <☑ Mise à jour automatique>.
- Mettez en gras les contenu de la première et ceux de la troisième colonne en sélectionnant les deux colonnes à la fois : sélectionnez la première colonne, puis en maintenant ⌈Ctrl⌉ appuyée sélectionnez la troisième colonne, et cliquez sur le bouton **Gras**.

A :=	¤	De :=	Jean-Paul MARTIN¤	¤
Société :=	¤	Télécopie :=	01 42 12 78 69¤	¤
Télécopie :=	¤	Téléphone :=	01 45 12 78 49¤	¤
Téléphone :=	¤	¤	¤	¤
Date :=	30 septembre 2007¤	¤	¤	¤
Nombre de pages :=	N, cette page comprise¤	¤	¤	¤

8-INSÉREZ UNE COLONNE

Nous voulons insérer une colonne au milieu du tableau :

- Cliquez dans la troisième colonne (avant laquelle sera insérée la colonne), sous l'onglet **Outils de tableau/Disposition**>groupe **Lignes et colonnes**, cliquez sur le bouton **Insérer à gauche**.

Vous pouvez insérer plusieurs colonnes ou plusieurs lignes à la fois, à titre d'exercice:

- Sélectionnez trois colonnes et cliquez sur le bouton **Insérer à gauche**, annulez cette action.
- Sélectionnez deux lignes et cliquez sur le bouton **Insérer en dessous**, annulez cette action.

9-MODIFIEZ LA LARGEUR DES COLONNES

- Faites glisser vers la gauche la séparation entre la première et la deuxième colonne de façon à réduire la largeur de la première colonne à *4,5 cm*.
- Faites glisser vers la droite la séparation entre la deuxième et la troisième colonne de façon à élargir la deuxième colonne à *5,5 cm*.
- Faites glisser vers la gauche la séparation entre la troisième et la quatrième colonne de façon à diminuer la largeur de la troisième à *0,5 cm*.
- Faites glisser vers la gauche la séparation entre la quatrième et la cinquième colonne de façon à diminuer la largeur de la quatrième à *3 cm*.

La largeur des colonnes se lit dans la règle horizontale, si l'on veut être très précis pour spécifier la largeur d'une colonne : cliquez sur l'onglet **Outils de tableau/Disposition**>groupe **Taille de la cellule**, lisez ou spécifiez la largeur dans la zone <**Largeur de colonne** >❶.

CAS 7 : TÉLÉCOPIE

10-ENLEVEZ LES BORDURES DU TABLEAU

- Sélectionnez tout le tableau : amenez le pointeur sur le tableau, puis cliquez sur la poignée qui apparaît à côté du coin supérieur gauche.
- Sous l'onglet **Accueil**>groupe **Paragraphe**, cliquez sur la flèche du bouton **Bordures**, puis sur *Aucune bordure*.

Seul un quadrillage en pointillé subsiste pour visualiser à l'écran (seulement) les limites des cellules, pour voir ce quadrillage s'il n'est pas visible, sous l'onglet **Outils de tableau/ Disposition**>groupe **Tableau** cliquez sur le bouton **Afficher le quadrillage**.

11-REMETTEZ DES TRAITS DE SÉPARATION HORIZONTAUX ENTRE LES LIGNES

- Sélectionnez toutes les lignes du tableau, puis sous l'onglet **Accueil**>groupe **Paragraphe**, cliquez sur la flèche du bouton **Bordures**, puis sur *Bordure intérieure horizontale*, cliquez à nouveau sur la flèche du bouton **Bordures**, puis sur *Bordure supérieure*, cliquez à nouveau sur la flèche du bouton **Bordures**, puis sur *Bordure inférieure*.

Vous pouvez aussi trouver le bouton **Bordures** sous l'onglet contextuel **Outil de tableau/ Création**>groupe **Styles de tableau**.

A : ¤	¤		¤	De ¤	Jean-Paul MARTIN¤	¤
Société : ¤	¤		¤	Télécopie : ¤	01 42 12 78 69¤	¤
Télécopie : ¤	¤		¤	Téléphone : ¤	01 45 12 78 49¤	¤
Téléphone : ¤	¤		¤	¤	¤	¤
Date : ¤	30 septembre 2007¤		¤	¤	¤	¤
Nombre de pages : ¤	N. cette page comprise¤		¤	¤	¤	¤

- À titre d'exercice, supprimez à nouveau toutes les bordures, puis remettez les traits de séparation horizontaux, mais cette fois-ci à l'aide du dialogue *Bordure et trame* : sélectionnez toutes les lignes du tableau, puis sous l'onglet **Accueil**>groupe **Paragraphe**, cliquez sur la flèche du bouton **Bordures**, puis sur la commande *Bordure et trame... :* choisissez une couleur gris foncé, une largeur *1 pt* et cliquez sur les bordures sur la vignette.

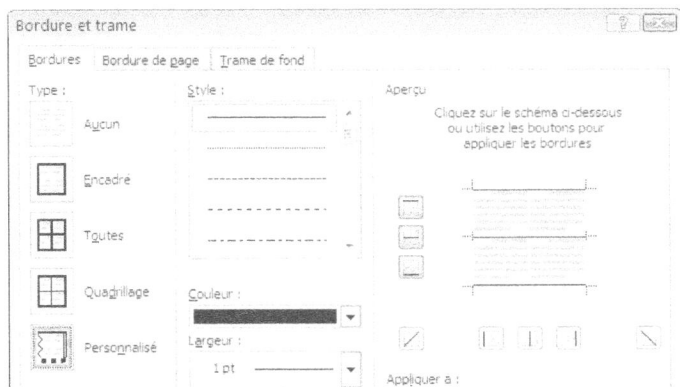

12-AJOUTEZ UNE LIGNE AU BAS DU TABLEAU

- Cliquez dans la dernière cellule du tableau, tapez sur ⇥ pour insérer une ligne de procédé sert seulement pour ajouter une ligne au bas d'un tableau.
- Saisissez le texte `Objet :` dans la première cellule de cette ligne.

Notez que la nouvelle ligne ajoutée adopte la même mise en forme que la ligne précédente.

13-TERMINEZ LA ZONE DE MESSAGE

- Appuyez sur `Ctrl`+`Fin` pour aller à la fin du document, puis insérez un paragraphe vide
- Tapez `Message :` , terminez le paragraphe par `↵`.
- Tapez sur `↵` pour insérer un paragraphe.
- Vous constatez que le style *Normal* paragraphe qui contient Message a été automatiquement transformé en style *Titre 1*. En effet lorsque vous saisissez un paragraphe de moins d'une ligne, et que vous saisissez ensuite deux fois `↵`, le paragraphe est considéré comme un titre.

  C'est une option de Word par défaut que vous pouvez neutraliser si vous le souhaitez : dans [Options Word], Vérification, cliquez sur [Options de correction automatique], cliquez sur l'onglet *Lors de la frappe*, puis sous *Appliquer* : décochez l'option <□ Styles de titres intégrés>.
- Réappliquez le style *Normal* sur le paragraphe qui contient `Message`.
- Mettez en gras l'intitulé `Message :` et en taille 14.

14-ENREGISTREZ EN TANT QUE MODÈLE

- Cliquez sur le **Bouton Office**, puis amenez la pointeur sur *Enregistrer sous* (sans cliquer), cliquez sur *Modèle Word*.

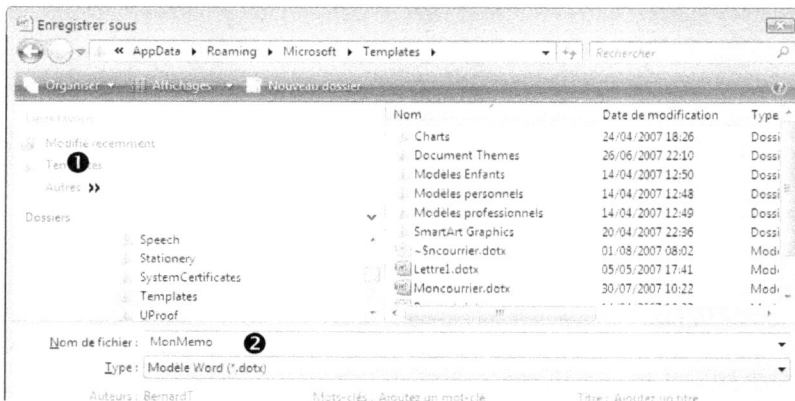

- Sous **Liens favoris**, cliquez sur le lien favori *Templates* ❶, dans la zone <Nom de fichier> : saisissez le nom du modèle `MaTelecopie` ❷.

  Dans Word 2007, le dossier par défaut qui contient les modèles de document est : `C:\Utilisateurs/nom_utilisateur/AppData/Roaming/Microsoft/Templates` Pour utiliser accéder facilement à ce dossier, Word crée à l'installation un lien favori nommé *Templates* vers ce dossier.
- Cliquez sur [Enregistrer], le modèle `MaTelecopie` est enregistré dans le dossier des modèles qui s'appelle `Templates`, défini par l'installation de Word 2007.

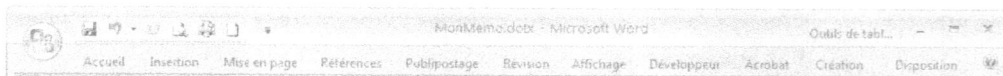

Observez que le nom de la fenêtre est devenu `MaTelecopie.dotx`. Le document actuel est le modèle, vous pouvez encore le modifier et l'enregistrer à nouveau.

15-MODIFIEZ LE STYLE NORMAL

- Cliquez sur un paragraphe vide sous le titre *Télécopie*, affichez le volet *Styles* , et vérifiez que le style du paragraphe est *Normal* (il doit être encadré dans la liste des styles).
- Cliquez droit sur le nom de style *Normal*, puis sur la commande *Modifier*...

CAS 7 : TÉLÉCOPIE

- Dans le dialogue : changez la police en *Tahoma* (ou une autre police qui a votre préférence), et la taille de caractère à *12*, validez par [OK].

Constatez le changement de police et de taille de caractère partout dans tous les paragraphes de style *Normal*. Les paragraphes de style *Normal* ayant reçu en plus une mise en forme directe (comme le titre `Télécopie` et l'adresse de l'entreprise) ont conservé cette mise en forme directe.

Vous allez utiliser maintenant un autre procédé pour modifier le style :

- Cliquez dans un paragraphe de style *Normal*, formatez le paragraphe : modifiez l'alignement à Multiple = `1,2`, l'espace avant = `5 pt`, l'espace après = `5 pt`.
- Cliquez droit sur le nom de style *Normal* dans le volet *Styles*, puis sur la commande *Mettre à jour Normal pour correspondre à la sélection*.

Attention ! avec ce procédé, les mises en forme directes sur les paragraphes de style *Normal* disparaissent, les paragraphes n'ont conservé que le style *Normal*. Formatez à nouveau le titre `Télécopie` et les paragraphes d'adresse de l'entreprise.

16-FUSIONNEZ DES CELLULES

- Sélectionnez les cellules de la dernière ligne sauf la première qui contient `Objet :`.
- Sous l'onglet **Outils de tableau/Disposition**>groupe **Fusionner**, cliquez sur le bouton **Fusionner les cellules**.
- Enregistrez le document actuel (le modèle `MaTelecopie.dotx`), puis fermez le document.

17-CRÉEZ UN DOCUMENT À PARTIR DU MODÈLE DE TÉLÉCOPIE

Le modèle ayant été enregistré et fermé, ouvrez un document basé sur le modèle.

- Cliquez sur le **Bouton Office** puis sur *Nouveau*.

Le dialogue *Nouveau document* s'affiche.

- Sous **Modèles**, cliquez sur *Mes modèles...* (qui représente les modèles enregistrés dans le dossier `Templates`), sélectionnez le modèle : `MaTelecopie.dotx`, laissez l'option <⊙ Document> active car vous voulez créer un document, cliquez sur [OK].

Le nouveau document est créé avec la mise en page et le contenu du modèle.

- Dans les cellules appropriées, tapez le nom du destinataire, ses coordonnées et le nombre total de pages, la date du jour a été inscrite automatiquement. Puis appuyez sur `Ctrl`+`Fin` pour aller à la fin du document, saisissez le texte de la télécopie.

A :¤	M. Laplace¤	¤	De :¤	Jean-Paul MARTIN¤
Société :¤	TSOFT¤	¤	Télécopie :¤	01 42 12 78 69¤
Télécopie :¤	01 45 51 30 55¤	¤	Téléphone :¤	01 45 12 78 49¤
Téléphone :¤	01 45 51 30 54¤	¤	¤	¤
Date :¤	30 septembre 2007¤	¤	¤	¤
Nombre de pages :¤	1, cette page comprise¤	¤	¤	¤
Objet :¤	Commande de cinq supports de formation Linux¤			

¶

Message :¶

¶

Nous vous confirmons notre commande de cinq supports de formation Linux.¶

¶

CAS 7 : TÉLÉCOPIE

18-ENREGISTREZ LE DOCUMENT

- Cliquez sur ![icône] dans la barre d'outils *Accès rapide*, ou tapez ⌨Ctrl+S.
  Dans la zone <Nom de fichier> : saisissez Télécopie1, cliquez sur [Enregistrer].

19-IMPRIMEZ ET FERMEZ LE DOCUMENT

- Visualisez l'aperçu avant impression : cliquez sur le **Bouton Office** puis amenez le pointeur sur *Imprimer* (sans cliquer) et cliquez sur **Aperçu avant impression**, ou cliquez sur ![icône] dans la barre d'outils *Accès rapide*.
- Imprimez le document : cliquez sur ![icône] dans la barre d'outils *Accès rapide* pour lancer l'impression sans passer par le dialogue.
- Cliquez sur le bouton **Fermer l'aperçu avant impression** sur le Ruban.
- Fermez le document.

©Eyrolles/Tsoft – Word 2007 Initiation

CAS 8 : BULLETIN D'INSCRIPTION

BULLETIN D'INSCRIPTION

Pour vous inscrire à l'un des stages suivants
merci de nous retourner ce bulletin
au moins un mois avant la date choisie.
Vous recevrez sous quinzaine le programme détaillé
du ou des thèmes choisis.

Société : _____   Nom : _____

Adresse :_____   Prénom : _____

Code postal : _____   Fonction : _____

Ville : _____

Stages souhaités

☐	Initiation à la comptabilité	250 €	8 janvier
☐	Soldes intermédiaire de gestion	275 €	16 janvier
☐	Clôture d'exercice et report à nouveau	450 €	25-26 janvier
☐	Comptes financiers et gestion de trésorerie	500 €	7-8 février
☐	L'informatique et la comptabilité	275 €	12 février

Cap International / 45, rue Paul Deslieux 75016 Paris

CAS 8 : BULLETIN D'INSCRIPTION

Fonctions utilisées

– *Mise en page*
– *Styles de tableau*
– *Bordures*

– *Caractères spéciaux*
– *Formes automatiques*
– *Thèmes de police et couleur*

25 mn

Vous réaliserez un bulletin d'inscription concernant des stages. Il comportera des lignes conductrices, des cases à cocher et un bandeau original en bas de page.

1-CRÉEZ ET METTEZ EN PAGE LE DOCUMENT

■ `Ctrl`+N pour créer un nouveau document vierge sur le modèle `Normal.dotm`.

■ Sous l'onglet **Mise en page**>groupe **Mise en page**, cliquez sur le bouton **Marges**, puis sur la commande *Marges personnalisées...* et spécifiez les marges.

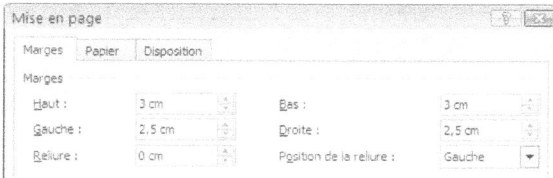

Mise en page				
Marges	Papier	Disposition		
Marges				
Haut :	3 cm	Bas :	3 cm	
Gauche :	2,5 cm	Droite :	2,5 cm	
Reliure :	0 cm	Position de la reliure :	Gauche	

2-SAISISSEZ ET METTEZ EN FORME LE TITRE ET L'INTRODUCTION

■ Saisissez `bulletin d'inscription`, terminez par ⏎.

■ Sélectionnez le texte que vous venez de saisir pour le mettre en forme en utilisant les raccourci-clavier `Ctrl`+E pour centrer, `Ctrl`+G pour activer le gras, `Ctrl`+I pour activer l'italique.

■ Modifiez la taille des caractères en spécifiant `28` dans la zone **Taille de police** sur le Ruban sous l'onglet **Accueil**>groupe **Police**.

■ Mettez les caractères en petites majuscules via le dialogue *Police* : ouvrez le dialogue *Police* en cliquant sur le **lanceur** du groupe **Police**, puis sous l'onglet *Police, Style et attributs*, cochez la case <☑ Petites majuscules> et <☑ Ombre>, [OK] ou puis validez par ⏎.

■ Cliquez dans le paragraphe vide sous le titre, et vérifiez que la taille de police est *11* (la taille de caractère par défaut du style *Normal*).

■ Cliquez dans le paragraphe du titre et définissez un espace après de *30 pt* : ouvrez le dialogue *Paragraphe*, dans la zone <Espacement Après> : saisissez *30*, puis validez par ⏎.

■ Appuyez sur `Ctrl`+`Fin` pour aller à la fin du document.

■ Saisissez les cinq lignes de texte d'exergue en terminant les quatre premières par ⇧+⏎, et la dernière par ⏎, de façon que les cinq lignes fassent partie du même paragraphe.

■ Cliquez dans ce paragraphe de cinq lignes, puis centrez-le en utilisant le bouton sur le Ruban, définissez un espace après de *20 pt*.

■ Sélectionnez le paragraphe en entier en cliquant trois fois de suite, mettez les caractères en italique en cliquant le bouton, puis augmentez la taille des caractères à *14*.

BULLETIN D'INSCRIPTION¶

Pour vous inscrire à l'un des stages suivants,↵
merci de nous retourner ce bulletin↵
au moins un mois avant la date choisie,↵
Vous recevrez sous quinzaine le programme détaillé↵
du ou des thèmes choisis. ¶

CAS 8 : BULLETIN D'INSCRIPTION

3-CRÉEZ LA PARTIE IDENTIFICATION

Vous allez créer une liste tabulée puis vous allez transformer cette liste en tableau, c'est une façon pratique de créer un tableau avec des informations existantes.

- Cliquez dans le dernier paragraphe vide du document, saisissez les six lignes de texte
  1ère ligne : saisissez `Société:`, tapez ⭾, tapez `Nom:`, terminez par ↵.
  2ème ligne : saisissez `Adresse:`, tapez ⭾, tapez `Prénom:`, terminez par ↵.
  3ème ligne : saisissez `Code postal:`, tapez ⭾, tapez `Fonction:`, terminez par ↵.
  4ème ligne : saisissez `Ville:`, tapez ⭾, terminez par ↵.

- Sélectionnez les quatre lignes saisies, puis dans la règle déplacez la marque de retrait gauche ❷ du paragraphe à *1 cm*, et posez un taquet de tabulation avec alignement à droite à *8 cm* ❸

❶   ❷   ❸

- Sélectionnez les quatre lignes de texte avec tabulation pour les transformer en tableau : sous l'onglet **Insertion**>groupe **Tableau** cliquez sur le bouton **Tableau**, puis sur la commande *Convertir le texte en tableau*...

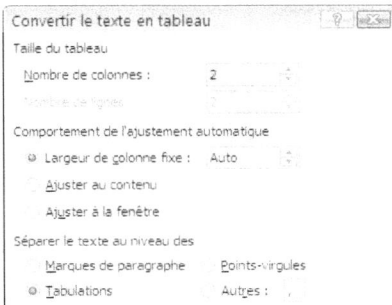

- Le séparateur de texte actif étant tabulation laissez cette option active, cliquez sur [OK].

Les paragraphes avec tabulation sont transformés en un tableau. Le tableau adopte le style de tableau qui s'appelle *Grille du tableau*, les cellules y sont encadrées et les paragraphes y ont une interligne simple et un espace après à *0*.

Vous constatez que ce style de tableau *Grille du tableau* impose une mise en forme au style de paragraphe *Normal* (interligne simple et espace après à 0). Pour éviter cela, nous voulons que le tableau adopte un autre style, le style de tableau *Tableau Normal* qui respecte le style de paragraphe *Normal* du document, pour cela :

- Sous l'onglet **Outils de tableau/ Création**>groupe **Styles de tableau**, cliquez sur la case ▾.

- Cliquez sur la commande *Effacer*. Cette commande efface le style actuel du tableau et lui restitue le style *Tableau Normal* (invisible tant qu'il n'est pas utilisé).

4-AUGMENTEZ LA HAUTEUR DES LIGNES DU TABLEAU

- Sélectionnez toutes les cellules d'une colonne, puis sous l'onglet **Outils de tableau/Disposition**> groupe **Taille de la cellule**, spécifiez *1,5* dans la zone **<Tableau Hauteur ligne>**.

CAS 8 : BULLETIN D'INSCRIPTION

5-CENTREZ LES TEXTES VERTICALEMENT DANS LES CELLULES

- Sélectionnez toutes les cellules du tableau, puis sous l'onglet **Outils de tableau/Disposition**> groupe **Alignement**, cliquez sur le bouton **Au centre à gauche**.

6-PLACEZ DES TABULATIONS DANS LES CELLULES DU TABLEAU

- Dans chaque cellule du tableau, cliquez après le caractère deux-points (:) puis saisissez deux caractères de tabulation en tapant ⌃Ctrl+⇥ (car dans un tableau ⇥ fait passer le point d'insertion dans la cellule suivante).
- Sélectionnez toutes les cellules du tableau, et ouvrez le dialogue *Paragraphe* : sous l'onglet **Accueil**>groupe **Paragraphe**, cliquez sur le **lanceur** du groupe **Paragraphe**, puis cliquez sur [Tabulations...] et définissez les positions de tabulation à *2 cm* et à *7 cm*.

- Cliquez sur [Effacer tout] pour effacer tous les taquets de tabulation existante.
- Saisissez 2 dans la zone <Position>, puis cliquez sur le bouton [Définir].
- Saisissez 7 dans la zone <Position>, puis cochez le point de suite, puis cliquez sur le bouton [Définir].
- Validez en cliquant sur [OK].

7-APPLIQUEZ DES BORDURES AU TABLEAU

- Sélectionnez le tableau, sous l'onglet **Outils de tableau/Création**>groupe **Styles de tableau**, cliquez sur la flèche du bouton **Bordures**, puis dans le menu, cliquez sur la commande *Bordure inférieure*, recommencez à nouveau et cliquez sur *Bordure supérieure*.

Pour modifier l'épaisseur des bordures, il faut passer par le dialogue *Bordure et trame* :

- Cliquez sur la flèche du bouton **Bordures**, cliquez sur la commande *Bordure et trame*, sélectionnez l'épaisseur *1 ½ pt* et la couleur du thème *Noir Texte 1, plus clair* 50%, puis cliquez sur les bordures sur la vignette, validez par [OK].

8-CRÉEZ LES PARAGRAPHES PRÉCÉDÉS D'UNE CASE À COCHER

- Cliquez dans le paragraphe vide sous le tableau, insérez un paragraphe vide en tapant ↵.
- Tapez Stages souhaités, terminez par ↵.
- Sélectionnez le texte Stages souhaités pour le mettre en forme : gras et taille 14, puis dans la règle faites glisser la marque de retrait gauche de paragraphe à la position 1 cm, ouvrez le dialogue *Paragraphe* pour définir un espace après de *20 pt*.
- Cliquez dans le dernier paragraphe vide, puis dans la règle horizontale : cliquez sur la case jusqu'à faire apparaître le symbole de tabulation droite puis cliquez dans la règle à la position *10,5 cm*, cliquez sur la case jusqu'à faire apparaître le symbole de tabulation gauche puis cliquez dans la règle à la position *12,5 cm*, déplacez la marque de retrait gauche sur la position 1 cm, déplacez la marque de retrait droit sur la position *15 cm*.

©Eyrolles/Tsoft – Word 2007 Initiation

- Saisissez `Initiation à la comptabilité` ⇥ 250 € ⇥ 8 janvier ↵.
- Saisissez `Soldes intermédiaires de gestion` ⇥ 275 € ⇥ 16 janvier ↵.
- Saisissez `Clôture d'exercice et report à nouveau` ⇥ 450 € ⇥ 25-26 janvier ↵.
- Saisissez `Comptes financiers et gestion de trésorerie` ⇥ 500 € ⇥ 7-8 février ↵.
- Saisissez `L'informatique et la comptabilité` ⇥ 275 € ⇥ 12 février ↵.

Vous avez pu noter qu'un nouveau paragraphe inséré en tapant ↵ adopte la même mise en forme que le paragraphe précédent, dans le cas présent les tabulations et le retrait.

9-INSÉREZ LES SYMBOLES CASE À COCHER

- Placez le point d'insertion devant le premier caractère de la ligne à faire précéder d'une case.
- Sous l'onglet **Insertion**>groupe **Symboles**, cliquez sur le bouton **Symbole**, cliquez sur la commande *Autres symboles...*, sélectionnez la police *Windings*, double-cliquez sur le onzième symbole de la quatrième ligne.

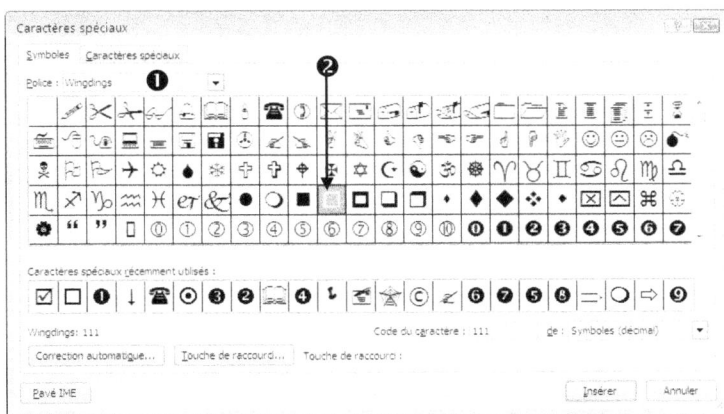

- Tapez deux espaces entre ce caractère spécial et le texte qui suit, puis sélectionnez le caractère spécial □ et les deux espaces qui suivent et spécifiez la taille *14*.
- Ouvrez le dialogue *Police* et cliquez sur l'onglet *Espacement des caractères*, dans la zone <Position> : choisissez *Décalage bas*, dans la zone <De> : spécifiez *2 pt*, cliquez sur [OK].
- Tapez sur ⟨Ctrl⟩+⟨Inser⟩ pour copier la sélection dans le Presse-papiers.
- Cliquez devant le premier caractère de la ligne suivante, ⟨⇧⟩+⟨Inser⟩ pour coller.
- Répétez le collage devant les textes des lignes suivantes.

10-AUGMENTEZ L'INTERLIGNE DE CES PARAGRAPHES

- Sélectionnez les cinq lignes commençant par un symbole case □, et ouvrez le dialogue *Paragraphe* : dans la zone <Interligne> : sélectionnez *Double*, cliquez sur [OK].

11-ENCADREZ LES PARAGRAPHES

- Sélectionnez ensemble le titre `Stages souhaités` et les cinq paragraphes commençant par une case □, sous l'onglet **Accueil**>groupe **Paragraphe** cliquez sur la flèche du bouton **Bordures** puis sur la commande *Bordures extérieures*.

12-METTEZ UN PEU DE COULEUR

- Sélectionnez les paragraphes encadrés, sous l'onglet **Accueil**>groupe **Paragraphe**, cliquez sur la flèche du bouton **Bordures**, puis sur la commande *Bordure et trame...*, sélectionnez l'épaisseur de bordure *2 1/4 pt*, la couleur du thème *Bleu foncé, Texte 2*. Validez en cliquant sur [OK].

CAS 8 : BULLETIN D'INSCRIPTION

- Sélectionnez le titre BULLETIN D'INSCRIPTION, cliquez droit sur la sélection puis dans la mini-barre d'outils, cliquez sur la flèche du bouton *Couleur de caractère* et choisissez la couleur du thème *Bleu Foncé*.
- Sélectionnez le tableau d'information d'identification, cliquez sur la flèche du bouton **Bordures** puis sur *Bordure et trame...* Dans le dialogue choisissez la couleur de bordure *Bleu Foncé*, puis cliquez dans la vignette sur les bordures haute et basse, cliquez sur [OK] pour valider.

13-Insérez un pied de page

- Insérez un pied de page : sous l'onglet **Insertion**>groupe **En-tête et pied de page**, cliquez sur le bouton **Pied de page** puis sélectionnez dans la galerie des pieds de page prédéfinis *Bloc superposés (page impaire)*, puis dans le pied de page cliquez sur le champ *Société* et tapez Cap International, puis cliquez sur le champ *Adresse* et tapez l'adresse 45, rue Paul Deslieux 75016 Paris, cliquez sur le bouton *Fermer l'en-tête et le pied de page*.
- En dernier lieu, supprimez le numéro de page, double-cliquez sur le pied de page, cliquez sur le numéro de page au-dessus de l'image, sélectionnez le numéro de page et tapez [Suppr], puis faites glisser l'image vers le bas de *1 cm*. Revenez au texte du document : cliquez sur l'icône d'affichage *Page* sur la partie droite de la barre d'état.

14-Créez une bannière sur le titre

- Cliquez sur le titre BULLETIN D'INSCRIPTION, sous l'onglet **Insertion**>groupe **Illustrations**, cliquez sur le bouton **Formes**, cliquez sur la forme ⬠ sous **Etoiles et Bannières**, le pointeur se transforme en croix : cliquez sur faites glisser pour tracer la forme autour du titre.
- Sous l'onglet **Outil de Dessin/Format**>groupe **Styles de forme**, cliquez sur le bouton **Remplissage de la forme**, puis dans le menu sur *Aucun remplissage*.
- Définissez la taille de la forme : cliquez droit sur la forme puis sur la commande contextuelle *Format de la forme automatique*, sous l'onglet **Taille** spécifiez <Hauteur absolue> : 1,7 cm et <Largeur absolue> : 13 cm, cliquez sur [OK] pour valider.
- Cliquez sur la forme et faites glisser pour positionner la bannière sur le titre.

15-Essayez différent thèmes de police et de couleur

Toutes les polices, les couleurs choisies dans le document sont des polices et des couleurs du thème, il suffit de changer le thème pour les faire varier.

- Sous l'onglet **Mise en page**>groupe **Thèmes**, cliquez sur le bouton **Thèmes** et essayez d'autres thèmes : amenez le pointeur sur le thème sans cliquer et visualisez immédiatement l'effet du thème sur le document, essayez les thèmes *Civil, Urbain, Aspect...*, pour finir cliquez sur le thème de votre choix.
- Cliquez sur le bouton **Polices du thème** du groupe **Thèmes**, et essayez différents thèmes de police, puis cliquez sur *Trébuchet*.
- Cliquez sur le bouton **Thèmes** du groupe **Thèmes**, et cliquez sur le thème *Office* pour revenir à la police et à la couleur du thème par défaut.

16-Pour terminer

- Enregistrez le document sous le nom Bulletin1, dans le dossier C:\Exercices Word 2007.
- Effectuez un aperçu avant impression.
- Imprimez le document.
- Fermez le document.

Une publication du Comité d'entreprise

Découvrez le pays du sourire

Cher collègues,

Le comité d'entreprise a le plaisir de vous proposer cette année, du 10 au 24 septembre, un voyage de deux semaines en Thaïlande. Les réservations sont à effectuer impérativement avant le 1er septembre. Le tarif négocié pour ce séjour est de 930 € par personne, et ce circuit vous permettra de découvrir :

La plaine centrale, berceau historique : la grande plaine alluviale du Chao Praya, grenier à riz de la Thaïlande et berceau des anciennes civilisations siamoises, avec ses cités royales d'Ayuthaya et Sukhothaï. Elle s'étend vers la forêt tropicale à l'ouest où coule la mythique rivière Kwaï.

Au nord-est, l'Isan en lisière d'Indochine : les populations traditionnelles ignorant les frontières politiques du Laos et Cambodge où vivent leurs ancêtres historiques. C'est une Thaïlande secrète et riche en patrimoine culturel avec les impressionnants temples khmers de Phimai ou Preah Vihar.

Au nord, le camaïeu des minorités : la rose du Nord, la porte ouverte sur les ethnies montagnardes et leurs coutumes chatoyantes, les temples dorés de Mae Hong Son, et les brumes du Triangle d'Or.

Au sud, les paradis des mers du sud : la Thaïlande de cartes postales des plages idyl-liques de Phuket, Phi Phi, Krabi ou Samui et les îles sauvages de la mer d'Andaman où il fait bon caboter à bord de jonques conviviales ou de clippers luxueux, pour se prendre pour des Robinsons de cinéma.

Nous consacrons donc aujourd'hui notre lettre hebdomadaire à la découverte de ce pays si varié et si étonnant.

Géographie

La Thaïlande est un peu plus petite que la France, mais elle est plus allongée puisqu'elle s'étire sur 2 000 km du Triangle d'Or au Nord de la frontière malaise. Le pays est largement ouvert sur 2 mers : l'Océan Indien d'un côté est le golfe de Siam de l'autre. La Thaïlande est entourée par la Birmanie, le Laos, le Cambodge est la Malaisie. Une plaine centrale est entourée de plateaux à l'est, et de montagnes au nord et à l'ouest (le Triangle d'Or). La plaine est prolongée au sud d'une longue presqu'île bordée de plages et d'îlots coralliens (la péninsule Siamoise). La superficie de la forêt a beaucoup diminué est l'exploitation du bois est aujourd'hui interdite. Le bambou est toujours important ainsi que les orchidées, dont la Thaïlande est le premier exportateur.

Climat

Le climat de la Thaïlande est tropical. La Thaïlande connaît globalement deux saisons. De novembre à février, c'est la saison sèche et fraîche, la meilleure pour voyager (ciel bleu et

1

CAS 9 : LETTRE D'INFORMATION

Fonctions utilisées

– Insertion d'une image
– Titre avec FontWork
– Texte en colonnes

– Lettrine
– Coupure des mots
– Numérotation des pages

15 mn

La lettre d'information sera présentée sur deux colonnes, avec un titre réalisé à l'aide de WordArt et une illustration.

1-CRÉEZ ET METTEZ EN PAGE LE DOCUMENT

■ [Ctrl]+N pour créer un nouveau document vierge sur le modèle `Normal.dotm`.

■ Sous l'onglet **Mise en page**>groupe **Mise en page**, cliquez sur le bouton **Marges**, puis sur la commande *Marges personnalisées...* et spécifiez les marges, et choisissez d'afficher les pages en vis-à-vis ❶ ce qui remplace marges <Gauche> et <Droite> par <Intérieur> et <Extérieur>. Notez aussi que l'espace pour la reliure est automatiquement à l'intérieur, c'est pourquoi la zone <Position de la reliure> est désactivée. Spécifiez la marge de reliure à *1 cm*.

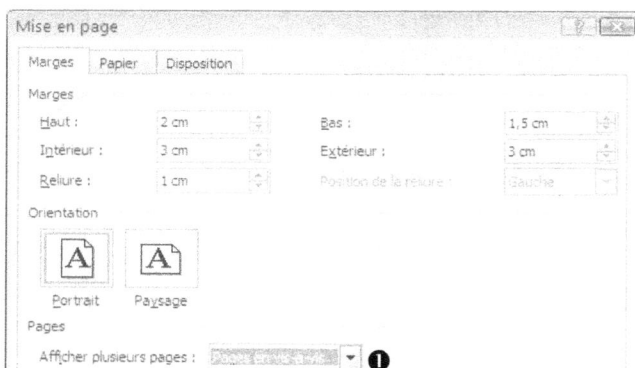

2-FAITES DE L'ESPACE DEVANT LE PREMIER PARAGRAPHE

■ Pour commencer, insérez un paragraphe vide.

■ Créez un espace de 5 cm avant le premier paragraphe, pour y placer l'illustration : cliquez droit sur le premier paragraphe vide, puis sur la commande contextuelle *Paragraphe...*, spécifiez l'espace avant à 5 cm, cliquez sur [OK] pour valider.

3-INSÉREZ L'ILLUSTRATION

■ Sous l'onglet **Insertion**>groupe **Illustrations**, cliquez sur le bouton **Images**.

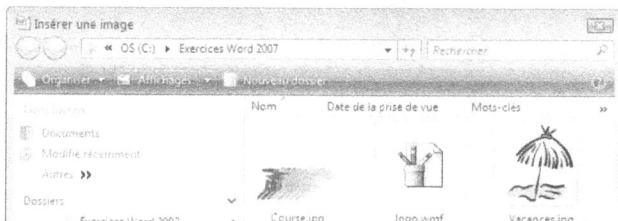

■ Dans le dialogue : sélectionnez le dossier `C:\Exercices Word 2007`, sélectionnez `Vacances.jpg` , puis cliquez sur [Insérer].

4-Redimensionnez l'image

- Cliquez sur l'image pour la sélectionner, maintenez la touche ⬆ enfoncée et faites glisser la poignée se trouvant dans son coin inférieur droit pour réduire la taille de l'image à environ 3 cm de largeur en vous repérant sur la règle.

Lorsque vous faites glisser une poignée en maintenant la pression sur la touche ⬆, l'image est mise à l'échelle dans la même proportion en hauteur et en largeur. Pour fixer avec précision l'échelle de réduction :

- Cliquez droit sur l'image, puis sur la commande contextuelle *Taille...*, et spécifiez l'échelle en pourcentage à *70 %* en cliquant sur les flèches de défilement de la zone <Hauteur>.

- Cliquez sur [OK] pour valider.

5-Positionnez l'image flottante

L'image est insérée alignée sur le texte, c'est-à-dire traité comme un caractère dans le paragraphe, c'est l'option de collage par défaut d'une image.
Vous allez la rendre flottante superposée au texte :

- Cliquez droit sur l'image, puis sur la commande contextuelle *Habillage du texte* et choisissez *Devant le texte*, puis faites glisser l'image dans l'espace au-dessus du premier paragraphe.
- Positionnez l'image exactement au centre et en haut par rapport aux marges : cliquez droit sur l'image, puis sur la commande contextuelle *Habillage du texte*, puis sur *Autres options de disposition...* et choisissez les paramètres suivants :

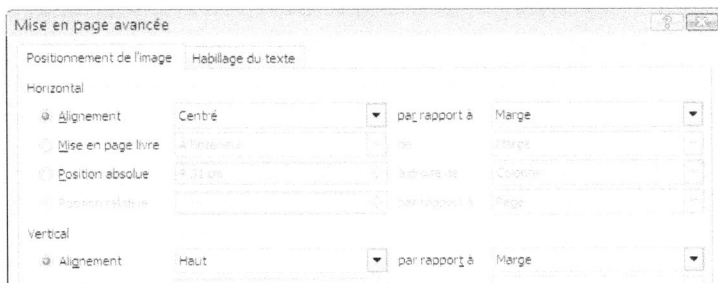

- Cliquez sur [OK] pour valider.

6-Créez le texte WordArt : Temps libre

- Sous l'onglet **Insertion**>groupe **Texte**, cliquez sur le bouton **WordArt**, sélectionnez dans la galerie la troisième vignette.

- Dans le dialogue : saisissez le texte `Temps Libre`, validez par [OK].

CAS 9 : LETTRE D'INFORMATION

L'objet WordArt est inséré aligné sur le texte dans le premier paragraphe.

- Faites glisser vers le bas et vers la gauche la poignée de redimensionnement située bas à gauche de l'objet, pour incurver le texte.
- Rendez l'objet WordArt flottant devant le texte : cliquez droit sur l'objet puis sur la commande contextuelle *Format de l'objet WordArt...*, cliquez sur l'onglet *Habillage* puis double-cliquez sur la vignette *Devant le texte*.
- Faites glisser l'objet WordArt en position sur l'image précédemment insérée.

7-Créez le sous-titre

- Dans le premier paragraphe, saisissez `Une publication du comité d'entreprise` puis formatez les caractères de ce titre en taille *12* et centrez le paragraphe.

8-Créez le titre de l'article et les colonnes

- Tapez sur `Ctrl`+`Fin` pour aller à la fin du document.
- Tapez `Découvrez le pays du sourire` terminez par `↵`.
- Formatez les caractères que vous avez saisis en taille *24*, italique et gras, et centrez le paragraphe, définissez un espace après de *2 cm*.
- Appuyez sur `Ctrl`+`Fin` et insérez un paragraphe vide par `↵`.

9-Créez une section avec des colonnes

- Sélectionnez la marque de paragraphe de l'avant-dernier paragraphe, il est préférable que vous affichiez les marques de paragraphe si ce n'est pas déjà fait, puis cliquez dans la marge en face de la marque à sélectionner.
- Sous l'onglet **Mise en page**>groupe **Mise en page**, cliquez sur le bouton **Colonnes**, puis sélectionnez *Deux* dans le menu.

Une section à deux colonnes à été créé, elle n'est pas encore visible à l'écran tant que vous n'avez pas saisi de texte dans cette section, mais en passant en affichage Brouillon vous verrez les marques de section :

- Cliquez sur l'icône d'affichage *Brouillon* sur la barre d'état.

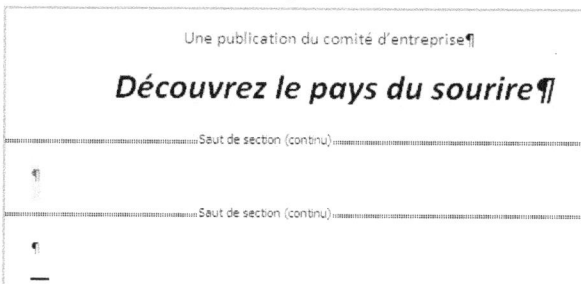

CAS 9 : LETTRE D'INFORMATION

10-INSÉREZ LE TEXTE D'UN FICHIER

Vous allez récupérer le texte de cette lettre d'information. Il a déjà été saisi dans un fichier et se trouve dans le dossier `C:\Exercices Word 2007`, sous le nom `cas9`.

- Cliquez dans le paragraphe de la section à deux colonnes, sous l'onglet **Insertion**>groupe **Texte**, cliquez sur la flèche sur bouton **Objet**, puis cliquez sur *Texte d'un fichier...*
- Dans le dialogue : sélectionnez le dossier `C:\Exercices Word 2007`, puis le fichier `Cas9`, cliquez sur [Insérer].

Le texte du fichier remplit alors les colonnes sur quatre pages. Passez en affichage *Page* en cliquant sur l'icône *Page* sur la barre d'état.

11-MODIFIEZ LE STYLE NORMAL

- Affichez le volet *Styles* si ce n'est pas déjà fait, cliquez droit sur le nom de style *Normal*, puis sur la commande contextuelle *Modifier...*

Le dialogue *Modifier le style* s'affiche.

- Spécifiez la taille des caractères à 10, cliquez sur le bouton *Justifier*, puis cliquez sur le bouton [Format], puis sur *Paragraphe* et définissez <Interligne> : *Simple*, cliquez sur [OK].
- Cliquez sur [OK] pour valider.

12-ACTIVEZ LA COUPURE DES MOTS AUTOMATIQUE

Pour demander à Word de proposer de couper en fin de ligne car par endroits la justification du texte n'est pas très esthétique.

- Sous l'onglet **Mise en page**>groupe **Mise en page**, cliquez sur le bouton **Coupure des mots**, puis sur *Automatique*.

13-CRÉEZ UNE LETTRINE AU DÉBUT DU TEXTE

- Cliquez dans le premier paragraphe de plusieurs lignes du texte en colonne.
- Sous l'onglet **Insertion**>groupe **Texte**, cliquez sur le bouton **Lettrine** et dans le menu cliquez sur le choix *Dans le texte*.

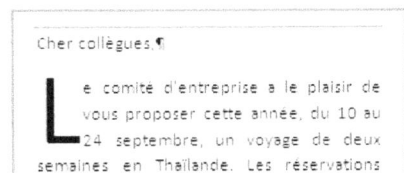

CAS 9 : LETTRE D'INFORMATION

14-NUMÉROTEZ LES PAGES

- Sous l'onglet **Insertion**>groupe **En-tête et pied de page**, cliquez sur le bouton **Numéro de page**, puis sur *Bas de page*, dans la galerie : sous la rubrique **Avec des Formes** cliquez sur *Cercle*.

- Cliquez sur l'icône *Page* dans la barre d'état pour repasser en affichage *Page*.

15-AUGMENTEZ LA TAILLE DE LA MARGE DU BAS DE PAGE

Le graphisme rond avec le numéro de page est positionné au centré verticalement et horizonta-lement dans la marge du bas de page. Ce graphisme doit être suffisamment éloigné du bord de la feuille pour que votre imprimante puisse l'imprimer.

- Passez en affichage aperçu avant impression, puis voyez si le graphisme apparaît rogné vers le bas. Si c'est le cas, augmentez la taille de la marge basse à *4 cm*.

16-CRÉEZ UNE LIGNE SÉPARATRICE DES COLONNES

- Sous l'onglet **Mise en page**>groupe **Mise en page**, cliquez sur le bouton **Colonnes** puis sur la commande *Autres colonnes...*, dans le dialogue *Colonnes* : cochez la case <☑ Ligne séparatrice> et spécifiez l'espacement 1 cm, cliquez sur [OK] pour valider.

17-POUR TERMINER

- Enregistrez le document sous le nom `LettreCE09`, dans le dossier `C:\Exercices Word 2007`.
- Faites un aperçu avant impression.
- Imprimez le document.
- Fermez le document.

CAS 10 : TABLEAUX, CALCULS ET GRAPHIQUES

Legrand – 1er trimestre

1 – Ventes par pays (K€)

PAYS	Janvier	Février	Mars
France	6450	5449	3897
Espagne	1278	1178	1059
Italie	2155	2356	2214
Portugal	956	1359	1263
TOTAL	10.839	10.342	8.433

2 – Ventes par produits (K€)

PRODUITS	Janvier	Février	Mars
Unités centrales	3.540	4.120	2.040
Périphériques	2.424	2.150	1.580
Logiciels	2.550	2.212	1.563
Prestations	2.320	1.860	3.250
TOTAL	10.834	10.342	8.433

CAS 10 : TABLEAUX, CALCULS ET GRAPHIQUES

Fonctions utilisées

- *Tableaux*
- *Styles de tableau*
- *Calcul de somme*

- *Graphiques*
- *Format des caractères*
- *Bulle de légende*

20 mn

Vous allez créer et mettre en forme deux tableaux comportant des calculs. Vous représenterez les données du second tableau par un diagramme.

1-CRÉEZ LE NOUVEAU DOCUMENT

- ▪ `Ctrl`+N ou cliquez sur le **Bouton Office**, puis sur *Nouveau*, cliquez sur [Créer]
- ▪ Saisissez le titre `Legrand – 1er trimestre`↵.

Notez que, lors de la frappe, les caractères `er` après le 1 ont été mis automatiquement en exposant, c'est une option de Word.

- ▪ Sélectionnez ce texte, mettez les caractères en taille 18, gras et centrez le paragraphe.

2-CRÉEZ LE PREMIER TABLEAU

- ▪ Appuyez sur `Ctrl`+`Fin` pour aller à la fin du document.
- ▪ Saisissez le titre du premier tableau : `1 - Ventes par pays (K€)`↵. (symbole de l'euro, `AltGr`+E).
- ▪ Sélectionnez ce titre, mettez-le en gras, en taille *14*.
- ▪ Tapez `Ctrl`+`Fin` pour aller à la fin du document.
- ▪ Sous l'onglet **Insertion**>groupe **Tableaux**, cliquez sur le bouton **Tableau**, amenez le pointeur sur la sixième ligne et la quatrième colonne dans le grille du menu, cliquez sur la case.
- ▪ Saisissez les informations dans le tableau en utilisant 🔁 pour passer à la cellule suivante.

PAYS	Janvier	Février	Mars
France	6445	5449	3897
Espagne	1278	1178	1059
Italie	2155	2356	2214
Portugal	956	1359	1263
TOTAL			

3-METTEZ EN FORME LE TABLEAU AVEC UN STYLE DE TABLEAU

- ▪ Cliquez dans le tableau, sous l'onglet **Outils de tableau/ Création**>groupe **Options de Style de tableau** cochez les cases <☑ Ligne d'en-tête>, <☑ Ligne total>, <☑ Première colonne>, puis dans le groupe **Styles de tableau** cliquez sur le bouton ❶ pour agrandir la galerie des styles de tableau et sélectionnez le style.

Un style de tableau définit une mise en forme d'ensemble du tableau, avec une différenciation optionnelle des cellules de la première ligne, de la ligne des totaux, de la première colonne et de la dernière colonne.

- ▪ Dans le groupe **Options de style de tableau** : décochez la case <☐ ligne Total> puis la case <☐ Première colonne>, constatez l'effet immédiat sur le tableau, cochez à nouveau ces cases.

CAS 10 : TABLEAUX, CALCULS ET GRAPHIQUES

4-Calculez les totaux

- Placez le point d'insertion dans la cellule du premier total : colonne Janvier, cellule B6.
- Sous l'onglet **Outils de tableau**/**Disposition**>groupe **Données**, cliquez sur le bouton **Formules**, dans le dialogue *Formule* : la zone <Formule> est pré-remplie par une formule faisant la somme des cellules au-dessus, dans la zone <Format de nombre> : sélectionnez le format, cliquez sur [OK].

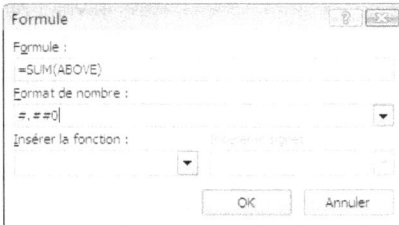

Le format des totaux est #.##0
(# indique une position numérique si le nombre est suffisamment grand et le point indique le séparateur des milliers).

- Répétez cette action pour la cellule C6 : cliquez dans la cellule C6 puis cliquez sur le bouton *Répéter* de la barre d'outils *Accès rapide*.
- Répétez ensuite la même action dans la cellule D6.

Vous auriez pu saisir la formule =SUM(B2:B5) ou B2+B3+B4+B5 mais il n'aurait alors pas été possible de répéter l'action, car dans la cellule C6 il aurait fallu saisir =SUM(C2:C5).

- Sélectionnez les cellules contenant les nombres et les totaux et alignez-les à droite : cliquez sur le bouton **Au centre à droite** du groupe **Alignement**.

Notez que si vous modifiez une cellule, le total de la colonne n'est pas modifié immédiatement, vous devez recalculer la formule : cliquez dans le total puis tapez sur la touche F9.

Notez aussi que vous pouvez saisir les nombres avec le point comme séparateur décimal (si le point a été défini comme séparateur décimal dans les options régionales de Windows). Mais si vous saisissez les nombres avec un espace comme séparateur décimal, les formules de calcul du tableau ne reconnaitront pas ces nombres, et leur résultat sera erroné.

5-Créez le second tableau

- Appuyez sur Ctrl + Fin pour aller à la fin du document, insérez un paragraphe vide.
- Saisissez le titre du second tableau : 2 - Ventes par produits (K€) ↵.
- Appuyez sur Ctrl + Fin pour aller à la fin du document.
- Sous l'onglet **Insertion**>groupe **Tableaux**, cliquez sur le bouton **Tableau**, puis sur *Insérer un tableau...*, dans le dialogue spécifiez six lignes et quatre colonnes, cliquez sur [OK].
- Saisissez les données dans le tableau, sauf les totaux.

PRODUITS	Janvier	Février	Mars
Unités centrales	3540	4120	2040
Périphériques	2424	2150	1580
Logiciels	2550	2212	1563
Prestations	2320	1860	3250
TOTAL			

- Calculez les totaux de chaque colonne comme pour le premier tableau.
- Mettez en forme le tableau comme le tableau précédent.
- Cliquez dans la marge devant le titre du premier tableau (pour le sélectionner), puis sous l'onglet **Accueil**>groupe **Presse-papiers**, cliquez sur le bouton **Reproduire la mise en forme** (Ctrl+Maj+C) puis cliquez dans marge devant le titre du deuxième tableau.

La mise en forme du premier titre est reproduite sur le deuxième.

- Appuyez sur Ctrl + Fin pour aller à la fin du document, insérez un paragraphe vide.

CAS 10 : TABLEAUX, CALCULS ET GRAPHIQUES

6-CRÉEZ LE DIAGRAMME POUR LES DONNÉES DU PREMIER TABLEAU

Dans notre cas, Excel 2007 est installé et vous travaillez format Word 2007 (.docx). Si vous travaillez dans le format des versions antérieures, c'est Microsoft Graph qui sert à construire les graphiques.

- Cliquez dans le paragraphe sous le premier tableau et insérez un paragraphe vide.
- Sous l'onglet **Insertion**>groupe **Illustrations** cliquez sur le bouton **Graphique**, dans le dialogue *Insérer un graphique*, sélectionnez le type de diagramme *Barres* dans le volet gauche, puis sélectionnez la miniature du diagramme souhaité dans la galerie à droite, cliquez sur [OK].

Une feuille de calcul Excel s'ouvre avec un tableau de données exemples, tandis qu'un graphique est créé dans le document Word. Les deux fenêtres Word et Excel sont affichées en mosaïque à l'écran.

Il faut saisir vos données à la place des données exemple, pour aller plus vite copiez/collez vos données du tableau Word dans la feuille Excel à la place des données exemple :

- Dans la fenêtre Word, sélectionnez les cinq premières lignes du premier tableau Word et cliquez sur le bouton **Copier** (onglet **Accueil**>groupe **Presse-papiers**), puis dans la fenêtre Excel sélectionnez un nombre de cellules équivalent dans la zone de données exemples de la feuille Excel, puis dans Excel sous l'onglet **Accueil**>groupe **Presse-papiers**, cliquez sur la flèche du bouton **Coller** puis sur *Collage spécial*..., puis sur *Texte*.

Le graphique dans le document Word s'actualise en fonction des données de la feuille Excel.

- Fermez la fenêtre Excel.
  Le graphique et les données Excel sont incorporés au document Word.

7-CRÉEZ LE DIAGRAMME POUR LES DONNÉES DU SECOND TABLEAU

Procédez de la même façon pour représenter les données du second tableau :
Insérez le graphique, faites un copier/Collage spécial en format *Texte* des données du tableau Word dans la zone exemple de la feuille Excel.

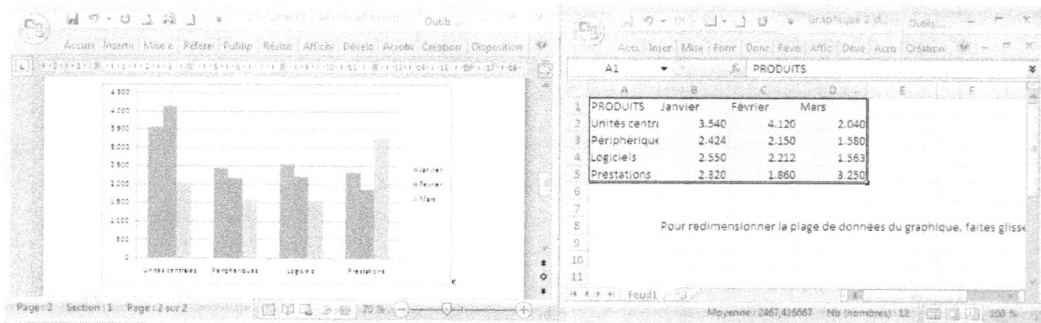

8-CHANGEZ LE TYPE DE GRAPHIQUE

- Cliquez sur le graphique, puis sous l'onglet **Outils de graphique/Création**>groupe **Type**, cliquez sur le bouton **Modifier le type de graphique** ou cliquez droit sur le graphique puis sur la commande contextuelle *Modifier le type de graphique*...

- Dans le dialogue *Modifier le type de graphique* : sélectionnez un autre type de graphique et une autre variante, cliquez sur [OK].

- Essayez plusieurs types de graphique et plusieurs variantes.

9-CHANGEZ LE SENS DES SÉRIES

L'objectif est d'afficher sur l'axe horizontal les noms des mois et les pays en légende.

- Cliquez sur l'objet graphique, sous l'onglet **Outils de graphique/Création**>groupe **Données**, cliquez sur le bouton **Intervertir les lignes et les colonnes ❶**.

10-APPLIQUEZ UNE DISPOSITION AU GRAPHIQUE

Une disposition définit la présence et l'emplacement des titres, des légendes sur le graphique, plutôt que d'avoir à les définir et à les positionner un par un par les commandes.

- Cliquez sur l'objet graphique, sous l'onglet **Outils de graphique/Création**>groupe **Disposition**, cliquez sur la case ❷ pour agrandir la galerie des dispositions prédéfinies puis sélectionnez une vignette représentant la disposition que vous voulez.

11-APPLIQUEZ UN STYLE AU GRAPHIQUE

Un style définit des couleurs et des reliefs assortis pour les séries du graphique.

- Cliquez sur l'objet graphique, sous l'onglet **Outils de graphique/Création**>groupe **Disposition**, cliquez sur la case ❸ pour agrandir la galerie des styles du graphiques puis sélectionnez la vignette représentant un style que vous voulez.

12-FORMATEZ LES AXES ET LA LÉGENDE

- Cliquez sur le graphique, puis cliquez droit sur l'axe vertical, puis sur la commande contextuelle *Police*..., spécifiez la taille 11, l'attribut <☑ Petites majuscules>, cliquez sur [OK], faites de même sur l'axe des abscisses.

- Cliquez droit sur la légende, puis spécifiez la taille de caractère 12.

13-EFFECTUEZ DES MODIFICATIONS SUR LES DEUX GRAPHIQUES

- Exercez-vous à modifier le texte des titres, à changer les polices des axes et des légendes, à changer le type de diagramme, à changer le sens des séries... tout ceci vaut une petite exploration.

- Vous pouvez ensuite vous exercer à modifier les couleurs des formes graphiques des séries : cliquez une des formes de série pour la sélectionner, cliquez droit sur cette même forme puis sur *Mettre en forme une série de données*..., dans le dialogue cliquez sur *Remplissage* dans le volet gauche puis cochez <⊙ Remplissage uni> dans le volet droit et choisissez la couleur Orange du thème, cliquez sur [OK].

- Affichez les étiquettes pour cette série : sous l'onglet **Disposition**>groupe **Étiquettes**, cliquez sur le bouton **Étiquettes de données**, puis sur *Bord extérieur*.

CAS 10 : TABLEAUX, CALCULS ET GRAPHIQUES

14-REDIMENSIONNEZ LES GRAPHIQUES

- Cliquez sur le graphique, et faites glisser la poignée de redimensionnement du coin inférieur droit en maintenant la touche ⇧ enfoncée.
- Fixez ensuite la taille exacte du graphique : sous l'onglet **Outils de graphique/ Mise en forme**>groupe **Taille**, spécifiez <Hauteur> = 6,5 cm et <Largeur> = 15 cm.
- Cliquez dans le texte, puis diminuez la marge du bas de page à 2 cm pour que le deuxième graphique tienne sur la page : sous l'onglet **Mise en page**>groupe **Mise en page**, cliquez sur le bouton **Marges**, cliquez sur *Marges personnalisées...* en bas du menu, puis spécifiez <Bas> = 2 cm, cliquez sur [OK].

15-ANNOTEZ LE DIAGRAMME

Vous pouvez ajouter des dessins sur le diagramme, comme par exemple une bulle de commentaire signalant un résultat.

- Sous l'onglet **Insertion**>groupe **Illustrations**, cliquez sur le bouton **Formes**, puis sous la rubrique *Bulles et légende* cliquez sur la deuxième bulle *Rectangle à coins arrondis*.
- Cliquez sur l'endroit où va pointer la légende, tracez l'objet par glisser-déplacer, puis saisissez le texte : `Croissance`.
- Sélectionnez la bulle, sous l'onglet **Accueil**>groupe **Police**, appliquez la taille *10*.
- Redimensionnez la bulle en faisant glisser les poignées, faites glisser la bulle à la position voulue, sous l'onglet **Outils de zone de texte/Format**>groupe **Style des zones de texte**, cliquez sur le bouton **Contour de forme** et appliquez des pointillés.

16-POUR TERMINER

- Enregistrez sous le nom `Tableaux`, dans le dossier `C:\Exercices Word 2007`.
- Effectuez un aperçu avant impression.
- Imprimez le document.
- Fermez le document.

Planning de la salle de réunion
15 au 19 septembre

		Lundi	Mardi	Mercredi
MATIN	9-10			
	10-11			
	11-12			
APRÈS-MIDI	14-15			
	15-16			
	16-17			

		Jeudi	Vendredi	Samedi
MATIN	9-10			
	10-11			
	11-12			
APRÈS-MIDI	14-15			
	15-16			
	16-17			

CAS 11 : TABLEAU DE PLANNING

Le planning hebdomadaire que vous allez réaliser est un tableau imprimé en orientation *Paysage* et illustré par une image.

1-CRÉEZ ET METTEZ EN PAGE LE DOCUMENT

- ▪ `Ctrl`+N pour créer un nouveau document vierge sur le modèle `Normal.dotm`.
- ▪ Sous l'onglet **Mise en page**>groupe **Mise en page**, cliquez sur le bouton **Marges**, puis sur la commande *Marges personnalisées...* , spécifiez les marges et l'orientation *Paysage*.

- ▪ Vérifiez que la page est bien orientée en paysage par l'affichage *Aperçu avant impression* puis fermez l'aperçu avant impression en revenant à l'affichage *Page*.
- ▪ Enregistrez sous le nom de fichier `Planning` dans le dossier `C:\Exercices Word 2007`.

2-SAISISSEZ ET METTEZ EN FORME LE TITRE

- ▪ Saisissez les deux lignes du titre dans un même paragraphe : `Planning de la salle de réunion` `⇧`+`⏎` `Semaine du 15 au 19 septembre`⏎ .
- ▪ Cliquez dans une des lignes du titre, appuyez sur `Ctrl`+E pour centrer.
- ▪ Sélectionnez tout le texte de la première ligne de titre, appuyez sur `Ctrl`+G pour mettre en gras, appuyez sur `⇧`+F3 pour mettre en majuscule, sous l'onglet **Accueil**>groupe **Police** sélectionnez la taille 26.
- ▪ Mettez les caractères de deuxième ligne du titre en taille 18.
- ▪ Formatez le paragraphe titre avec un espace après de 1 cm.
- ▪ Appuyez sur `Ctrl`+`Fin` pour aller à la fin du document.

3-INSÉREZ UN TABLEAU ET AJUSTEZ LES HAUTEURS DE LIGNE

Avant de construire un tableau compliqué, il est préférable de concevoir sa structure finale par un tracé au crayon sur un papier car s'il est facile de construire un tableau élaboré, il est plus difficile d'y apporter des changements de structure.

- ▪ Appuyez sur `Ctrl`+`Fin` pour aller à la fin du document.
- ▪ Insérez un tableau initial de 6 lignes et 4 colonnes.
- ▪ Sélectionnez les cellules d'une colonne, sous l'onglet **Outils de tableau/Création**>groupe **Taille** de la cellule, spécifiez une hauteur de *1* cm dans la zone <Hauteur de cellule>.

CAS 11 : TABLEAU DE PLANNING

- Agrandissez à 3 cm les hauteurs des lignes 2, 3, 5, 6 : sélectionnez d'abord un bloc de cellules couvrant les lignes 2 et 3, sous l'onglet **Outils de tableau/Création**>groupe **Taille** de la cellule, spécifiez une hauteur de 3 cm dans la zone **<Tableau hauteur de ligne>**, recommencez avec un bloc de cellules couvrant les lignes 5 et 6.

4-Saisissez et mettez en forme les titres de² colonne

- Tapez les noms des jours dans les colonnes 2,3 et 4 du tableau.
- Sélectionnez les cellules de la première ligne et cliquez sur le bouton **Centrer** du groupe **Alignement**, appuyez sur Ctrl+G pour mettre en gras puis appuyez sur Ctrl+⇧+E pour afficher le dialogue *Police* puis spécifiez une taille de caractère de 14.
- Répétez les mêmes opérations (saisie et mise en forme) sur la troisième ligne.

5-Grisez le fond des cellules

- Sélectionnez les cellules de la première ligne du tableau, sous l'onglet **Disposition**>groupe **Styles de tableau**, cliquez sur le flèche du bouton **Trame de fond**, et sélectionnez la couleur de première colonne du thème *Blanc, Arrière-plan 1, plus sombre 25 %*.
- Répétez cette action pour la troisième ligne.

6-Saisissez et orientez le contenu de la première colonne

- Tapez dans la première colonne les titres *Matin* et *Après-midi* dans les cellules A2,A3 et A5,A6.
- Sélectionnez les deux cellules A2 et A3, puis appuyez sur Ctrl+⇧+F3 pour afficher le dialogue *Police* et spécifiez l'attribut <☑ majuscules> cliquez sur [OK].
- Sélectionnez les deux premières cellules contenant le texte *MATIN* et *APRES MIDI* en faisant glisser le pointeur sur elles. Cliquez deux fois sur le bouton **Orientation du texte** sous l'onglet **Disposition**>groupe **Alignement** pour réaliser une rotation de <⊙ 90 degrés>.
- Cliquez sur le bouton **Centrer** sous l'onglet **Disposition**>groupe **Alignement**.
- Répétez la procédure avec les autres cellules A5 et A6 contenant *Matin* et *Après-midi*.

7-Définissez la largeur de la première colonne

- Cliquez dans la première colonne, sous l'onglet **Disposition**>groupe **Taille de la cellule**, spécifiez la largeur 1 cm dans la zone **Tableau Largeur de colonne**.

La largeur de la première colonne étant diminuée, la largeur du tableau à été diminuée d'autant.

8-Centrez le tableau dans entre les marges de la page

- Cliquez dans le tableau, sous l'onglet **Disposition**>groupe **Tableau**, cliquez sur le bouton **Propriétés**, puis dans le dialogue *Propriétés du tableau*, cliquez sur l'onglet *Tableau* puis double-cliquez sur la vignette *Centré*.

9-Définissez les largeurs des colonnes des jours

- Sélectionnez les colonnes entières 2, 3 et 4, sous l'onglet **Disposition**>groupe **Taille de la cellule**, dans la zone **<Tableau Largeur de colonne>** spécifiez la largeur 7 cm.

10-Utilisez le crayon pour fractionner les cellules sous les jours

- Sous l'onglet **Création**>groupe **Traçage des bordures**, cliquez sur le bouton **Dessiner un tableau**. Le pointeur se transforme en crayon, faites glisser le crayon pour tracer des bordures horizontales de façon à fractionner les cellules en trois de même hauteur approximativement.

■ Définissez une hauteur exacte de 1 cm pour toutes les cellules obtenues par fractionnement : sélectionnez les cellules fractionnées, sous l'onglet **Disposition**>groupe **Taille de la cellule**, spécifiez une hauteur de 1 cm dans la zone **<Tableau Hauteur de ligne>**.

11-UTILISEZ LA GOMME POUR FUSIONNER DES CELLULES

À titre d'exercice, vous allez utiliser la gomme pour fusionner les cellules précédemment créées par fractionnement :

■ Sous l'onglet **Création**>groupe **Traçage des bordures**, cliquez sur le bouton **Gomme**, le pointeur se transforme en gomme, cliquez sur les bordures que vous voulez supprimer... Dans cet exercice toutes les deux bordures intermédiaires en regard de MATIN et de APRÈS-MIDI.

■ Une fois les cellules fusionnées, recommencez le fractionnement comme précédemment.

12-MODIFIEZ L'ÉPAISSEUR D'UNE BORDURE

■ Pour épaissir la bordure entre la ligne 2 et 3 : sélectionnez toutes les cellules de la ligne 3 au-dessous de la bordure, sous l'onglet **Création**>groupe **Styles de tableau**, cliquez sur la flèche du bouton **Bordures**, puis sur la commande *Bordure et trame...*.

■ Dans le dialogue, sélectionnez l'épaisseur de la bordure 1 ½ pt, puis cliquez sur la bordure du haut de la vignette, cliquez sur [OK] pour valider.

■ Répétez ces actions pour épaissir la bordure entre les lignes 5 et 6.

13-FRACTIONNEZ DES CELLULES EN DEUX À LA VERTICALE

Vous allez utiliser une méthode différente de celle du crayon vue précédemment.

■ Sélectionnez les six cellules sous *Lundi*, puis sous l'onglet **Disposition**>groupe **Fusionner**, cliquez sur le bouton **Fractionner les cellules**.

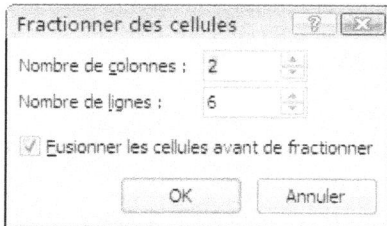

■ Laissez le nombre de colonnes à 2 pour scinder les cellules en deux, cliquez sur [OK].

■ Sélectionnez les six cellules de gauche obtenues par fractionnement, sous l'onglet **Disposition**>groupe **Taille de la cellule**, la zone **Tableau Largeur de colonne** indique 3,5 cm (la moitié des 7 cm des cellules avant le fractionnement).

■ Amenez le pointeur sur leur bordure verticale de droite, cliquez et faites glisser cette bordure vers la gauche jusqu'à ce que les cellules à sa gauche aient une largeur de 1,4 cm.

■ Recommencez ces opérations sur les six cellules sous *Mardi, Mercredi, Jeudi, Vendredi, Samedi*.

14-CENTREZ TOUTES LES CELLULES DU TABLEAU

■ Sélectionnez toutes les cellules du tableau, puis sous l'onglet **Disposition**>groupe **Alignement** cliquez sur le bouton **Centrer** qui centre horizontalement et verticalement dans la cellule.

CAS 11 : TABLEAU DE PLANNING

15-Placez une image en haut de la feuille

- Appuyez sur `Ctrl`+`↖` une fois pour aller au début du document.
- Sous l'onglet **Insertion**>groupe **Illustrations**, cliquez sur le bouton **Image**, et sélectionnez le dossier `C:\Exercices Word 2007` puis le fichier `Salle.wmf`, cliquez sur [Insérer].

L'image est insérée dans le document dans le paragraphe à l'endroit du point d'insertion.

- Cliquez droit sur l'image, puis sur *Taille...* dans le dialogue dans la zone <Hauteur> tapez 60 puis tapez sur la touche `↹`, l'échelle 60 % est définie en hauteur et en largeur, cliquez sur [OK] pour valider.
- Cliquez droit sur l'image, puis sur *Habillage du texte...*, puis sur *Devant le texte* pour rendre l'image flottante, puis faites glisser l'image en haut et à droite de la zone de texte de la page.

Vous trouverez sur Microsoft Online des images clipart à télécharger pour illustrer vos documents.

16-Étendez le tableau sur toute la largeur de page

- Cliquez dans le tableau, puis sous l'onglet **Disposition**>groupe **Taille de la cellule**, cliquez sur la flèche du bouton **Ajustement automatique**, puis sur *Ajustement automatique de la fenêtre*.

Le tableau s'étend sur toute la largeur entre les marges de la page en respectant les proportions des largeurs de cellule.

17-Saisissez les plages horaires

- Saisissez les plages horaires dans les six cellules en colonne sous *Lundi*, puis sélectionnez ces cellules et copiez/coller leur contenu dans les cellules correspondantes sous les autres jours.

18-Pour terminer

- Saisissez les réservations et les noms des personnes dans les cellules du tableau.
- Enregistrez le document sous le nom `Planning`, dans le dossier `C:\Exercices Word 2007`.
- Faites un aperçu avant impression.
- Imprimez le document, fermez le document.
- Index.

Index

T

www.ingramcontent.com/pod-product-compliance
Lightning Source LLC
Chambersburg PA
CBHW051212200326

41519CB00025B/7084